看地球V
Regards sur la Terre

创新与可持续发展

Les promesses de l'innovation durable

让-艾·格罗斯克劳德 拉金德拉·K. 帕乔里 劳伦斯·图比娅娜/**主编** 潘革平/**译**

Jean –Yves Grosclaude, Rajendra K. Pachauri, Laurence Tubiana

达米恩·迪迈依 拉菲尔·若赞 桑基维·桑德尔/**副主编**

Damien Demailly, Raphaël Jozan, Sanjivi Sundar

Regards sur la Terre 2014

Les promesses de l'innovation durable

Sous la direction de

Jean –Yves Grosclaude, Rajendra K. Pachauri , Laurence Tubiana

Coordination scientifique

Isabelle Biagiotti, Damien Demailly, Raphaël Jozan, Sanjivi Sundar

©2014 AGENCE FRANCAISE DE DEVELOPPEMENT

本书根据 Armand Colin 出版社 2014 年版译出

Regards sur la Terre 看地球 V
Les promesses de l'innovation durable

让－艾·格罗斯克劳德　拉金德拉·K.帕乔里　劳伦斯·图比娅娜 / **主编**　潘革平 / **译**
Jean-Yves Grosclaude　Rajendra K.Pachauri　Laurence Tubiana
达米恩·迪迈依　拉菲尔·若赞　桑基维·桑德尔 / **副主编**
Damien Demailly　Raphaël Jozan　Sanjivi Sundar

社会科学文献出版社
SOCIAL SCIENCES ACADEMIC PRESS（CHINA）

目录

"后2015"时代已经开启

让－艾·格罗斯克劳德（Jean-Yves Grosclaude）
法国开发署（AFD）战略执行总监

劳伦斯·图比娅娜（Laurence Tubiana）
法国可持续发展与国际关系研究所（IDDRI）所长

拉金德拉·K. 帕乔里（Rajendra K. Pachauri）
印度能源与资源研究所（TERI）总干事

从2013年开始，人们便把目光投向了2015年，这种趋势在2014年不应该出现逆转。我们固然很难把这一复杂的进程——其中包含着正式和非正式的谈判、各类研究、专家意见以及决策等，从而构成了所谓的"可持续发展之年"——简化成某一个事件，但是围绕着2015年之后的可持续发展目标（ODD）的磋商所发挥的规范作用显然是不可忽视的。事实上，2013年的一个突出之处便是严格地执行了2012年里约地球首脑会议20周年峰会（"里约＋20峰会"）在这方面所作出的承诺，尽管此次峰会有时被称为"毫无实质意义"[①]。

可持续发展目标（ODD）可以被看作是全球环境议程从斯德哥尔摩峰会（1972年）到"里约+20峰会"这四十年演变的结果。鉴于那些旨在规范集体行为的国际协定（如1992年在里约通过的《气候变化框架公约》《生物多样性公约》以及更早签订的《蒙特利尔破坏臭氧层物质管制议定书》和《关于有害废物越境转移及其处置的巴塞尔公约》等）所取得的成果十分有限，"里约＋20峰会"把联合国以及各国在环境保护和经济发展之间的选择权放在了优先的位置。

可持续发展全球目标的政策倡议者——哥伦比亚和危地马拉在2011年7月提出——深知这种转变的重要性，并明白这种转型能给那些既不属于发达国家，也不属于新兴国家的国家提供一个政策空间。面对当今世界工业化国家与新兴国家（如"金砖国家"或"基础四国"）之间经常出现的政治僵局以及经济角力，这些国家自认为可以充当调停者，从而捍卫那些更具多边主义色彩的道路。这些国家既不能依靠国际援助，也不能依靠经济增长（通过税收）来解决自身的社会问题，也无法真正依靠生态足迹来提高它们在全球公共物品保护方面的贡献。这些国家发现，围

---

① 例如，法国《世界报》在2012年6月22日就刊登了一篇题为《巴西赢了，地球输了》的文章。详见以下网址：www.lemonde.fr/ idees/ article/2012/06/22/rio-20-le-bresil-gagnant-la-planete-perdante_1723211_3232.htm。

绕着一些全球性问题来组织设计议程的做法——这些不同的议程像一个个垂直竖井，彼此互不相通，如里约峰会后通过的有关生物多样性的公约以及有关气候变化的公约——已经过时，而按照国家来设置议程的做法也好不了多少——如传统的援助议程。根据这些国家的提议，可持续发展目标（ODD）可以对这些不同的议程进行更新，并将之合并成一个全球性的统一目标：这样一来，全球不同的国家、不同的个人——无论其收入是多少——都会觉得这个议程与自己休戚相关。

　　其中的挑战将是多方面的。将国内谈判与确定优先目标以及实施手段的多边谈判联系在一起，这本身就是一个政治挑战。如今，有哪一个政党、哪一个政府的首脑愿意把一个全球性的议程当成促进国内变化的杠杆？把它当作一个全球性的统一目标就要求人们重新思考北方国家和南方国家在权利和义务——它们的权利和义务与北方或南方这样一类的标签越来越脱节——上所存在的差异，因而这也将是一个外交挑战。最后挑战同样来自于科学的层面，因为"后2015年发展议程"以及可持续发展的目标清单在公布之前并没有征求过科学界的意见。政治的发令枪已经打响，现在是科学界行动的时候了，双方应当为此构建出一个目标清单——迄今为止，人们还没有为这样一个目的共同行动过。

　　联合国成员国承诺在2015年之前确定相关目标，"以便在促进可持续发展方面能够采取一些有针对性的、协调一致的行动"。言下之意，目前可持续发展领域在手段和目标方面存在过于分散的问题。《宣言》还强调，可持续发展目标应当"着重行动、简明扼要、便于传播、数目不多、具有雄心、具有全

球性，普遍适用于所有国家而又考虑到各国不同的国情、能力和发展水平，同时尊重国家政策和优先目标"。（《我们期望的未来》，第247条）。联合国大会设立了一个开放性工作组（OWG），让其负责向第68届联合国大会（2013年9月至2014年9月）提交有关可持续发展目标（ODD）的建议——这些目标的清单有望在2015年9月召开的下一届大会上确定。该工作组2013年的主要工作是收集和分享有关地球现状的最新科学知识以及可持续发展所面临的重大挑战。与此同时，有关后2015年可持续发展筹资的研究工作也已经展开，而且联合国还针对可持续发展目标（ODD）这一议题第一次发起了一场名为"我的世界"①的全球网上调查，我们的读者如果有兴趣的话也可以参与这一调查。

　　正如本书在第一部分所揭示的那样，目前世界上所展开的其他一些正式或非正式的国际磋商，无论它们的重点是经济、发展、气候、生物多样性保护还是能源的转型等问题，它们都逐步被融入可持续发展目标（ODD）的合法化进程和融资进程当中。

目标还是手段？

　　后2015年议程筹备阶段第一年所取得的最主要成就——当然，一切还都很脆弱——体现在一些与千年发展目标相呼应的发展目标、一些更有利于环境保护和可持续发展的目标都被纳入这一清单当中；这一成果并不是在首轮磋商中就取得的，因为一些发展中国家担心自己可能因为千年发展目标这一特殊清单的消失而受损，同时又不能清楚地知道这个范围更广、具有全球性的可持续发展目标（ODD）清单能给自己带来什么好处。

---

①　见以下网站：www.myworld2015.org/。

许多不确定性依然存在。《我们期望的未来》早在 2012 年就强调指出了采取行动的紧迫性。简而言之，可持续发展目标（ODD）将帮助解决在实际实施过程中存在的缺乏一致性和做得"不到位"的问题：可持续发展虽然在过去的二十年间早已成为一个热门的政治词语，也常常被企业挂在嘴边，但是它在改变人们的行动方面却不尽如人意，尽管其实际结果并非毫无作用。这一要求不可能不对目标的性质产生影响。正如"里约＋20峰会"在最后宣言中所说，这些目标应当"具有雄心"，这样才能像此前的千年发展目标那样产生连锁反应、促进竞争意识、引导资金流向、引领人们的思想观念——这一切应形成合力，想方设法使可持续发展这一优先大目标付诸实施。根据这种方法，可持续发展目标（ODD）将是一些最终目标——也就是说，这是一些业绩目标（零贫困、零饥饿、人人享有可持续能源），但具体的实施手段则需要由各国政府、研究人员、非政府组织以及其他私营行为体——它们都因为这些目标而被动员起来了——去构想。

能源获取的例子表明，全球性的雄心与其在不同国家背景下的具体表现形式之间可能存在矛盾冲突。联合国今年发起的"人人享有可持续能源倡议"（SE4All）提出了到 2030 年应实现的三大目标：确保全世界的人口普遍享有现代能源服务；将能源效率提高的速度提升一倍；在全球使用的能源中将可再生能源的比例提高一倍。对这些目标的追求一般情况下都会变成一个经济问题：对北方国家来说，解决的方式主要在于提高设备的效能以及价格信号机制；而对南方国家来说，解决方式则是筹措到基础设施建设所需要的资金或者找到一些更具本地色彩的替代方案。

这种替代方案可以不把可持续发展目标（ODD）当作业绩目标来设计，而把它当成是一种手段目标、当成一些固定的或能起推动作用的问题：当然，其

前提是人们必须就那些可能影响一个社会向可持续性迈进的"阻碍因素"达成共识。科学界对于寻求解决方案的过程不可能置若罔闻。农业生态学今天的影响已经超越了专家的圈子，例如它建议在不影响劳动生产率（对北方国家来说是保持生产率，对南方国家来说是提高生产率）的前提下，降低小型农业经营者的负担及其对环境的影响。

这两种方法各有优缺点。前者过于理想化，并回避了有关手段问题；后者更加务实，也更加规范，尤其是因为它把重点放在了手段上。第一种情况所表达的是一个可持续的世界到 2030 年应该是什么样子。而第二种情况讲的是进一步实现可持续性的手段，但它事先并不知道最终在可持续方面会有什么样的新收获。迄今为止，前面提到过的那个小组递交给联合国秘书长的报告所涉及的无非就是这两种方法。目前人们还不清楚更高一层的小组会选择哪一种方法，尽管千年发展目标这一先例更容易使可持续发展目标（ODD）被设想成一种业绩目标。

第二种不确定性体现在资金来源上。资金问题是相关可持续发展谈判最大的绊脚石，它会使那些原本最具想象力的谈判者去坚守某些陈旧过时的外交立场：南方国家以团结互助的原则（千年发展目标的遗产）以及共同但有差别的责任（1992 年里约峰会的遗产）为由，要求北方支付更多的资金。可持续发展提供资金的问题并不只是支票上多一个或少一个零那么简单。如果往上追溯，它所涉及的问题主要是弄清楚需要投入的确切数额，会是一个怎样的投资组合——公共资金、私人资金，前者包括发展援助委员会的成员国以及国际援助资金的一些新出资方，尤其是新兴国家——这样一个问题。有关气候政策的融资也许是此类问题的一个最好例证。气候绿色基金的三次（潜在）革命表明，一种技术工具可以被人们一次次创新，并且在机制和资金上屡屡有所收获。这

一切与目标的性质有关。业绩目标（零饥饿、零贫困……）很难量化成眼下的具体资金数额。人们必须首先就自己所期望的、可持续的未来以及实现这一目标的各种手段都明确了之后，相关的需求以及融资的能力才能体现出来。

千年发展目标这一先例让我们明白：在目标出现时并未同时公布一个总投入额，而是巨大的外交努力才使得各出资方在 2002 年蒙特雷筹资会上被重新动员了起来。从严格的意义上来说，千年发展目标并没有经过谈判。相反，那些手段目标才需要明确的资金投入，也或许因此才会引起更多的关注。正是资金问题——尤其是它的筹措方式——决定着可持续发展目标（ODD）的性质。有人在工作小组举行磋商的"间隙"建议，在 2016 年之前举行一个融资峰会。这一会议的日期尚未确定。

第三个不确定性在于经合组织国家想操控全球性目标的统一化进程，它们支持发展议程是为了促进自身经济的转型。政治妥协使得那些有着不同关注点，甚至完全分歧的国家在 1992 年都接受了可持续发展的想法。各个国家国内的妥协则有可能使可持续发展在 2015 年之后进入操作层面，但前提是相关谈判不能只局限于表达那些对他人——尤其是发展中国家和最不发达国家——有好处的东西，而是要求每个人能利用这一机会，在面对这一众口难调的问题时表达出什么东西对自己是好的。

除了这三大不确定性之外，我们还可以再加上这一条，即那些被可持续发展目标（ODD）清单"遗忘"的问题存在不确定性。在可持续发展的三大支柱未能得到均衡发展的情况下，面对全球普遍存在、来钱十分容易的偷猎行为，人们将难以切实有效地保护生物多样性以及一些标志性物种。如果不考虑人口、经济和环境等因素，那么人们所开启的将不仅仅只是人类不安全这扇大门，也可能会在诸如萨赫勒等原本十分脆弱的地方引起政治上的不安全。如果不考虑各个社会的文化和精神基础，围绕着发展和可持续等目标而展开的谈判或许将无法顺利进行。

持续变化的可持续发展治理

可持续发展治理领域目前所发生的变化远远超出了前面提及的联合国机制的改变这一范畴。在联合国和多边机构——它们本身肩负着牵头并处理这些议题的使命——之外，一些谈判空间以及计划倡议正在形成。

对于贸易领域众多区域协定并存、世界贸易组织谈判常常陷入僵局的情况（需要强调指出的是，世界贸易组织的目的之一便是促进可持续发展，这一点从该组织章程的序言中就可得到证明），我们早已见怪不怪。2013 年 12 月在巴厘岛人们就一些细枝末节的技术性问题达成了一个具有象征意义的协议，1947 年加入关贸总协定的先驱国家将承诺就建立跨大西洋自由贸易区展开谈判，并就建立跨太平洋伙伴关系达成协议。在贸易领域，双边或多边主义已成为通行的行业规则。

在经济上吸纳农村人口或减缓气候变化方面，如今的城市正在发挥第一线的作用，因此它们要求提升知名度、要求更多地参与决策也就没什么可大惊小怪的了。2013 年，全球各大城市依靠自己的力量来应对挑战的意愿将进一步得到确认，而它们所面临的挑战正是可持续发展目标（ODD）所认为的可持续发展领域的一些集体性挑战。

现存的一种倾向在 2013 年出现了深化，即开发出一套能被广泛接受的、科学的专家意见，以便提高相关政策的合法性，并使之在国际和国家范围内更具针对性。这种专家意见最早出现在气候领域，2013 年出版的《政府间气候变化专门委员会（GIEC）第五次评估报告》作了一个创新，同时公布了四种完全不同的前景轨迹，设想了两种极端的变化形态：一种是（温室气体的）排放得到控制，其浓度在 21 世纪末达到峰值之后将逐步下降；另一种情形是目前的趋势将继续存在，因而浓度在 2100 年之后仍将上升；另外两种介于两者之间的情形则认为（温室气体的浓度）在 21 世纪里能稳定下来。这一宽泛又明确的全景式介绍可使各国制订出属于自己的转型方案，并最终能使它们以一种建设性的姿态参加到有望于 2015 年在巴黎达成的协议中来。

如果没有实施，任何治理将无从谈起。海洋领域有着一套非常完备且新近才出台的法律框架，现在是将这一切付诸实施的时候了。实施的问题十分重要，与此同时人们还在进行着相关的国际、区域或行业的谈判，以便进一步完善有关公海使用——按照公海的定义，它不属于国家的主权范畴，因而得不到任何保护——的法律框架，对西非地区的海上石油开采进行监管或者设立数量足够多、具有代表性的海上保护区，以便更好地保护海洋的生物多样性。

最后，我们还要强调指出的是：为了能对全球的可持续发展提供集体性的指导，需要作出多少制度创新。改变发展轨迹需要创新和实践；发展轨迹的改变是时势所逼，它反过来又会改变人们的行动和思维方式。从内部对可持续发展进行创新，就必须从政治、社会和技术等维度进行全方位的设计，否则深层次的转型将无从谈起。除了对 2013 年进行总结、对 2014 年继续跟踪之外，今年的《看地球》一书将对可持续创新所带来的希望进行研究，并对其如何能更好地参与经济、社会和环境可持续的建设进行研究。

可持续创新的希望

达米恩·迪迈依（Damien Demailly）
法国可持续发展与国际关系研究所（IDDRI）

拉菲尔·若赞（Raphaël Jozan）
法国开发署（AFD）

桑基维·桑德尔（Sanjivi Sundar）
印度能源与资源研究所（TERI）

"**创**新"已成为一个全球性的流行新词。国际组织、政府、大公司、学术界和公民社会将其视为应对当前一些重大挑战的一剂良方。全球各社会与经济体均面临着一系列深刻变化所带来的压力：经济转型方面出现了诸如全球化、新型产业格局、自由化、金融化和私有化等现象；政治转型方面则面临着世界日益多极化的兴起和民族国家主权的衰落等问题；还有信息与生物科技领域的技术革命及全球生态环境的变化。所有这些新情况复杂地交织在一起，并对 20 世纪形成的政治、经济和社会模式发起了挑战：公共和私营部门的组织、调控方式、生产和消费方式以及融资方式等。

如今，要求对各类"转型"（如生态转型、经济转型、向低碳社会转型等）进行组织、构建新的增长轨迹等方面的呼声日益高涨。各行各业——如城市服务业的组织、农业食品业、银行业、医疗卫生以及教育等行业——相继涌现出了一些"替代解决方案"，对此我们显然不能无动于衷。电动汽车、有机农业、可再生能源、慢食运动和网络学习等项目越来越多地受到公共和私营业者的青睐，也经常会被纳入各国政府在 2000 年代末危机期间所出台的各类经济振兴计划当中。这些替代解决方案因具有分散、节俭、灵活、智能、民主等传统发展模式所欠缺的品质而备受推崇；它们还有可能使得诸如气候变化、国内和国家间不平等加剧之类的全球性挑战得以解决。创新和替代解决方案不仅出现在发达国家，也出现在发展中国家或新兴国家。事实上，发展中国家在某些技术领域已经具备领先优势（比如中国的太阳能技术），并已成为某些革命性应用技术开发的先锋（比如肯尼亚的移动金融服务）。

创新的大规模应用以及新模式的出现，产生了五大问题：（1）是否应该聚焦于数字科技、绿色科技等技术层面的创新？技术创新的真正发展潜力是什么？技术创新的快速增长是否能带来一个节俭的社会？（2）第二个问题与可持续发展所需的社会经济创新有关，这些创新会在很大程度上影响到新技术的推广。我们的城市应当怎样转变？什么样的新型经济模式才能算是可持续的？消费模式应怎样变化？（3）第三个问题与新出现的替代解决方案所取得的实际进展有关：它们真的能够取代被认为与之对立的传统模式吗？（4）第四个问题与可持续发展的公共政策工具有关：需要进行哪些体制上的改变以推动可持续发展领域的创新？需要哪些新的公共政策才能实现可持续？（5）第五个问题体现在全球

国家和地区	章节部分	国家和地区	章节部分
美国	第59、129页之聚焦；第4、7章	地中海	第9章
南美洲	第146页之聚焦	非洲	第44、146页之聚焦；第12章
巴西	第94页之聚焦；第11、12、13章	卢旺达	第44页之聚焦
阿根廷	第6章	南非	第13章
欧洲	第59页之聚焦；第5、15章	俄罗斯	第13章
瑞典	第5章	中亚	第171页之聚焦
英国	第5章	中国	第234页之聚焦；第12、13、14、15章
法国	第29、94、111、129页之聚焦；第9章	印度	第187、204页之聚焦；第12、13章
德国	第29页之聚焦；第5章		
全球范围	第29、59、94、129、160、187页之聚焦；第1、2、3、4、6、7、8、9、10章		

表1 本书涉及的国家和地区

说　明：本书将探讨创新与可持续发展之间的关系这一经常被提及，却未被深入研究的话题。我们所选取的这些文章无论其所关注的是全球性的进程还是某些国家或行业的特殊问题，它们都同样表明：在不同的社会里，只有在一些明确而复杂的条件都具备的情况下，创新才能对可持续发展起到促进作用。

化对新兴国家以及发展中国家创新能力的影响上。目前的变化会不会导致一种创新新格局的出现？怎样的创新政策才能支持可持续发展？

2014年版的《看地球》将通过国际可持续发展领域各类专家的分析文章，对这五个与创新有关的大问题进行探讨和解答。这些文章将对北方国家和南方国家在城市发展、农业和食品、人口流动与货物流通、教育、水供应与能源供给等领域的具体实践进行分析。从不同企业、行业、各类职业、不同的公民以及地区等角度分别对创新进行分析，这将有助于我们抛开陈见，用一种更全面的角度来看待这个与可持续发展有关的大问题。

技术为可持续发展带来的众多希望

本书前几章所探讨的是技术所带来的众多希望："绿色"技术是不是新工业革命的引擎？数字技术能建立更具包容性、更加尊重环境的社会吗？专家们在乐观主义和悲观主义中间犹豫不决，但这些意见能使我们更好地了解这些技术的真正潜力所在，同时让我们意识到这些潜力既可以为社会和生态系统所用，也可能给其带来损害。究竟要选择怎样的路径，这既是一个涉及个人消费选择的问题，同时也是一个涉及社会力量作出集体选择的问题。

科技是造成一系列世界生态和社会问题的原因还是这些问题的解决方案？历史学家格雷戈里·凯

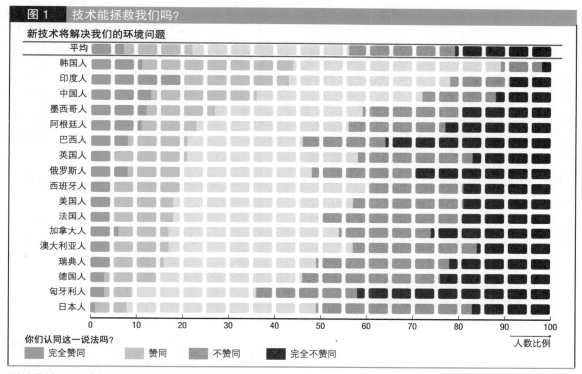

图 1　技术能拯救我们吗?

新技术将解决我们的环境问题

你们认同这一说法吗?

　完全赞同　　　赞同　　　不赞同　　　完全不赞同

人数比例

资料来源:《国家地理》(*national geographic*)和全球舆论调查公司(globescan),2012 年绿色指数(Greendex)排行榜。

说　明:在科学技术有多大的能力用一种可持续的方式解决环境挑战这一问题上,各国给出的答案不尽相同。在这方面,新兴国家民众的意见比发达国家更为乐观。

内(Grégory Quénet)指出,欧洲和美国的生态运动——不管其专注的是学术方面、政治方面还是慈善方面——从一开始就与科技有着爱恨交加的复杂关系:它始终在技术恐惧和技术崇拜这两种态度间左右摇摆(第 59 页之聚焦)。除了生态运动,所有社会都被另一个与技术有关的问题所困扰:技术是否能够把人们从环境恶化的威胁中"拯救"出来?哲学家阿尔弗雷德·诺德曼(Alfred Nordmann)强调,这些社会如今又对技术进步有了信心(第 3 章)。许多生活在工业化世界的人们不再把科技视为社会进步的力量,而是作为解决环境威胁的最后一种期望。按照诺德曼的理解,这种期望当然意味着

对纳米技术、生命科学和数字解决方案等科技愿景抱有一定程度上的天真认识。所以,他所表达的信息十分重要:我们绝不能成为轻信的人(credulous believers)。

本书的作者们力图避开这一暗礁,这一点也体现在达米恩·迪迈依(Damien Demailly)和帕特里克·韦尔莱(Patrick Verley)合写的报告里(第 29 页之聚焦)。两位作者虽然没有否认在能源以及可再生能源领域开发一些新技术的必要性,但是他们也质疑这些技术是否能够从根本上改变我们的经济,产生类似历史上从蒸汽机迈向电力时代所带来的经济增长。早期的创新导致了经济的彻底重组,尤其是

让大规模生产成为可能，同时改善了内部的组织形态，但是所谓绿色科技并不能为类似的重组开辟方便之门。绿色电子还是电子，绿色汽车还是汽车：绿色技术所导致的重组早在 20 世纪电力和汽车技术推广过程中就被人们充分"利用"。

经济学家卡洛塔·佩雷斯（Carlota Perez）女士强调了目前正在进行的数字革命的重要性，因为它的意义远不止创造了一些新的产业（第 1 章）。从历史角度来看，佩雷斯认为新的信息与通信技术是一种强大的工具，可以彻底改变经济，建立一种能与绿色生产和生活方式相兼容的"新技术—经济范式"。总之，卡洛塔·佩雷斯认为，世界已经准备好迎来一个新的全球性黄金时代。

另一方面，法布里斯·弗利波（Fabrice Flipo）强调了信息与通信技术在物质层面的影响（第 2 章）。他认为，计算机、服务器、设备和网络都要消耗能源，生产过程中都需要稀土和有毒材料。不过，重要的是一些生活方式和非物质的生产方式会随着这些技术的出现而出现。此类资源"低消耗"的方式对那些资源"高消耗"的方式是一种补充，而不会取而代之。例如，视频会议远不能取代航空旅行所能实现的交流和经贸方面的成果，所以长远来看还会有更多的航空旅行。尽管弗利波和佩雷斯对于信息与通信技术的可持续性表达了差不多是截然相反的意见，他们都赞同新技术的潜在应用既可能有利于我们这个星球，也可能会给它带来损害，一切将取决于消费者和公民的意愿、取决于社会力量和机构设置。

凯文·乌拉马（Kevin Urama）、玛丽安·门萨（Mariane Mensah）和瓦里吉亚·鲍曼（Warigia Bowman）详细介绍了非洲大陆以不同使用方式、不同技术形态出现的数字化革命（第 44 页之聚焦）。他们着重强调了城市和农村之间的差距：这种革命在城市的各个角落几乎随处可见，而在农村地区则很可能需要徒步走上几里才能找到一部固定电话。虽然手

机改变了南方国家人们的行为这种说法能经常听到，但是三位作者更愿意强调这样一个事实，即要想使信息与通信技术在治理、经济增长以及人类发展等领域所带来的希望变成现实，就必须确保这一技术能惠及每一个人。因此，还必须进行教育、加强城市以及其他地区的电网建设、发展数字技术领域的基础设施，总而言之一句话，要发展。

在技术创新之外，用社会—经济转型来支持可持续发展

工业革命的历史告诉我们，技术革命会推动或伴随着社会经济变革（佩雷斯，第 1 章）。美国的汽车—技术革命，尤其是福特 T 型汽车技术的进步和广泛传播，带来的是一种新的工业、新的基础设施和实现经济转型的新组织原则，这一切会改变整个经济：汽车时代也是一个新型劳动组织形式——即泰勒主义——的时代，也是城市形式大量出现、住宅大面积铺开的时代。这也是一个大众消费获得大发展，并激发了人们对美国式生活向往的时代。人类如果要认真面对一系列生态和社会挑战，可持续发展的轨迹就离不开类似工业革命这样的大规模创新。必须从现在开始开发和推广新技术以及新的城市形态、经营模式、农业实践、饮食习惯和生活方式等。总之，创新不仅仅只是技术的创新，它还包括社会和经济等方面的内容，这种多维度性在本书的多个章节里都有阐述。

专门研究交通问题的戴维·班尼斯特（David Banister）（第 4 章）提出了一种新的"可持续流动性范式"：它将不仅仅局限于在工业化国家和发展中国家推广低能耗汽车或电动汽车。要想使二氧化碳的减排量与将温度下降 2℃这一目标相适应，仅靠它是远远不够的。因此，要减少的并不是增加连通性这方面的需求，而是要减少出行。所以，他呼吁反思城市的形态、服务和设施的地理分布等各种要素。如果只是考虑到那些纯技术

的因素，那么人们很可能会陷入不可持续的困境中。

奥利维耶·库塔尔（Olivier Coutard）、乔纳森·拉瑟福德（Jonathan Rutherford）和达尼埃尔·弗洛朗坦（Daniel Florentin）（第 5 章）以及斯特凡·富尼耶（Stéphane Fournier）和马塞洛·尚勒东德（Marcelo Champredonde）（第 6 章）也认为，发展模式的转型应该超越单纯的技术变化，不管是水和能源的供应网络，还是农业和食品方面都应该如此。我们将在稍后继续介绍这方面的例子。

安妮—索菲·诺韦尔（Anne-Sophie Novel）给出了社会—经济革命可能发生的一个例子：数字革命将促进共享型经济和协作型生活的诞生（第 111 页之聚焦）。诺韦尔指出，这种"新"经济通过货物的聚集赋予其第二次生命，从而实现物质和经济资本的最优化利用，从而实现绿色增长的愿景。不过，作者自己也承认这种论点需要论据的支持。共享性特别能说明经营模式创新的潜力，包括货物的销售、服务的提供以及消费模式等。

在消费领域，艾莉森·阿姆斯特朗（Alison Armstrong）（第 7 章）把"转型网络社群"（Transition Networks communities）、"慢生活皈依"（Slow Living converts）等"节俭"生活方式也纳入创新或微创新这一清单之中。节俭不鼓励购买商品和服务，倡导的是共享的生产和消费。作者赞赏这些挑战现实的举措，但对其能取得的发展规模持悲观态度。购物取乐、增强存在感、让自己显得与众不同等都是导致过度消费的强烈心理因素。另外，个人经常会把自己想象得比实际情况更加"绿色"。不过，阿姆斯特朗仍然主张采取一些能鼓励更多可持续性消费的公共政策。

可持续性创新是可以打造的吗？

这些既给可持续发展带来希望，同时又带来担心的新技术、新的经济组织形式和新的消费模式是如何诞生、怎么传播到全世界的呢？本书有几个章节来探讨这个问题，它们都认为并不存在一种出自某个实验室的标准化的和规划好的创新，而多样的、分散的、不协调因素的综合作用却会带来许多实际上的创新。此外，生态创新并不是通过替代的方式实现的，而是占主导地位的传统模式与一些被认为更可持续的替代模式之间不断对抗、整合的结果。

创新与竞争密不可分，因为每一种技术和模式，其背后的支持者通常都是由一些存在竞争关系的行为体所结成的不同联盟。在提倡还是放弃耕作农业方面，弗雷德里克·古莱（Frédéric Goulet）告诉我们，在"协调性话语"和"就创新达成共识"的背后是激烈的竞争，表现在一些主要问题上存在的大争议（第 94 页之聚焦）。古莱声称，"创新并不仅仅只是结盟、联合、连接，从而形成合力；而在很多情况下像熊彼特（1911 年）所强调的那样，是破坏、分裂和批判"，以便击败竞争对手，提升自己的利益和价值观。

然而，虽然创新被认为是"替代方案"，但是它们并不能完全取代现存的社会和技术安排。综观全书中所涉及的所有行业，人们可以发现许多混合型的模式、实践和技术，于是就形成无数种组合形态。正如奥利维耶·库塔尔（Olivier Coutard）、乔纳森·拉瑟福德（Jonathan Rutherford）和达尼埃尔·弗洛朗坦（Daniel Florentin）在比较分析欧洲三个城市水和电力供应（第 5 章）时所发现的那样，创新和替代解决方案能够与已有的方案和系统相互衔接。沃金（Woking）、斯德哥尔摩（Stockholm）和马格德堡（Magdeburg）三个城市集中式管理的电网面对环境、社会和金融危机时采取了不同的解决路径，导致了集中式管理的基础设施与替代方案之间形成了不同组合。不同的城市在创新、可持续发展、基础设施的供应和利用这些问题方面有着非常不同的内涵，从而在集中电网和替代系统之间会有完全不同的联系，尽管这三个城市都声称自己的模式是"绿色的"和"可持续的"。

斯特凡·富尼耶（Stéphane Fournier）和马塞洛·尚勒东德（Marcelo Champredonde）（第 6 章）也提到了农业食品领域的模式混合现象。通过对大量替代模式的历史（缩短供应链、加贴标签、有机农业等）的介绍，两位作者发现不同行业的生产者和消费者之间正在建立起一种联系。生产者经常通过不同的渠道销售产品，从而让自己的收入和策略多样化。相应地，消费者也在寻找超市、农贸市场和有机商店等多样化的购买来源，并在这个过程中扩大了所供应的产品范围。传统模式和替代模式共同发展，不断地相互影响。当生产者扩大生产、农产品加工者追求规模经济等情况出现时，替代系统经常会变成常规系统。传统食品生产者、加工者和包装者采用有机农业和公平交易、短供应链之类替代方案时，就会让自己成为零售业的主流部分。

与"替代"模式的推广者——支持者、专家以及政界的各级领导人——所说的不同，"替代"模式不一定非要比常规模式更加"可持续"。当人们计划在现存城市格局下建立一些替代机制时，由于"最后一公里"所占的比例很难计算，因此这些短供应链模式的低环境足迹有时难以得到证明。替代模式真正的实力和兴趣在于其不断挑战现有技术、行为体和模式的能力，在于其通过技术和组织的试验来推动经济和社会的能力。

这些因素足以让我们改变对可持续创新前景的看法。既然承认了对抗、混合、共存等现象的存在，那么展现在人们面前的就将是一个十分复杂的创新进程：它远不是只要将机器打开，奇迹般的技术和模式就能自动推广开来这样一种状态。本书所讨论的案例清楚地表明，创新的主体是多种多样的，它远远不是在大公司设立和运营的实验室里在一个线性、单向的过程中产生的。创新这种生态系统的形象已经勾勒出来：创新是由多种多样的主体创造出来的，这些主体之间并不一定存在相互协调的关系，而且使用过程以及用户在其中也将占据重要地位。

"开放式"创新模式的兴起意味着合作型模式所固有的创造潜力得到了认可，也揭示出了把创新向那些正常情况下不太可能被纳入大型的、标准化的科研机构中的主体开放所能带来的好处。盖尔·德普尔特（Gaël Depoorter）叙述了开放源码软件作为开放运动先驱的历史及其与产业的关系（见第 129 页之聚焦）。塞利姆·卢阿菲（Selim Louafi）和埃里克·韦尔奇（Eric Welch）（第 8 章）通过描述开放源码、开放访问、开放科学、开放数据等不同方面运动的背后所隐藏的不同现实，使我们对此有了进一步明确的认识。与人们通常所说的不同，他们认为这类合作型的创新并不一定会完全取代专利制度，也不一定会导致人们所认为的知识和技术的自由获取。相关的合作安排会很复杂，取决于其所从事的产业以及所调动的资源。虽然"合作"不会导致各主体间形成不对称的局面，但作者们坚持认为，只有在某些条件具备的情况下，开放系统才能真正造福所有人。

政策创新为可持续发展服务

作者们给我们描绘的全景图绝对不像是一部可以很容易被启动的机器。在这种情况下，将创新推向可持续发展这一方向看上去好像是大力神才能承担的任务。阿尔弗雷德·诺德曼（Alfred Nordmann）提醒我们，千万不要产生我们可以随心所欲地打造未来这样傲慢的信念（第 3 章）。对公权机构来说，挑战并不在于竭尽全力去部署已经事先选择好的社会和技术解决方案，而在于需要建立多种机构和公共政策来为可持续发展指明方向，并与其他行为体一道共同构出一整套的解决方案，其中既要考虑到效率问题，也要顾及社会和环境需求。

吕西安·沙巴松（Lucien Chabason）从法国各地区、地中海区域和联合国三个层面评论了政治创新（第 9 章）：对公共机构进行重组，将可持续发展这一系统性的内容纳入其中；在参与制的决策进程方面进行创新并批准通过一些公共政策工具。沙巴松的分析让我们看到了这些尝试取得了完全不同的结果。比如，生态导向的财政政策在影响人们的行为方面虽然具有创新性，但是吕西安·沙巴松也强调了执行这种政策所面临的政策困境，因此他呼吁应将其纳入更具传统色彩的、不放开监管的"政策组合"当中。沙巴松提醒我们，那些政策影响者和决策者必须充分听取民间团体和各利益相关方的意见。

伊雷娜·阿尔瓦雷斯（Irène Alvarez）、朱利安·卡拉斯（Julien Calas）和雷·维克图林（Ray Victurine）分析了一组资助生物多样性的创新工具（见第 146 页之聚焦）：包括自然保护区生态旅游等简单创新以及自然保护信托基金或生态补偿等复杂些的政策创新。这类资助为生物多样性保护方面长期面临的资金不足问题提供了相关解决方案。三位作者强调，这些创新需要结合而非取代传统的公共融资工具。除了引入新的资金来源之外，这些创新工具还为自然资源的有效管理和开发利用或者让多种行为体——它们是可持续发展的关键——参与其中等方面提供了良性互动的模式。

乔恩·马可·丘奇（Jon Marco Church）探讨了可持续发展挑战治理方面的创新（第 10 章），并得出了一个带有挑衅意味的结论：这方面的创新不过是"太阳底下无新事"（《圣经·传道书》1：9）。20 世纪 90 年代早期以来，专家和决策者就呼吁以长远的眼光建立新的机构，以推动国际条约、组建专家委员会、进行公开辩论以及其他战略的实施。总之，他们呼吁采取在其他方面已经实行了几十年的完全相同的措施。尽管专家和民间团体的参与是一个普遍性的话题，在国内和国际事务上如何实现可持续发展治理的最终决定权掌握在各国政府手里。

有人认为，数字化革命可以被视为社会代表性再平衡的一种手段，因为它能使公民更好地参与决策过程。卡罗尔—安妮·塞尼（Carole-Anne Sénit）指出，

互联网已经成倍放大了创新性咨询实践活动的数量（第 160 页之聚焦）。最明显的例子是联合国就后 2015 年发展议程所举行的公民咨询活动。这样的例子也为更广泛、更多的人群参与国际政策的设计带来了希望；同时这一过程也因为人们能更好获取信息而增加透明度。不过，对这一咨询进程的详细分析给这些希望泼了一点冷水：这些咨询的答案主要来自公民社会的一些"传统"组织，而且其中以最富裕的发达国家的行为体居多。要想通过互联网进行的公民咨询活动听到的不仅仅只是强者的声音，还需要做出许多重大改进。

一项对可持续发展政策实施情况的历史分析有助于我们了解某些惯性的力量。贝尔纳·巴拉凯（Bernard Barraqué）和罗莎·弗尔米加—约翰松（Rosa Formiga-Johnsson）描述了巴西大城市的水资源管理由以大型水利项目为基础的技术方式向以资源保护和节约为基础的保卫本土方式转变过程中所面临的困难（第 11 章）。虽然各城市已经设立了一些新机构，但它们并不能取代这些城市现有的机构，围绕着这些机构而形成的既得利益和旧制度已然成为变化的障碍。

尽管建模和模拟分析已经成为面对环境、经济和社会方面挑战必不可少的工具，而且它们可以向人们展现出有关创新的"地图"，但是拉斐尔·若赞（Raphael Jozan）通过咸海周边流域管理的研究，向我们展示了这些工具的局限性（第 171 页之聚焦）。这些复杂的工具有赖于官方的统计数据，提供的是经济方面的片面截图，只能用来与官方进行对话。在咸海的案例中，模型推演的结果是建议继续使用大型水利工程这种老的解决方案。作者的分析显示，根本性的挑战在于改变现有的社会、技术运行轨迹，也就是如何鼓励和容纳多方面专家以及其他形式的知识与计量模式。

创新地理分布的转型挑战

本书最后几章专注于贸易全球化和新兴经济体

腾飞背景下的创新。创新的地理分布正在世界范围内发生改变吗？传统观点认为，"北方国家创新，南方国家模仿"，在技术方面更是如此。然而，纳维·拉朱（Navi Radjou）却提出了反对意见（第12章）。他认为，中国、巴西、印度和南非正在成为新兴的创新之地：这些国家拥有庞大的国内市场以及数以千计的本土企业家和公司，各方面需求都在不断增长。作者认为，不仅创新的地理分布正在发生改变，而且这种改变对于可持续发展是一个机会。他指出，新兴国家如今引领着一种新潮流，即"节俭创新"，也就是通过最少的资源以最低的成本创造出最大的价值。根据拉朱的研究，北方国家可以从这种"新范式"里学到很多东西。实际上，许多西方公司都在其已实现全球化的创新网络中调整其研发模式。

通过对巴西、俄罗斯、中国和南非这几个金砖国家过去10~20年间国家创新体系的分析，若泽·爱德华多·卡西奥拉托（José Eduardo Cassiolato）得以对拉朱的分析作出评估（第13章）。他认为，金砖国家政府也确实在加大国内创新的推进力度。作者分析了这些国家吸引外国直接投资尤其是吸引跨国公司的共同战略，以确保实现技术转移、生产体系的现代化和生产效率的提高。说到底，吸引跨国公司和外国直接投资对新兴国家的创新能力所产生的影响很小。当然，有些跨国公司已经在东道国建立了研发中心，但它们通常也是为了改良发达国家的技术以满足本地需求。在作者看来，其中的结论已经十分清楚：各国政府都采取了一整套更有利于跨国企业而不是本国企业、本国经济的政策；这些跨国企业就是被各国所提供的优惠条件吸引来的，如廉价劳动力以及能够进入本地市场等。那么要不要关闭边界呢？不行，因为投资的需求十分巨大，各国都得借助国际上的金融实力。此外，这个问题很大程度上还与本地工业企业的吸收消化能力弱有关。

金砖国家要引导外国直接投资，以确保能够对接本地产业结构，并有利于国内企业发展。在很多情况下，跨国企业也会对一个国家的创新体系进行投资，但是这主要是在卡西奥拉托所列举的一些特殊的背景下出现的：只有当真正面临本地企业的竞争，而且这些本地企业也掌握并能生产出一种技术时，外国企业才会在本地的研发领域投资。

赵巍（Wei Zhao）和若埃尔·吕埃（Joël Ruet）的文章从另一个角度解读了"北方国家创新，南方国家模仿"的说法已经过时的观点（第14章）。他们提出，中国正是介于模仿和自主创新之间。20世纪80年代以来，中国政府一直坚持不懈地采取积极的措施来鼓励研发，推动公司向高科技产业扩张：设立了各种技术中心和产业园区，还资助实验室研究、利用政府采购提供助力、建立了一套专门的银行系统并督促外国公司进行技术转让等。如今，中国拥有世界上人员数量最多的专业研发队伍，但是这些研发机构和产业之间彼此是割裂的，而且其中的佼佼者是"作为经销商和销售商，而不是技术创新者"才占领市场的。中国的国家资本对其他私营部门来说存在重大缺陷，私营部门很难参与创新。因此，中国目前正在修订创新战略，精选了为数不多的一些技术行业，并寻求科研机构和私营企业（尤其是中小企业）之间更好的衔接。

在分析印度的国家创新体系过程中，苏尼尔·马尼（Sunil Mani）看到了本地企业创新能力弱这一问题，尽管印度政府不断采取措施来促进国内的研发投入（第204页之聚焦）。作者指出了印度在发展领域所面临的另一重大挑战：创新能力在某些行业和地区过度集中。尽管印度在IT、制药、汽车制造等行业进行了成功的创新，农业或绿色技术等其他行业还未对此引起足够重视。作者还观察到，在印度，同一个国家有着两个不同的世界：有些地区未能从创新经济中获益，反而进一步陷入萧条和贫困；另外一些很好地融入全球化的地区则可以从中受益，而且它们往往也是从创新性公共政策中获益最多的。

正如纳维·拉朱所强调的那样，认为地球上南方国家只能模仿这样的讽刺挖苦不再有市场了。然而，许多发展中国家还是依靠仿制来延续经济增长。约翰·马修斯（John Mathews）和李瑾（Keun Lee）表明，后工业化国家采取这种跳蛙式战略已经老套了：德国在 19 世纪就这么干过，日本和韩国在 20 世纪也干过（第 234 页之聚焦）。不幸的是，在可持续性所面临的挑战方面，两位作者指出"专利墙"可能会抑制诸如太阳能和发光二极管（LED）等环境友好型技术的传播。贸易，特别是绿色货物和服务的全球化，是可持续发展的福音吗？唐克雷德·瓦蒂里耶（Tancrède Voituriez）和王鑫（Xin Wang）（第 15 章）讨论的是 2013 年中国与欧盟太阳能光伏贸易战的教训。欧洲人威胁要对来自中国的光伏面板征收进口关税，指责中国进行倾销（这一点作者认为是难以令人信服的）。两位作者质疑"欧洲发明东西的能力和中国低成本制造的能力将完全结合"这样一种全球化的理想化愿景：因为其中存在这样一种风险，即中国控制的太阳能光伏面板生产将可能抑制发达国家（一般来说主要是欧洲）下一代技术的研发。国际社会必须行动起来应对挑战，共同确定能进一步支持绿色科技的创新，并更好地协调各国在绿色技术创新和传播方面的扶持政策。

结束语

最后，我们可以用与可持续发展的创新有关的五个问题来归纳本书所讨论的内容。

（1）尽管技术在可持续发展方面已经给出了很多希望，我们还是不能过于轻信科技的力量。技术创新是可持续发展的根本，但是就像数字技术一样，变革性潜力的进一步显现既可能对生态系统和社会带来好处，也可能对其造成破坏。

（2）通过本书的各个章节，我们还发现可持续发展所需的创新远远超越了技术这一狭窄的层面。需要指出的是，技术创新通常会伴随着一些与社会经济有关的创新：城市的空间布局在变化；企业的经济模式发生了突变；消费方式也在悄然改变……理解和实行可持续发展的创新需要更广阔的情境，决策者也必须由此入手展开行动。

（3）此外，我们还可以得出这样的结论：替代解决方案并不会以一种将传统模式取而代之的方式向前走，不同的模式之间是相互关联、相辅相成的，从而形成了大量史无前例的社会—技术模型。替代模式对现有模式形成挑战，使得各个行为体都去重新审视自己的商业模式，重新思考基础设施、疆域和资源等方面的治理方式。

（4）我们能够随心所欲地开启一种"生态创新机器"吗？可持续创新并不能随心所欲地进行，在一个人们对解决方案的实施存在诸多争议的社会空间里，各种行为体之间结成联盟将变得十分困难，因此它需要努力克服技术、政治、金融和经济等方面多重障碍。

（5）虽然我们可能正在见证着"北方国家创新、南方国家模仿"这一神话的破灭，创新的地理分布实际上始终呈现出高度集中的状态，而且主要分布在北方国家。在发展中国家，管理当局应该有更宽阔、更综合的视野，不能局限在大力提升研发、吸引外国直接投资等举措上——如果不能与本地的工业企业很好地衔接，这些措施就不一定能产生连锁效应。各国政府必须认识到，创新不是在特定领域开发出来的，而是在实际工作中发展出来的，应该推动建立各种开放式、合作型的创新模式，充分调动各种社会力量。可持续发展的创新面临的挑战是巨大的：必须调动整个社会都参与到其中来。

第一章

卡洛塔·佩雷斯（Carlota Perez）

爱沙尼亚塔林科技大学

经济的长期演变：科技、全球化与环境

世界准备好迎接全球性黄金时代了吗？当今展现在我们面前的技术机遇空间是由信息与通信技术（TIC）、全面的全球化以及环境约束所打造的。国际社会能否抓住这个具有无限潜力的机遇为所有的人所用是一个大问题。

有了信息与通信技术，全球化便成了一种必然的发展轨迹，但是充分的全球化与美国式生活方式并不相容（我们没有七个地球），也威胁着工业化国家的就业和收入[①]。向可持续的产品、可持续的生产和运输系统转变很可能是实现经济复苏一条最有成效的拯救途径。这种大规模的创新是经合组织成员国创造财富和利润最好的机遇空间。它还能推动充分全球化、增加世界各地的就业和福利，同时也能扩大所有国家的市场。我们现在就处在生产和消费模式能够实现转变也必须进行转变这样一个历史时刻。

历史教训

我们这样说的依据是什么？我们所依据的就是我们从历史上定期出现的技术革命传播和消化过程中所学到的东西。对经济和社会消化吸收技术革命过程的分析揭示出了一些明显的规律和一些可鉴别的特性。技术革命一般会在 40 ～ 60 年出现一次（在前一次革命步入成熟期之后）。每一种技术革命都会导致大发展，而这种发展可以被分成两个完全不同的阶段：第一阶段靠金融支持，第二阶段靠生产支撑。金融的大崩溃标志着两个阶段之间过渡期的开始。我们

今天的信息与通信技术革命就处于这样一个阶段。

但是这些革命性的技术具有非同一般的独特性。不同的新技术所带来的增长潜力的性质都不相同，正是这个原因使得每一次技术革命都会在创新和竞争力标准等方面带来范式的变化。然而，这里所指的只是一些可能出现的潜力，而这一新的机遇空间能不能得到利用、如何被利用，这一切将取决于社会力量及其组织机构。

因此，每一个大的浪潮都是独一无二的，它将取决于历史、政治等其他众多因素，但是它会反复出现的特征从根本上来看是由经济和社会消化一个又一个技术变革浪潮的方式所决定的。

过去的 240 年间，我们曾经历了五次技术革命：第一次是从 1771 年开始的"工业革命"（机器、工厂和运河）；从 1829 年开始，我们进入了蒸汽、煤、铁和铁路时代；1875 年开始揭开了钢铁和重工业（电力、化工、土木和轮船）时代；1908 年福特的 T 型车揭开了汽车、石油、石化和规模化生产的时代。最后，1971 年是英特尔开始生产微处理器的年份，它揭开了当今这个信息与通信技术时代。目前，信息时代才在传播的路上走了一半的行程。如果历史可以

---

① 本文发表于《OME 组织 2009~2010 年年度报告》，ACC10，加泰罗尼亚政府，第 79~88 页。

被当作向导的话，那么这个时代还将有望持续二三十年的时间。下一次革命可能把我们带入生物技术、生物电子学、纳米技术和新材料相结合的时代，这一切主要取决于目前仍不可预知的一些科学突破。这些革命每一次都导致大发展的势头，并塑造着长达半个世纪以上的创新。当然，这是一种程式化的描述，因为真正的社会现实远比这些模式所能帮助我们理解的程度要丰富得多。

但我们为什么称之为革命？因为它们超越了一整套强大的新兴产业的范畴；它们还改变了整个经济，能为所有的人提供新的技术—经济范式或最佳实践的常识。当然，其中最明显的还是一整套相互依存、充满活力的新兴产业和基础设施。它们将带来经济的高增长和结构性改变，尤其会把前一个浪潮中作为增长引擎的产业取而代之。此外，每一场革命都会带来大量新技术、基础设施和多功能的组织原则，它们将有助于现有产业的提升。它还将导致创新以及每个人的生产潜力出现质的飞跃。整个过程将导致变化的总趋势上发生根本转变，也会导致机会空间、生活方式、工作方式和交流方式的改变。

生活方式的变化

每一次技术革命都会导致一系列相互依存的商品和服务新组合的出现，从而以一种人们承受的方式改变着人们的生活。蒸汽、煤、铁和铁路时代导致了维多利亚式生活的出现。当时的英国中产阶级创造了一种以工业为重心的城市生活方式（它不同于生活在农村的贵族生活），这种生活方式逐步扩展到了其他国家的新兴上层阶级中间。与钢铁和重工业时代相对应的是第一次全球化时代，也就是欧洲人的"美好时代"（Belle Époque）。在这个时代，英国、欧洲和美国的上流阶层和中产阶级所建立的一种国际化生活方式扩散到了世界各地的上流社会当中。在汽车、石油、石化和大规模生产的时代，"美国式的生活方式"开始出现，并首先被上流阶层和中产阶级所接受：他们生活在郊区，其生活方式是高能源消耗的。之后，这种生活方式在发达国家的工人阶级和发展中国家的中产阶级中变得流行起来。当前这个信息与通信技术时代为全球采取可持续的生活方式提供了可能。现在的问题是：发达和新兴国家那些条件优越、受过教育的阶层能不能建立起一个信息与通信技术密集型的知识社会——这个社会的最大特征体现在环保型的生活和消费方式上。

需要强调指出的是，所有的这些生活方式每一种都曾是"好生活"的典范，因而也曾打造过多数人的愿望，指导过创新的轨迹。

要想了解每一种转型所带来的变化的深度，我们可以从观察"美国式生活方式"的出现入手：这种20世纪10年代的新范式在第二次世界大战后成了一种普遍的"生活方式"（可以说，这种生活方式至今仍然流行）。所谓彻底的转变就是指从一种低能源消耗的生活——当时的能源非常昂贵、人们只能望洋兴叹，变成一种从房屋到出行都是高能耗的生活——此时的能源不仅价格低廉，而且似乎用之不竭。

这种转变体现在生活的各个层面：我们由火车、马、四轮马车、驿车、船和自行车变成了私家轿车、公共汽车、卡车、飞机和摩托车；从本地的报纸、海报、剧院和派对变成了大众媒体、广播、电影和电视；由用天然冰块冷冻食物的冰柜和煤炉变成了冰箱和集中供热；由手工做家务变成了家用电器；由天然的材料（棉、羊毛、皮革、丝绸）变成了合成材料；由纸、纸板、木材和玻璃包装变成了各类一次性的塑料包装；由当天从专门的供应商那里购买生鲜食品变成定期从超市购买大量冷冻或罐装食物；由生活和工作都在城市或都在农村变成了生活与工作分开的郊区生活。所有这些变化的发生都需要时间，并在很大程度上受到了广告、商业策略和政府政策的影响。

信息与通信技术的本质特点是能够与"绿色"生产和生活兼容。始于20世纪70年代的技术经济范式的改变，使得社会由过去的廉价能源（石油）——靠它来发展交通运输、电力和合成材料——的逻辑，变成了一种廉价信息——信息的处理、传输并将它用于生产活动——的逻辑。有了它，人们可以选择那些无形的服务和价值，而不一定非得选择那些有形的、一次性物品；可以利用信息与通信技术所带来的巨大潜力，实现能源和材料的节约，而不再是不假思索地消费它们。说到底，我们可以从对环境的必然破坏，转变为对环境可能的尊重，但是范式的转变仍面临着惯性压力和一些可能出现的突发事件；这种转变将是激流汹涌的，因而需要时间。

第一代汽车看起来很像马车。驾驶员坐在过去赶车时拿缰绳的地方，他座位下方的发动机的功率也是用马力来衡量的，其他所有部件也是由过去马车的制造商制造的。几十年之后才出现了符合新技术精神的新设计。但是，一旦在它问世之后，接下来的一切就是你知道的了！今天的汽车，即使它们再怎么先进，从本质上看与福特T型车并没有本质的不同。

因此，尽管信息与通信技术具有改变我们生活方式的潜力，但是一次性和高能源、高原材料消耗产品的工业生产仍随处可见。为什么呢？这是因为，在20世纪90年代这一关键时期，具体地说是信息与通信技术生产商在制定自己的发展战略之时，石油以及亚洲的劳动力价格都很便宜，而且非常丰富。因此，那时候并没有必要通过"模式"的改变来改变计划性汰旧的营销老习惯。然而，要想在这条道路上继续走下去，我们需要七个地球！

重大转变

然而，情况也许正在朝着一种更全面变化的方向变化。两件大事将把我们带往这一方向：一方面是金融危机——它表明应当找到一种机遇空间来指导经济的复苏；另一方面是气候变暖的威胁（以及自然资源在可用性方面存在的局限）。

最近的金融危机表明，经济正在出现结构性的变化，而这是技术革命扩散，并被企业和社会所消化吸收的典型方式。每一波大的发展浪潮都会出现这样的标志性事件，即在技术革命扩散的中途会出现一次大的金融危机。

由于人类对于那些根本性的变化有着一种自然抵触的天性，再加上社会在消化吸收这些革命和新范式方面存在的困难，每一次大的波浪都会被分成两个不同的波段。它们分别被称为"初创期"和"实施期"，每个波段大约持续二三十年时间。

"初创期"主要被金融资本所主导：这种资本是流动的，它可以把那些成熟的、正在走下坡路的产业领域的一些投资迅速引向新技术大规模试验的领域，并很快能从这一进程中获益。这是一个自由放任期，也就是熊彼特所说的"创造性破坏"时期；此时，新的范式开始与老范式对抗，投资主要集中在新技术和金融领域，收入开始集中导致社会贫富差距进一步拉大。这一时期会以重大的金融泡沫和金融业的崩溃而结束。

接下来的时间可以被称为"转折"（虽然它可能持续十几年时间，就像20世纪30年代的情况那样），因为国家开始重新积极介入，而生产资本则重新开始控制投资。在这一阶段，一些由大胆的技术人员所经营的小企业会成为巨头，它们会成为经济增长的引擎，并作出一些影响深远的决定，而不会只是屈服于股票市场的短期压力。当然，这种变化只有在社会环境发生了根本变化时才会出现。在对"金融界的主宰"所获得的成功心生羡慕后，公众舆论开始要求加强对金融业的监控。那些从未参与过金融豪赌的人所遭受的损害，加

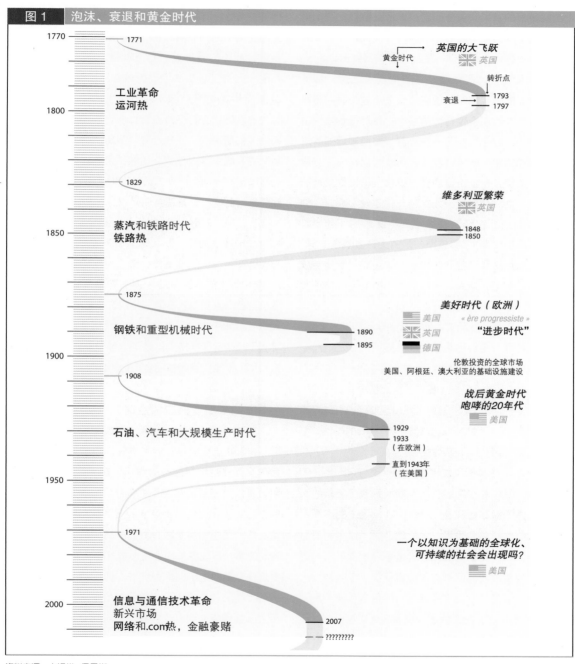

图 1 泡沫、衰退和黄金时代

1770 — 1771
英国的大飞跃
英国
黄金时代
转折点
衰退 — 1793
1797

工业革命
运河热
1800

1829
维多利亚繁荣
英国
1850
蒸汽和铁路时代
铁路热
1848
1850

1875
美好时代（欧洲）
美国
« ère progressiste »
英国
"进步时代"
德国

钢铁和重型机械时代
1890
1895

伦敦投资的全球市场
美国、阿根廷、澳大利亚的基础设施建设

1908
战后黄金时代
咆哮的20年代
美国

石油、汽车和大规模生产时代
1929
1933
（在欧洲）

直到1943年
（在美国）
1950

1971
一个以知识为基础的全球化、
可持续的社会会出现吗？
美国

信息与通信技术革命
新兴市场
2000
网络和.com热，金融豪赌
2007
?????????

资料来源：卡洛塔·佩雷斯。

说　明：技术创新与历史上的经济模式是相对应的。它们的出现、实施和崩溃阶段都遵循着同样的趋势。为什么当前的危机能摆脱这一进程？

上由此带来的衰退和失业问题，以及金融界一些不负责任和欺诈行为被揭露后所引发的公愤，这一切都会迫使政治领导人采取行动，使国家重新回到前台。

当制度框架真正作出了适当的调整之后，接下来二三十年的"实施期"就有望展开。这个时期将取决于那些旨在限制豪赌行为的措施，并能把金融业引向实体经济；它也取决于一些政策，如通过增加政府支出来拉动需求的政策、收入分配政策以及为那些最有前途、能提升社会价值的技术机遇空间提供支持的政策法规。之后会出现一段"创造性建设"期以及创新和增长新范式在经济领域得到广泛应用、社会收益开始分配的时期。"实施期"是由生产资本所支撑，并一直会从经济和福祉同时增长的黄金时代延伸至成熟期，直至该范式最终消亡。然后，随着下一场革命的到来而开始另一个周期。

我们可以从一些历史事件中看到这种周期性变化：黄金时代过后一定会出现繁荣期，接下来就是走向崩溃，整个"初创期"也随之而终结。图1用一种非写实手法把五个浪潮放在了一个图中。实际情况并没有该模型所表现的那样有规律：有时可能出现交叉，有时可能会有所延迟，每一种情况也都会有一些独有的特性，但是都遵循着一条基本的因果关系链。

工业革命在英国引发了运河热，到了18世纪90年代出现恐慌，并在拿破仑战争期间导致了英国的大飞跃。蒸汽和铁路时代在19世纪40年代末的英国引发了对铁路的狂热和恐慌，之后便迎来了维多利亚时代的繁荣。钢铁和重型机械时代是争夺世界霸权的时代，此时的美国和德国对英国的霸权提出了挑战。这个时代还见证了伦敦在南半球——阿根廷和澳大利亚（也包括美国）——投资的国际市场的大崩盘。随之而来的是欧洲的"美好时代"，美国也进入了逐步发展期。在咆哮的20世纪20年代期间，美国在大规模生产领域出现了泡沫，但此时的美国在新技术方面已取

得了领先地位（因为第一次世界大战向欧洲供应物品，美国获得了集约式增长）。1929年的华尔街股灾是迄今历时最长的转折点：它持续整个20世纪30年代，几乎一直到了第二次世界大战都结束时。在20世纪10年代和20年代，汽车、石油、塑料和大规模生产时代的基础已经打下。在第二次世界大战结束后，今天的人们所说的"西方世界"经历了历史上最大的繁荣，福利国家得以建立。这些技术逐渐成熟，它们在创新和提高劳动生产率方面的潜力终于在60年代末彻底耗尽。此时，微处理器使得信息革命在1971年的美国硅谷出现。20世纪90年代，在经济实现全球化的新兴市场出现了泡沫，而且这个泡沫最终崩溃；互联网和.COM热一度受到追捧，最后也以破灭告终；最后是2000年代的金融豪赌，并在2007年泡沫破裂引发危机，整个世界陷入衰退。我们这个可持续、全球化、知识社会如今正处于通往黄金时代的道路上吗？这将取决于那些旨在扶持实体经济（而不是虚拟经济）、打造和扩大市场以及维持社会稳定的监管措施和政策。

国家重新变得积极主动

结构性变化也要求创新主体发生改变。在"初创期"，金融业和新经营者是增长的引擎和创新者，国家只发挥提供便利服务的作用。在"实施期"，生产和国家作为创新者和增长主体开始起主导作用，而金融业此时重新回到了提供便利服务的角色。在目前的情况下，要想驯服金融世界这一巨大的力量并不是件容易的事，即使各种损失和各类丑闻已使它伤了元气。要想使金融业走出赌博型经济，真正能为生产的创新提供支持，就要求人们保持足够的政治压力，从而使相关新措施能得到有效实施。这一回，公民社会的作用可能是至关重要的。这种特别的范式把权力给了民众，其程度远远超过了政治机构过去曾经做过的。

今天，全球增长启动一个真正黄金时代的所有

条件都已具备。"初创期"留下了一个巨大的遗产：生产者和消费者都已经学会了这个新范式；新的工业巨头都愿意并且能够充当增长引擎；大部分古老的行业已重新焕发出了活力；新的基础设施（互联网）已经扩大，并增加了消费者和供应商的接入；创新和增长方面的巨大潜力依然存在，但它需要被重新引导。未来二三十年的"实施期"将被三股力量塑造和引导：政府的政策、消费者的价值观和商业经营策略。要想达到黄金时代，这三股力量必须：与范式的潜力相一致；彼此相互兼容、相互促进；找到一种对所有参与方都有利的正和博弈形式。

战后黄金时代（经合组织国家）的特点体现在：福利国家政策；美国式生活方式的价值以及规模经济、一次性用品和计划性汰旧的战略。"第三世界"并没有充分参与其中；它产生了大量廉价的能源和原材料，抚养了更多的外围消费者。这一回，全球经济的持续增长可以向全世界的人们提供在过去第四波浪潮中相关社会和民主政策只为北美和欧洲人提供的东西。事实上，在对基础设施、生产体系和消费模式进行整合之后，如今的投资可以发挥出与20世纪50年代战后重建相同的作用。电信的普及可以将消费者引向那些无形的产品和服务，就像当年电力、郊区住房和汽车的普及曾把消费引向了那些高能耗的生活方式一样。需求的动态变化格局将塑造未来的"黄金时代"。而当前的政策最终会决定这种需求的格局。

这是一种乌托邦还是现实？在20世纪30年代大萧条盛行时，断言蓝领工人一定会获得一份终身工作，在郊区拥有一套家电齐全的住房，门口还停着一辆汽车，那当然会显得像乌托邦。然而，后来的事实证明这是现实的，因为工资的增长使数以百万计的人们成了大规模生产和集约化增长的新增消费者。当时断言大部分殖民地将获得独立的说法也似乎显得不合情理，但是它们真的做到了（以和平或暴力的方式）。

发展中世界的新兴中产阶级也学会了美国的生活方式，从而使规模化生产的全球市场不断扩大。同样，在20世纪60年代末断言嬉皮运动的一些价值观（回归纯天然材料、有机食品等）会成为一种奢华的流行时尚，这也会显得是乌托邦，甚至有些古怪；然而，天然纺织纤维领域所取得的创新已经改变了时装界，而物流分销领域所取得的创新使得有机食品成了超市里的高档品。事实上，消费习惯出现重大变化是可能的，也是可行的，尤其是当这些变化被转向了有盈利的机会、呈现出正和博弈形态的时候。

消费习惯通常会被一些定义奢华和"好生活"价值观所引导。它们通常出现在高收入人群中间，并通过模仿的方式向下蔓延。向可持续发展范式的转变在那些富裕和受过教育的阶层中早已出现：小的要比大的好；天然材料要比合成材料更好；多功能性要比单一功能更好；"美食家"的食品要比用标准化方式生产出来的食品更好；有机水果和蔬菜更加健康；体育锻炼对提升个人幸福非常重要；全球变暖是一个真实的危险；不用外出、在家上班不仅是可能的，并且是一种更好的方式；太阳能是一种奢华，而在通信、购物、学习和娱乐方面，互联网比任何传统的方法都要好。生态价值观会通过欲望和愿望（而不是内疚或恐惧！）来传播。但前提是企业的商业利益与政府的政策必须趋于一致。

充分的全球化只有在生态上是可持续的情况下才有可能在现实中出现。当前的全球化模式——其特征是原材料和能源的集约化生产主要集中在亚洲，而消费则主要来自发达国家——有着明显的局限性：这些局限性体现在了市场价格上，而且一定会导致人们行为的变化。

目前的趋势是：随着经济的逐步复苏，石油和原材料的价格几乎将不可避免地出现上涨。连锁反应会导致包装成本（纸板和塑料等包装材料都是能源密集型的产品）和货物运输（卡车、火车、轮船和飞机都离不开石油）成本的增加。经济增长导致的二氧化碳排放量持续增加显然会加剧对全球变暖的影响，从而导致气候灾害保险费的增加，一些应对或避免灾害的项目建设也将变得更加昂贵。总体而言，它将导致有形物品生产、运输和分配经济的改变，从而导致经营战略以及政府政策的改变。这将在地方、区域和全球层面导致大量企业的外迁，并在最佳网络形态下导致物质生产的地域分工，全球生产将逐步由物质生产转变为非物质生产，"好生活"的消费模式也将被重新定义。

选择未来

当然，未来仍取决于社会和政治领域的相关决策，而且这方面的选择范围还是很广的。一方面，可以让金融业继续确定自己的投资——短期内还会集中在金融豪赌上，从而可以重新回到一个表面华丽繁荣的黄金时代，但这个时代的特点是国家内部和国家之间的收入将继续呈现两极分化。因此，在这条繁荣和

金融崩溃将交替出现的混乱道路上，世界将面临着暴力和移民的压力。另一方面，人们也可以通过一些政策的实施来促进经济增长、生产的发展，并为世界各地有利于长期就业和创新的投资提供便利。这将导致一个全球性黄金时代的出现；正和博弈将导致人们共同富裕，全球需求和贸易将出现强劲增长，确保企业（无论是生产领域还是金融行业）能获得正当的利润，而且一切都在一种平和的氛围下进行。选择权既掌握在每一个国家、地区、企业手里，但更多的是掌握在国际社会的手里。

事实上，技术舞台已经为 21 世纪的全球黄金时代做好了准备。要想抓住技术所提供的机遇来提高人们的福利，同时又能为子孙后代保护好我们的地球，这需要想象力、决心和知识。目前，那些能促进可持续增长轨迹的力量都已具备，但来自金融界的阻力还很强大。政府、企业和社会应当就共同的行动达成共识，以期尽可能获得更好的未来。成功地完成这种转型将是我们这个时代面临的最大挑战。

参考文献

FREEMAN C. et LOUÇA F., 2001, *As Time Goes By, from the Industrial Revolution to the Information Revolution*, Oxford, Oxford University Press.

GRIN J., ROTMANS J. et SCHOT J., 2010, *Transitions to Sustainable Development. New Directions in the Study of Long Term Structural Change*, New York, Routledge.

JACOBS M., 1991, *The Green Economy: Environment, Sustainable Development, and the Politics of the Future*, Londres, Pluto Press.

LANDES D., 1969, *Prometheus Unbound: Technological Change and Industrial Development in Western Europe from 1750 to the Present*, Cambridge, Cambridge University Press.

MULGA G., 2013, *The Locust and the Bee: Predators and Creators in Capitalism's Future*, Londres, Princeton University Press.

PEREZ C., 2002, *Technological Revolutions and Financial Capital: the Dynamics of Bubbles and Golden Ages*, Londres, Elgar.

PEREZ C., 2012, "The Greening of Global Economy", *Inside Track*, Issue 30: 3-5.

PEREZ C., 2013a, "Financial Bubbles, Crises and the Role of Government in Unleashing Golden Ages", in PYKA A. et BURGHOF H. P. (eds.), *Innovation and Finance*, Londres, Routledge: 11-25.

PEREZ C., 2013b, "Unleashing a Golden Age after the Financial Collapse: Drawing Lessons from History", *Environmental Innovations and Societal Transitions*, vol. 80, 1: 11-23.

SCHUMPETER J. A., 1982 [1939], *Business Cycles: A Theoretical, Historical and Statistical Analysis of the Capitalist Process*, Philadelphia, Porcupine Press.

绿色技术革命?

达米恩·迪迈依（Damien Demailly）
法国巴黎政治学院可持续发展与国际关系研究所（IDDRI）

帕特里克·韦尔莱（Patrick Verley）
瑞士日内瓦大学

本地和全球性的环境挑战越来越多，而与此同时许多工业化国家自 20 世纪 50 年代到 60 年代高增长期结束后一直面临着生产效率低下的问题，而且最近几年来还面临着严重的经济危机。在此背景下，杰里米·里夫金（Jeremy Rifkin）（2012 年）和尼古拉斯·斯特恩（Nicholas Stern）（2012 年）等一些学者预言，随着绿色技术的出现，一场高生态含量的新工业革命即将到来，我们在此称之为"绿色工业革命"（RIV）。在对 19 世纪和 20 世纪工业革命的历史进行回顾后，这些学者以及那些受此启发的人们——不管他们是不是自愿的——都希望经济活动能获得几十年的新飞跃期，劳动生产率和经济的增长幅度将"相当于或者高于蒸汽机、铁路、电力或信息技术所带来的水平"（Stern，2012 年[1]）。

这种新绿色增长浪潮的希望在什么条件下才会变得可信？ "绿色工业革命"不过是一个积极的、鼓舞人心的故事而已？——它所强调的只有机遇，而不

是环境恶化的危害。我们将用一种历史的视角来看待这一问题。在指明了过去两个世纪工业革命所具有的技术特性之后，我们再来分析绿色技术是否符合这一特征。

与"绿色工业革命"的支持者一样，我们在此特别关注那些与能源和气候相关的环境问题。在这里，"绿色技术"是指那些与能源生产和消费有关的技术，它们能为化石能源的消费提供替代方案。另一个局限是：我们所能关注的只是那些位于前台、绿色投资所重点关注的一些技术，尤其是可再生能源（太阳能和风能）、碳捕获和储存技术（CCS）以及电动汽车等。

另外需要强调的一点是，过去的那些大创新导致了劳动生产率的提高，也就是说在生产一个产品或某种服务时，它的成本要低于用其他技术时所需的成本。在其"初始阶段"，一种新技术可以凭借一些与成本无关的优势来开辟一个利基市场，就像电力用自

---

[1]　熊彼特在解释长经济周期时，总是把技术革命放在核心位置。从历史的角度看，将技术周期和经济周期联系起来是很容易的事吗？就像所有学者都承认的那样，要想使一个大的发明能得到扩散，并对宏观经济产生重大影响，必须首先在多方面进行重组。比如，电力用了很长时间才走出豪华大商场这一"利基市场"，并进入了工厂当中，而且只有当工厂的劳动结构进行重大调整、工人接受了培训之后，企业才能获得可观的经济收益。但这一切最初只能出现在先锋企业身上，此类做法需要数十年的时间才能得到普及。从经验分析来看，要在电力发明与一个国家的宏观经济的变化之间建立起联系是非常困难的，甚至是不可能的。当人们所关注的不仅只是发明，而是一整套新技术时，并且还想揭示出这些技术与整个增长浪潮之间的关系时，一切将变得更加困难。因此，熊彼特学派的实证基础十分薄弱。

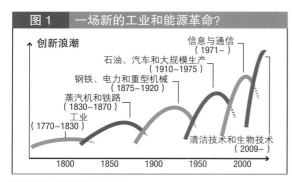

图 1　一场新的工业和能源革命？

创新浪潮

信息与通信
（1971～ ）

石油、汽车和大规模生产
（1910～1975）

钢铁、电力和重型机械
（1875～1920）

蒸汽机和铁路
（1830～1870）

工业
（1770～1830）

清洁技术和生物技术
（2009～ ）

1800　　1850　　1900　　1950　　2000

资料来源：据斯特恩，2012 年。

说　明：在包括尼古拉斯·斯特恩在内的一些学者看来，工业革命已经开始，而且在促进经济转型方面它所具备的能力与以前的技术周期相同。

己的奢华征服了那些高档的百货商店。但是，一种技术如果想走出这一利基市场，在自己所应用的行业产生持久的影响，它就必须能够逐步导致劳动生产率的大幅提高。

那些曾在经济史上留下印记的技术是如何提高劳动生产率的？它可以用一种相当简单、直接的方式达到，就像纺织业的机械化在几十年间导致了产业工人劳动生产率的提高，也导致纱线和布匹价格的下降一样。又如，合成化学业通过向纺织业提供天然染料——这些天然染料通常很少，很容易被投机炒作，如印度靛蓝——的替代物而发展了起来。

不过，一些"大科技"也会以一种间接的方式揭开经济深度重组之门。蒸汽机在取代了水能和水流之后，它所提供的（不仅仅只）是更加便宜的能源，也导致了工厂在地理上的集中——过去，在同一个地点设置多个磨坊是不可能的——而且这些工厂一般都

位于和原材料产地和（或）消费地很近的地方。随着"神奇的电力"的出现，能源储藏地与工厂所在地之间的距离变得更远[1]。电力发动机的出现开启了工厂内部空间结构重组的大门，使之变得更加合理[2]。

最后，不要忘了商品运输技术或信息技术以及网络：汽车和道路，火车和铁路，电报、电话以及今天的信息与通信技术。铁路导致了市场的扩大，规模经济和比较优势的经营，导致了不同地区的专业化分工等。同样，信息与通信技术——无论是不是属于"新技术"——对国际贸易起到了促进作用，导致了准时制生产，促进了形成网络的企业之间以及大企业内部的协调。

绿色技术和生产效率的提高

绿色技术具备那些曾在经济史上留下印记、使得劳动生产率显著提高的大创新所具备的"特征"吗？

让我们先从直接收益说起——在这里，它所指的是以可再生资源为基础的能源生产成本或碳捕获和储存技术的成本，或电动车的成本等。要对这些绿色技术在 10 年、20 年或 30 年后的成本作出预测显然是件很难的事。也就是说，按照我们现有的知识水平，以及在仅仅使用目前盛行的能源转型技术的情况下，做预测时要相当谨慎。

碳捕获和储存技术非但不会降低化石能源的价格，而是恰恰相反。核电的成本——如果它可以被归类为绿色技术的话——被人们广泛讨论，但我们至少应当记住一点，即目前的趋势是它的成本仍在增加。可再生能源或电动汽车的成本处于逐步下降的通道之

---

[1]　煤炭的运输只有通过海运或河运才能在经济上有利可图。因此，只有那些距港口或河流较近的地方才能用上煤炭。而电力的输送范围可以更广，尽管它需要首先解决高压电输送的问题，而且必须首先建起一些区域性的供电网络。

[2]　人们可以通过对工厂的组织来最大限度地减少原材料的运输（如钢厂），或适应流水线作业（移动的是产品，而不是人）——这方面的雏形最早见于汽车车身制造业。

中，有些人希望可再生能源组合能在短期或中期内与化石燃料以及传统的内燃机汽车相比具有竞争力。即使需要为此而对不同的网络作必要的调整。然而，即使是替代能源的支持者也不敢大胆预测能源价格会出现大幅下跌，或人们的出行将大大少于目前的水平[弗劳恩霍夫研究所（Fraunhofer），2012年]。未来最可能出现的情况是能源越来越贵，而不会是便宜至几乎免费。当然，一些节能技术可能会对这一趋势起到缓解的作用，甚至可能使之逆转。然而，能源的转型——这里所指的是绿色技术的转型——似乎能使世界免受石油危机的冲击，而不是导致能源服务的价格下跌。

如果人们眼里所见到的只有目前可用的、正处于蓬勃发展阶段的绿色技术，那么他们一定会对光靠劳动生产率的"直接"提高而带动经济增长的潜力感到怀疑。绿色技术能够引发经济的深度重组吗？

绿色技术可以彻底改变能源的生产方式。当然，未来的能源系统可能不会是集中管理式的，而是一种完全分散化管理的模式：在其中，每一位消费者、每一个工业企业都是能源生产者。但我们在这里要提出的问题是：绿色技术能否像蒸汽机、神奇的电力或者交通网络那样在其他经济领域、在消费领域导致深层的重组。

让我们顺着里夫金（J. Rifkin）的思路，想象一下一种完全不同的能源生产组织形态，可再生能源和电动汽车在其中将获得大发展。电力将不再由大型发

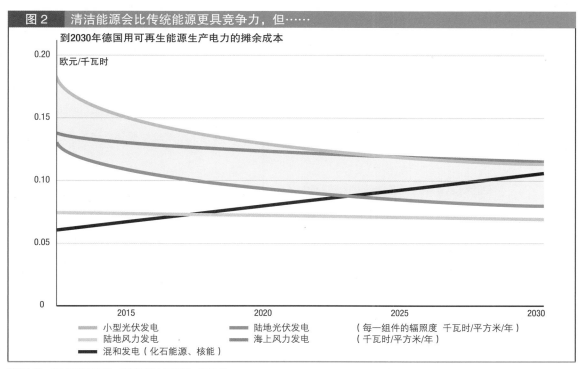

图2　清洁能源会比传统能源更具竞争力，但……

到2030年德国用可再生能源生产电力的摊余成本

欧元/千瓦时

小型光伏发电　　　　　陆地光伏发电　　　　　（每一组件的辐照度　千瓦时/平方米/年）
陆地风力发电　　　　　海上风力发电　　　　　（千瓦时/平方米/年）
混和发电（化石能源、核能）

资料来源：德国联邦环境部，弗劳恩霍夫研究所，2012年。

说　　明：弗劳恩霍夫研究所的假设显示，从现在到2030年，德国生产源的多元化并不会导致能源价格的下跌。

电厂生产，每栋都可能产生能源，智能电网的建成将为电力交易提供方便，包括电动车的使用。这种分散管理式的方案是可能出现的，但可再生能源的集中管理式方案也同样可行。那么，它将怎样改变一个经济体中其他产品和服务的生产组织形态？碳捕获和储存技术（CCS）、核能和可再生能源将完全改变电力生产，但并不会提供新的能源载体。诚然，在能源体制100%完成向可再生能源过渡之后，电网将变得更加智能。但是，说到底，它始终只是工厂或房屋里一个有需要就可开启或关上的"开关"而已。谁能说出一个出自火力发电厂的电子与另一个出自太阳能电池板的电子［齐斯曼（Zysman）等，2012年］、一个由老式电网输送的电子与另一个由超级智能电网输送的电子之间的区别？它对消费者来说又会有什么区别呢？不管是绿色电子还是褐色电子，但它终究都是电子。同样的情况在电动车身上也一样存在：这是一辆动力不同的汽车——人们可以称它为绿色汽车，但是它终究是一辆要在与过去一样的道路上行驶、被人们用同样方式加以使用的汽车。就汽车而言，人们只是为这一载体更换了发动机，但没有一种新载体能提供新的使用方式。

需要强调指出的是，绿色技术所带来的重组似乎已经在20世纪的电力、汽车及其网络的传播过程中被人们所"利用"。因此，它们在劳动生产率提高方面所可能产生的间接作用受到了人们的怀疑。经济的组织形态在未来几十年间必然要发生改变，特别是信息与通信技术的传播将为一些新用途的出现打开方便之门，但绿色技术将很难在这一转变过程中发挥主导作用。

学术文献中充斥着有关增长与环境能相互兼容的论据，这些论据都被整合在了"绿色增长"这一说法当中。在这些论据中，观点最鲜明的要数环境应当避免受到破坏的论据，尤其是气候突变的影响、气候的"临界点"以及未来的能源危机等。因此，保护环境是当务之急。人们还可以更进一步，像"绿色工业革命"的支持者那样也希望新的绿色技术带来长达数十年的真正增长"浪潮"？"绿色工业革命"显然是一个积极的、鼓舞人心的故事，但我们必须认识到，希望的破灭可能导致激烈的倒退。

因此，如果我们只是坚守那些在今天能源转型过程中处于投资核心地位的绿色技术，那么"绿色工业革命"的希望将始终比较脆弱。这并不是因为它所涉及的只是经济中的一小部分，而是因为人们对于它能否导致劳动生产率的大幅提高心存疑虑：直接的方式是降低能源价格或减少出行，间接的方式是为经济的深度重组打开方便之门。

那些彪炳史册的技术——比如神奇的电力——曾导致了此类重组的出现，因此"绿色工业革命"的支持者必须明确说明绿色技术在什么方面也能做到这一点。当然，随着可再生能源的出现和智能电网的发展，能源体系还可能出现彻底的变化，它可以由一种集权式管理的逻辑变成完全分散化管理的逻辑。但是，要怎么做才能鼓励其他的经济部门也参与重组？如果不用技术决定论来解释的话，那么我们就看不到绿色技术会带来显而易见的"重组"。

"绿色工业革命"的概念今天仍是脆弱的，人们仍然有理由怀疑绿色技术是否有能力像 19 世纪和 20 世纪的工业革命那样激发起巨大的增长浪潮。但是，技术或组织上的变化总能给我们带来惊喜。不管怎么说，过去的人并没有意识到以前的工业革命所带来的变化，也意识不到它们在生活水平方面所带来的东西。因此，最好的做法是要让绿色转型起到防止环境恶化的作用；至于它能否带来新一轮的增长浪潮，历史自会有定论。

参考文献

FRAUNHOFER, 2012, *Levelized Cost of Electricity Renewable Energies*, Fribourg, Fraunhofer Institute for Solar Energy Systems.

RIFKIN J., 2012, *La Troisième Révolution industrielle*, Paris, Éditions Les Liens qui libèrent.

STERN N., 2012, "How We Can Respond and Prosper: the New Energy-Industrial Revolution", *Lionel Robbins Memorial Lecture Series. NB : Pour les références de Nicholas Stern à la nouvelle révolution industrielle, voir aussi :* STERN N. et RYDGE J., 2012, "The New Energy-Industrial Revolution and an International Agreement on Climate Change", *Economics of Energy and Environmental Policy*, vol. 1: 1-19.

ZYSMAN J. et HUBERTY M., 2012, "From Religion to Reality: Energy Systems Transformation and Sustainable Prosperity", *Working Paper 192*, Berkeley Roundtable on the International Economy.

第二章

法布里斯·弗利波（Fabrice Flipo）
法国矿业及电信联盟

信息与通信技术（ICT）：可持续发展的引擎？

20 多年来，有关信息与通信技术领域新技术的言论产生了极大的吸引力：它们能够创造"非物质经济"，缓解自然资源对经济增长的约束。在气候危机、粮食危机和经济衰退的时候，这种言论能起到稳定人心的作用。然而，从言论到现实，信息与通信技术的真正影响究竟是什么？本文所提供的答案更多的不是令人欣慰，而是令人震惊。

1990 年，数字技术几乎不存在。这方面的家庭设备几乎为零。之后，被称作"信息高速公路"的数字网络来了。1993 年，网景领航员（Netscape Navigator）浏览器为人们打开了一个"虚拟"的世界：这在当时完全不为人所知，而且只有 130 个 WEB 网站。四年后，这样的网站超过了 100 万个。当时出现了一种十分吸引人的说法：一种由"信息"驱动的"新经济""非物质经济"正在问世。信息是一种"负熵"[①]，它能使人们突破经济增长的"局限"。信息与通信技术能带来信息，能实现米歇尔·塞尔（Michel Serres）在《自然契约》一书中所说的"对控制进行控制"。所有这一切都可以说是生逢其时。

信息与通信技术出现在了一个关键时刻："这是一个气候危机、粮食危机、金融危机和全球经济衰退，以及人们对民主机构——无论它们是本国的、欧盟的，还是世界的——产生信心危机的时刻。要想用一种新形式来拯救地球、凝聚社会以及恢复增长，似乎将取决于这场革命的成功及速度"。[福舍（Faucheux）、于埃（Hue）和尼古拉伊（Nicolaï），

2010 年，第 191 页]。信息与通信技术似乎可以验证这样一种观点，即经济的发展也将呈现与西蒙·库兹涅茨（Simon Kuznets）所描述的社会不平等曲线相类似的形态：一个"倒 U 型"曲线，即在经历了不平等的严重加剧和严重污染这样一段时期后——这大致对应于 19 世纪的欧洲，国内生产总值在超过一定额度后将出现反转，随后经济将开始走向"物质减量化"。可能获得诺贝尔奖的有力候选人经济学家保罗·罗默（Paul Romer）曾毫不犹豫地预言它将带来 50 亿年的增长，他认为一切的关键在于……图书馆[②]。这种说法美好得有点令人不敢相信。信息与通信技术究竟会产生哪些实际影响？我们在这里将试着给出一些答案。相关的结论更多的不是令人欣慰，而是令人震惊。

数字基础设施的环境足迹

近年来，信息与通信技术领域的支出增长迅猛，仅次于医疗卫生领域：2007 年增长了 15%，约占了家庭总支出增长的三分之一。

这些开支是用户所看不见的"一张隐藏的脸：

[①] "负熵"一词是由奥地利著名理论物理学家、量子力学创始人薛定谔在《生命是什么？》（1946 年）一书中提出来的。

[②] "Post-scarcity prophet"，2001 年，网址为 www.reason.com。

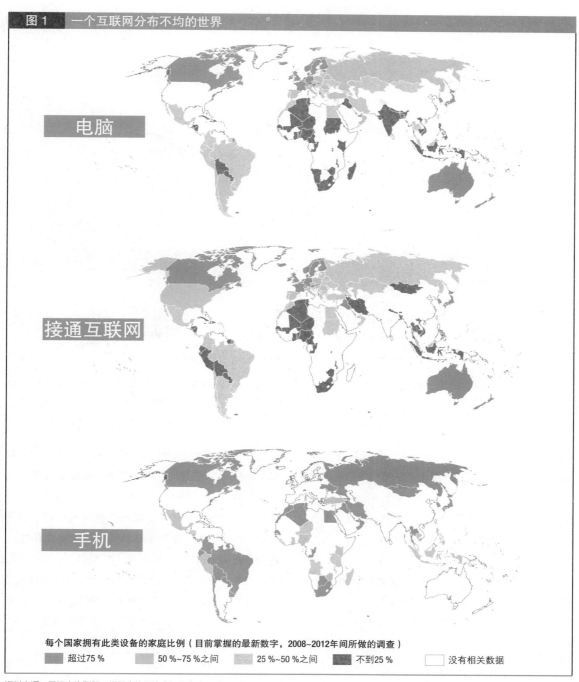

图1 一个互联网分布不均的世界

电脑

接通互联网

手机

每个国家拥有此类设备的家庭比例（目前掌握的最新数字，2008~2012年间所做的调查）

超过75% | 50%~75%之间 | 25%~50%之间 | 不到25% | 没有相关数据

资料来源：国际电信联盟，世界电信及信息与通信技术（ICT）指标数据库。

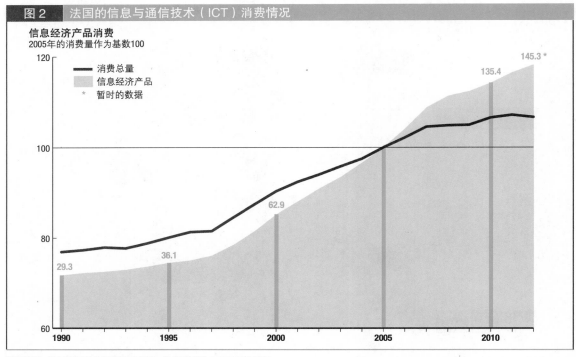

图 2 法国的信息与通信技术（ICT）消费情况

信息经济产品消费
2005年的消费量作为基数100

图例：
消费总量
信息经济产品
* 暂时的数据

（图中数据标注：29.3、36.1、62.9、135.4、145.3 *）

资料来源：法国全国统计和经济研究所，《国民核算》，2005 年为基年。

说　　明：法国数字技术观察所提供的数据显示，2010 年超过四分之三（76%）的法国家庭拥有电脑（这一比例在 2007 年为 54%），在家上网的家庭也差不多有同样的比例：这大约要比欧盟 27 国的平均水平高出几个百分点。能上网的智能手机数量在 2011 年增加了 76%。

基础设施的建设、基站（电话）、网络和数据中心（data centers），还有处于更上游环节的产品制造以及原材料开采等。2007 年，高德纳咨询公司提出了一个如今已得到广泛证实的数据：信息与通信技术行业的温室气体排放量约占全球总排放量的 2%，与航空业相当。

事实上，最近一份全球性研究表明，2007~2012 年间，信息与通信技术行业的电力消费量以每年 6.6% 的幅度递增。也就是说该行业的用电量由 2007 年的 670 太瓦时增加到了 2012 年的 930 太瓦时，相当于法国用电总量的两倍。然而，这项研究并没有将电视机、"机顶盒"、手机以及音响设备等统计在内 [1]。在法国，2008 年，信息与通信技术行业的用电量大约占全国用电总量的 14%（约为 58 太瓦时），相当于七座核电站的发电量［布勒伊（Breuil）等，2008 年］。网络虚拟游戏"第二人生"（Second L ife）中一位虚拟"居民"的用电量与一位普通的巴西人相当，即 1750 千瓦时［卡尔（Carr），2009 年］。

---

① Network of Excellence in Internet Science，D8.1.Overview of ICT energy consumption，2013 年 2 月 5 日。

除此之外，还要加上另外一些动态观察。信息与通信技术进入法国人的日常生活导致了用电量的大幅增长：平均每户每年增加了 635 千瓦时，大约相当于 2008 年用电总量的 20%［能源技术公司（Enertech），2008 年］。信息与通信技术的出现使得过去 15 年里其他家用电器设备在节能方面所取得的成果化为乌有。

网络也没有成为例外。在法国，仅各类数据中心的用电量就相当于三座核电站的发电量。谷歌在 32 个站点拥有 900000 台服务器。其最大的数据中心的耗电量与一座拥有 20 万居民的城市相当。

信息与通信技术也意味着材料的消耗。全球电气和电子废弃物的总量每年达 4000 万吨［"解决电子废品问题"组织（StEP），2009 年，第 1 页］。这些废弃物如果被装在载重 40 吨、长达 20 米的卡车上，它们可排成一条长达 2 万公里的长龙，或需要每分钟派出两辆卡车一天 24 小时不停运送[1]。在法国，平均每人所生产的电子垃圾是 8 公斤[2]。然而，一个产品在最终消费者手里所产生的垃圾只占其整个生命周期中产生垃圾总量的 2%［希尔蒂（Hilty）和拉迪（ruddy），2000 年；屈尔（Kuehr）和威廉姆斯（Williams）（合编），2003 年］。按照目前每年 3%~5% 的增幅，在其他类型的垃圾不增加的情况下，到 2020 年电子垃圾的数量可能比 2000 年增加 2.7~7 倍，其中主要取决于环境保护方面所取得的成效［未来技术研究所（IPTS），2004 年］。

除垃圾之外，还有有毒物质：汞、铅、镉、铬、多溴联苯和多溴联苯醚、聚氯乙烯（其中燃烧可形成二噁英）、钡（主要用在 CRT 显示器上，防止用户受辐射影响）、铍、磷以及荧光屏的添加剂。信息与通信技术产品的制造过程也不是很干净：它使用溶剂、酸、重金属和各类挥发性有机化合物。

低经济利益且包含着有毒物质：于是人们很想把这些垃圾物转移到第三世界，在那里用更低廉的代价来加以"处理"。这种情况的确也已经发生了。一些非政府组织很早就指出了这样的一个事实：美国 50%~80% 的电子垃圾并未在本地得到回收利用，而是被出口了。联合国环境规划署（PNUE）在 2005 年证实，印度旧个人电脑最主要的来源是进口［《有毒链接》（Toxic Link），2003 年］。而且，回收和处理的条件可能极其恶劣［联合国环境规划署（PNUE），2005 年］。

我们还能用别的方式来处理吗？是的，这在技术上是可行的，但相当昂贵。首先，要将产品在其寿终正寝后回收，然后将它们交给一些专门的回收处理中心。我们的垃圾箱里可能蕴藏着高达 4500 万美元的资源。但是这些有价值的东西过于分散，收集的成本过高。在目前这种情况下，制造商宁可选择放弃这一未被利用的资源，尽管回收利用所消耗的能源要比初级生产低得多（5%~10%）。信息与通信技术行业对黄金和白银的需求量占全球总量的 3%，钯占 13% 和钴占 15%（用于生产电池）。据全球原材料领域的巨头之一优美科（Umicore）公司提供的数字，电气和电子行业所消费的银则占了全球消费总量的 30%，黄金为 12%，铜为 30%，而钌和铟则占到了大约 80%[3]。

有些行业，如钶钽铁矿（钴矿）被指直接卷入了非洲的战争（刚果民主共和国）。其他一些行业，

---

[1]　详见以下网址：www.ecoinfo.cnrs.fr/spip.php？article181。
[2]　法国环境与能源管理署（ADEME），2009 年的资料数据，《电气和电子设备情况综述》。
[3]　详见以下网址：www.preciousmetals.umicore.com/PMR/Media/e-scrap/；Hocquart，2005。

如"稀土"则在开采过程中需要搬运大量的泥土[1]。而它的需求量则以每 7 年增加一倍的幅度递增［比乌伊（Bihouix）和德吉耶邦（De Guillebon），2010 年］。从全球来看，只有不到三分之一的金属，其回收使用率超过了 50%；34 种金属的回收利用率不到 1%——其中 17 种金属被用于电子领域[2]。

生活方式的"自然"物质减量化吗？

正如《智能（SMART）2020：实现信息时代的低碳经济》报告所揭示的那样，对于某些企业家来说，重要的并不在于如何削减 2% 信息与通信技术所带来的全球温室气体排放，而在于如何利用好信息与通信技术来为剩下 98% 的温室气体减排服务。由此产生了两个路径：该行业"自然"的进步对其自身足迹的影响，以及信息与通信技术对其他行业的潜力。事实上，这方面所表现出来的一些信号颇为积极。《智能（SMART）2020》报告很高兴地注意到，在个人电脑的数量由 6 亿台增加到 40 亿台的过程中，其用电量"只"增加了 3 倍，而在其他一切条件假设都不变的情况下，这一增幅从理论上讲应当是 7 倍左右。这一结果主要得益于：

——从电脑技术方面来看，主要是处理器［每一次计算所耗费的能源每 18 个月会降低一半（Ecoinfo 集团，2012 年，第 189 页）］和服务器的能效得到了改善，它们的利用率（通过虚拟化技术）和（机房的）空调管理得到了改善，个人电脑、笔记本电脑的突飞猛进，从 CRT 屏到 LED 屏的转变，以及标准越来越先进的能源管理（如管理休眠模式的 EnergyStar 软件等）；

——从电信方面来看，主要是光纤和多功能"机顶盒"的应用；

——从大众电子领域看，家庭录像机的消失，电视机也从传统的模式过渡到了平板电视或 LED 电视。

然而，这些好消息似乎在掩盖着其他方面一些不那么令人鼓舞的消息。众所周知，就拿电视来说，新机器的出现并不会将旧机器"取而代之"，而且会使数量成倍增加。屏幕更大、体积更小的平板电视在火车站、地铁站甚至在邮局随处可见。在今天的法国，平均每个家庭拥有的电视机数量为 6.8 台，而在家长年龄在 25 岁~49 岁之间的家庭，这一数字更是高达 9 台[3]。

数字是最明确无误的："视频"类的能源消费在家庭能源消费中所占的比例越来越高［能源技术公司（Enertech），2008 年］。目前主流的电视机（液晶和等离子）的平均耗电量要比普通的 CRT 电视分别高出 1.6 倍和 3.5 倍。"投影播放"设备（投影机和高射投影仪）的耗电量则更大。

思科（Cisco）公司认为，网络方面将呈现出指数级增长的趋势：2010 年全球移动通信流量连续第三年增长了 3 倍，并在 2016 年之前仍将保持每年 50% 增幅，直到流量增加 7 倍。据 ABI 研究公司（ABI Research）认为，移动通信的流量 2014 年应该比 2009 年大 39 倍，相当于每年有 10 亿台 DVD 机在网络上运行。位于法国加莱的朗讯潜艇公司每年生产和安装的电缆达 4 万公里。智能手机的出现对公司经营活动的影响已经十分清楚。2015 年平板电脑所产生的流量将相当于整个 2010 年全球移动网络的流量，即每月 248 个 PB（拍字节）。

---

[1] 详见 http://minerals.usgs.gov/minerals/pubs/commodity/rare_earths/mcs-2011-raree.pdf。

[2] 详见 www.unep.org/resourcepanel/metals_recycling/。

[3] GfK/Médiamétrie 提供的数字。

目前还看不到任何明显的因素能制约数据的生产和传输。从单独一种电器的角度看，我们不能否认能源效率方面取得了巨大进步。但这种说法忽略了数据生产呈指数级增长的强劲势头以及各种屏幕终端不断出现等现象。当经济利益与一个产品的预期使用期限等因素相背离时，此时再做什么生命周期的分析还有什么意义？尽管许多研究都在强调一个产品预期使用期限的重要性，但是在 20 世纪 60 年代，一台电脑的使用寿命是 10 年，而到了今天它却只有两到四年。而且在工业化国家，此类产品大部分已成了一种时尚用品。

类似的情况在程序领域同样存在。竞争使得编程变得"快速且粗制滥造"（quick and dirty），导致程序文件的大小出现了没有目的、没有必要的扩大。Windows 7 和 Office 2010 的处理能力是 1997 年推出版本的 15 倍、随机存储能力是过去的 70 倍、所需的磁盘空间是过去的 47 倍。2010 年的高校信息系统大赛表明，如果实现优化可以在客户端实现 600% 的节约，在服务器实现 20% 的节约（EcoInfo 集团，2012 年，第 191 页）。

只有订立规定才有可能使电子垃圾处理方面取得进展。如果没有约束，就不会有回收或处理。正因为如此，欧盟才相继发布了《报废电子电气设备指令》（WEEE）和《关于在电子电气设备中禁止使用某些有害物质指令》（ROHS）以及《制定耗能产品生态设计要求的框架指令》（EuP 指令）。在此我们不想做详细的说明，简单地说，《报废电子电气设备指令》要求生产商要为自己产品的处理提供资金——或由其直接处理或通过生态组织来处理；《关于在电子电气设备中禁止使用某些有害物质指令》则禁止或

限制了某些物质的使用。

相关的效果如何？从各国相关部委传来的消息[①]，《报废电子电气设备指令》的执行情况很不错。事实上，大多数生产商都加入了这些生态组织［生态（Ecologic）、生态系统（Eco-systèmes）、ERP 或 Recylum］中的一个；目前已投入运行的电子垃圾收集点有 18600 个，此外还应加上各级地方政府所提供的 3400 个收集站。回收率还是相当高的：大致在 71%~91% 之间，其中的回收量（吨数）占了 81%。这方面的问题主要是收集率（大致在 10%~20% 之间）和再利用率（仅为 2%）目前还较低［布勒伊（Breuil）等，2008 年，第 30 页］。需要强调指出的是，"回收"一词本身较为含糊。显然，相关部委对于行业内对其的评价是满意的。但是，举个例子来说，所有的迹象都表明有毒废弃物的出口从来就没有停止过［"解决电子废品问题"组织（StEP），2009 年］。由于效率低下，这一指令目前正处于重新审议当中。

欧盟的《关于在电子电气设备中禁止使用某些有害物质指令》则成了人们学习的榜样。包括中国在内的大部分国家都设置了类似的工具，从而否定了此前工业家们有关欧洲将被边缘化的悲观论调。不过，该法令规定了许多例外的情况，尤其是针对一些在生产者看来很难或者无法替代的产品时。

最后，《制定耗能产品生态设计要求的框架指令》（EuP 指令）所取得的进展十分有限。但其中的潜力十分巨大：在欧洲，只要将所有机器在处于"待机"状态时的能耗下降 75%，所节约下来的能源就相当于瑞典这样一个国家的用电量。但"节约"这个词在不同人眼里有着不同的意思。成效是真实存在的，

---

① 《法国生态、能源、海洋持续发展部简报》，茹阿诺（Jouanno C.），2010 年 2 月 22 日，《2006~2009 年行业情况总结以及 2010~2014 年所面临的新挑战》。

但是仍非常有限。规定很难跟得上产品的发展变化。为家电产品加贴能耗标签的计划在白色家电身上曾经做得十分成功，但是由于市场处于不断变化之中，这个计划最终因实施过于困难而成了一纸空文。目前，在这一领域还没有进行过真正的总结分析。

因此，信息与通信技术领域所取得的"自然进步"根本无法确保该行业生态足迹的"自动"减少。事实上，我们最多只能这样说：原本它可能出现"大幅增加"，现在的情况是它"只是"出现了一定程度的增加。然而，许多行为体如今正设法将辩论的焦点转移到剩余98%的排放量上。例如，法国电子电气以及电信工业联合会（FIEEC）就发表了一份新闻稿，试图通过它来安抚法国公众："鉴于信息与通信技术产品的推广而导致法国经济整体二氧化碳排放量的下降，信息与通信技术本身对环境的影响并不高。"

自2003年突尼斯峰会①以来，一系列旨在支持这一观点的报告相继发表，其中一些报告得到了诸如世界自然基金会（WWF）等非政府组织的支持。2005年，世界自然基金会与欧洲电信网络运营商协会（ETNO）（该协会包括了布鲁塞尔的主要运营商）、"用光速来拯救气候"（Saving the climate at the speed of light）等机构联合进行的一项研究认为，从目前到2020年，信息与通信技术在所有温室气体减排中所能作出的贡献度在15%~30%之间，也就是说相当于其自身碳足迹的10倍。当然，该行业肯定提供不了用来应对气候变化的"杀手软件"（也就是说能够一次性解决所有问题的东西），但它能提供多种解决方案——只要这些方案能得到落实，最终将有望大幅减少温室气体排放。这些论据被一些公共机构所采纳并加以进一步研究，但在潜力预估方面会更偏保

守。例如，法国方面估计信息与通信技术所导致的温室气体减排量大致相当于其自身排放量的一至四倍（布勒伊等，2008年，第2页）。所提到的解决方法包括远程办公、远程会议、交通和出差的优化、电子商务和网上购物、行政程序的去物质化、建筑中能源的智能化管理和智能电网。

这些希望主要是基于一些替代行为：用资源"低消耗"的方式来取代那些资源"高消耗"的方式，如视频会议来取代飞机。真的就这么很简单吗？也不尽然。让我们来试举几个例子。

虚拟会议所产生的二氧化碳排放量是乘坐飞机的五分之一，人们如何会不被用它来取代出差这样的前景所吸引？

伍珀塔尔研究所（Wuppertal Institute）在一份早期的研究［《数字欧洲》（Digital Europe），2000年］中曾指出一种重要的反对意见：音频或视频会议难道无助于交流吗？所以关键还在于"社会功能"的定义，而这个定义并不像它看起来那样明显。尤其是，到目前为止，从学术文献上看，电信和交通运输之间的关系并不是替代，而是相辅相成的关系：此前的信息与通信技术既导致了通信的增加，也导致了出行的增加［克莱斯（Claisse），1983年；穆罕塔里安（Mokhtarian），1997年；格拉哈姆（Graham）和马文（Marvin），1996年］。举证的责任理所当然应该在那些认为信息与通信技术将带来突破的人这一方。但是，没有一份前景报告对数字技术为什么能突破这一长期趋势给出解释。

这一结论同样适用于电子商务。在这方面同样存在一种简单的想法——正是这一简单的想法才使上述研究变得吸引人：无须外出就可以购物，可以购买

---

① 全球电子可持续发展倡议（GeSI），2008年。

电子书而不是纸质的书等。《智能（SMART）2020》报告认为电子商务将减少3000万吨的二氧化碳排放。但是更详细的研究给这一乐观的估计降了温。在电子商务领域，只有那些"比较轻、容易送货"的产品能产生出净收益（布勒伊等，第54页）。在以"信息"为基础的经济体内，这种情况是完全适合的。但是，这真的是我们所要迈进的方向吗？我们始终还是在使用汽车和房子等。法国生物情报服务机构（BIOIS）的一份研究得出了一个非常明智的结论：在"电子商务"领域，唯一可以断言的就是什么东西都不能作出断言，而其中的主要原因正是社会的复杂性。如今诸如戴尔或亚马逊等电子商务已被广泛接受，但其中的原因与生态问题没有任何关系。这种有时被称作"去除中间环节"的行为会带来许多变化，而其在生态方面的负面影响是显而易见的：它所产生出来的经济效益全部被用在了提高生产总量上。

同样，人们也可以证明在电子纸领域同样无法得出令人信服的结论［海斯卡宁（Heiskanen）和潘萨尔（Pantzar），1997年］。只要一次阅读的页数超过50页，那最好还是看纸质书［希尔蒂（Hilty），2008年］——后者有着一个十分强有力的论据：它完全是用可再生资源生产出来的。法国生物情报服务机构的报告探讨了多种路径，但似乎没有一种路径真正能带来人们所预期的（国内生产总值与生态压力之间的）"脱钩"。其中一个最为明确的例子是网上税务申报。这是一种完全能体现其好处的情况：信息与通信技术被用于纯数据交换，由此实现了无纸化。现在需要知道的问题是，随着时间的推移以及政治体制的改变，这种远程申报的做法是否还能与纸质申报一样可靠。无论如何，与《智能（SMART）2020》等

报告中所提及的情况相比，这个例子就显得没有多大说服力了。

与法国环境与可持续发展委员会和信息技术委员会（CGEDD-CGTI）的报告一样，法国生物情报服务机构的报告（2008年）也把远程办公当成了提高效益的重要方式之一：在"物质减量化"方面，远程办公可以节约70%左右，其余的主要通过视频会议来实现。但这一节约量实际并不多，其中的原因多种多样：它所涉及的交通流量最多不会超过交通总流量的0.1%（伍珀塔尔研究所，2000年），而且只能在那些第三产业高度发达的国家实现。它还要求在家里所产生的消费不能高于在工作场所的消费。欧盟专门研究可持续问题的SusTel项目统计了30多个这方面的研究成果[1]，结果发现一切并没有那么简单。

总之，在这种情况下，最关键的问题在于"反弹效应"。对这个问题感兴趣的人一定知道，因为这个词是杰文斯（S. Jevons）在其一本如何应对煤炭可能枯竭的著作《煤的问题》（1865年）中提出来的：他认为，一种产品的有效利用将导致其成本的下降，从而反过来会导致需求的增加……

在《终端》（*Terminal*）杂志上发表的一篇文章中［法布里斯·弗利波（F. Flipo）和戈萨尔（C. Gossart），2009年］，提出了两种形式的"反弹效应"：由于原材料使用的减少导致了成本的下降，使得用户在同样的成本下可以购买更多的产品，因而资金或时间收益（在远程办公的情况下）将被重新分配于其他资源消费型的活动。在这些不同的情况下，经济利益与环境收益是矛盾的。

《智能（SMART）2020》报告承认了这一问题，

---

① 详见以下网址：www.sustel.org/d10_d&&.htm。

但却选择了回避的态度："信息与通信技术可以提高效率，这将导致温室气体排放量的减少。但是为了防止'反弹效应'的出现，必须有一个能让排放量限制在一定范围的框架——如碳排放交易等，以鼓励经济向低碳型过渡。如果没有这些限制手段，就无法确保效率的提高不会导致排放的增加"①［全球电子可持续发展倡议（GeSI），2008年，第50页］。

事实上，这些对外宣称的减排只有一部分将要或者已经实现：这部分减排与一个行业按照传统的经济逻辑来发展是完全不相悖的。有哪一家企业会为了协调公共交通、疏导交通的需要而主动放弃大规模生产？没有，即使它已经充分意识到了生态问题。其中的原因很简单：因为它关注生态问题正是为了有利于提高自己的产量。然而，产量的提高将不可避免地对地球造成更大的影响。因此，只有那些能够增加投入的项目才能实现减排。规章制度（监管规定、标准等——例如，某一个生产厂家所独有的连接器最终只能被抛弃而无法得到重复利用）的出现正是为了在不影响增长的情况下，寻找那些出于各种原因自身无法实现的减排。

未来技术研究所（IPTS）的研究对这一观察作出了补充［未来技术研究所（IPTS），2004年］：信息与通信技术行业本身并不是生活方式转变的决定因素——生活方式是在价值观的基础上建立起来的，企业所做的只是加强这些价值观，而不是改变它们。如果"不采取任何措施"，信息与通信技术的普及可能导致局势恶化。

结论：是消费者的错吗？

公权机构和企业往往会把责任推到消费者身上。毕竟，在市场这个消费形成的民主之地，消费者不是能自主地表达自己的选择吗？这一陈述完全忽视了消费者所面临的真实状况：为了经济及其增长的需要，在任何可能影响其消费的问题上，消费者完全被误导着。企业总是用自己在一个特定市场上的行动余地这一狭窄的眼光来看待消费者，而国家则把其看作是为自己权力服务的工具。消费者的"支付能力"是一个核心问题，因此它必须得到控制。实际的情况是：环境与经济增长之间的妥协往往是以牺牲前者为代价来取得的。在这样的背景下，类似环境和节能减排这样的机构所开展的小型行动还有什么意义？

---

① 这是我们的翻译。该报告的原文是这样写的："ICT technologies can improve efficiency and this will lead to reduced emissions. However, prevention of the rebound effect requires an emissions-containing framework（such as emission caps linked to a global price for carbon）to encourage the transition to a low carbon economy. Without such constraints there is no guarantee that efficiency gains will not lead to increased emissions"。

参考文献

BIHOUIX P. et DE GUILLEBON B., 2010, *Quel futur pour les métaux ? Raréfaction des métaux : un nouveau défi pour la société*, Les Ulis, EDP Sciences.

BREUIL H. *et al.*, 2008, *Rapport TIC et développement durable*, Conseil général de l'environnement et du développement durable (CGEDD) et Conseil général des technologies de l'information (CGTI). Disponible sur : www.telecom.gouv.fr

CARR N., 2009, *The Big Switch*, New York, Norton & Co.

CLAISSE G., 1983, *Transports ou télécommunications : les ambiguïtés de l'ubiquité*, Lille, PUL.

ENERTECH, 2008, « Mesure de la consommation des usages domestiques de l'audiovisuel et de l'informatique », *Rapport du projet Remodece*, ADEME Union européenne EDF.

FAUCHEUX S., HUE C. et NICOLAÏ I., 2010, *TIC et développement durable – Les conditions du succès*, Bruxelles, De Boeck.

FLIPO F. et GOSSART C., 2009, « Infrastructure numérique et environnement : l'impossible domestication de l'effet rebond », *Terminal*, n° 103-104, p. 163-177.

GLOBAL eSustainability Initiative (GeSI), 2008, *SMART 2020: Enabling the Low Carbon Economy in the Information Age*, Bruxelles, GeSI.

GRAHAM S. et MARVIN S., 1996, *Telecommunication and the City: Electronics Spaces, Urban Places*, Oxford, Routledge.

GROUPE ECOINFO, 2012, *Impacts écologiques des TIC*, Les Ulis, EDP Sciences.

HEISKANEN E. et PANTZAR M., 1997, "Toward Sustainable Consumption: New Perspectives", *Journal of Consumer Policy*, vol. 20, BIO IS.

HILTY L. et RUDDY T., août 2000, "Towards a Sustainable Information Society", *Informatik*, n° 4.

HILTY L., 2008, *Information Technology and Sustainability*, Books on Demand.

HOCQUART C., janvier 2005, « Les enjeux des nouveaux matériaux métalliques », *Géosciences*, n° 1.

IPTS, 2004, "The future impact of ICTs on environmental sustainability", *Technical Report Series*.

KUEHR R. et WILLIAMS E. (eds.), 2003, *Computers and the Environment: Understanding and Managing their Impacts*, Kluwer Academic Publishers and United Nations University.

MOKHTARIAN P. L., octobre 1997, "Now that Travel Can Be Virtual, Will Congestion Virtually Disappear?", *Scientific American*.

PNUE, janvier 2005, « Les déchets électroniques, la face cachée de l'ascension des technologies de l'information et de la communication », *Pré-alertes sur les menaces environnementales émergentes*, n° 5.

STEP, 2009, *From E-Waste to Ressources*, United Nations Environment Programme & United Nations University.

TOXIC LINK, 2003, *Scrapping the Hi-Tech Myth: Computer Waste in India*, Delhi, Toxic Links India.

WUPPERTAL INSTITUTE, 2000, *Digital Europe*.

信息与通信技术在非洲：一场潜在的革命？

瓦里吉亚·鲍曼（Warigia Bowman）
阿肯色大学，美国

凯文·乌拉马（Kevin URAMA）
非洲技术政策研究网络，肯尼亚

玛丽安·门萨（Mariane Mensah）
法国开发署

从全球范围看，在信息与通信技术方面，非洲所面临的挑战最为严峻。非洲大陆的电话普及率以及互联网的开通密度是全世界最低的。非洲的网民数量很少，并且这里的互联网开通费以及上网资费都要高于世界其他地区［阿库 - 克帕克波（Akue-Kpakpo），2013 年］。

然而，信息与通信技术在非洲获得了超预期的成功。多份研究报告已明确揭示了技术对宏观经济的影响及其对社会和经济转型的影响，尤其在银行、医疗和农业等领域。公权机构、发展领域的业者、社会活动家和企业家都把非洲看成是一个新挑战——在这个大陆，信息与通信技术可以成为经济和社会转型的引擎。有些人预言这里将出现信息与通信技术革命，吹捧其在增加公民和市场的参与度，提高生产效率、能力和透明度方面的潜力。非洲的信息与通信技术革命究竟会带来哪些希望，面临着哪些挑战？非洲人口和经济能够适应、掌握这些技术吗？信息与通信技术会带来的将是一场真正的革命还是说只是一些简单的变化、某些技术的跃进？

本文将探讨国际社会和企业是如何为了打开非洲大陆的电信市场、提高使用率，而将庞大的政治和经济资源投入改革和基础设施领域的。我们将对这些投资的广度和价值进行审视。我们将通过卢旺达的例子来说明信息与通信技术基础设施领域的投资是如何与可靠的公共政策相互结合，从而促进教育的普及以及经济增长的。在结论部分，我们将分析网络教育在促进非洲经济和社会转型方面的巨大潜力。

国际组织和企业对非洲信息与通信技术的支持

20 世纪 90 年代末和 21 世纪初，世界银行、国际电信联盟（ITU）和联合国等一些跨国组织在促进信息与通信技术在非洲的建设和发展方面发挥了重要的作用。它们鼓励非洲电信市场进行经济改革，并为信息与通信技术的基础设施建设提供支持。此外，不同非洲国家的利益相关方、国际非政府组织以及本地社群组织之间展开了密切合作，它们都希望互联网和电话的全民普及能成为促进发展和社会公正的工具[1]。出资方在基础设施领域的投资以及本地社群的支持、市场的开放和庞大的国内市场前景，这一切把许多电

---

[1]　全民普及这一构想源自 20 世纪头十年中期的美国，是指全国都能装上固定电话。

信领域的私营企业吸引到了这一地区，从而使信息与通信技术领域的投资进一步扩大。

在 20 世纪 90 年代和 21 世纪初，研究人员和出资方对"全民服务"的概念进行了扩充，强调各国政府应该在创造一个有利于技术的环境中发挥作用[沃雷姆（Woherem），1993 年]。一些人强调，"把互联网作为国际发展的重要助推剂的共识正在形成"[齐多努（Dzidonu），2002 年]。联合国前任秘书长

科菲·安南也一直在捍卫政治决策者的这样一个信念，即信息与通信技术既能够帮助非洲现代化，同时又能使发展中国家继续追求其社会保障方面的目标[1]。"非洲信息社会计划"（AISI）是在 1996 年发起的，当时社会目标正开始被融入信息与通信技术当中。在出资方联合国非洲经济委员会（CEA）的监督下，"非洲信息社会计划"（AISI）在非洲国家统一组织 1996 年的喀麦隆雅温得首脑会议上获得通

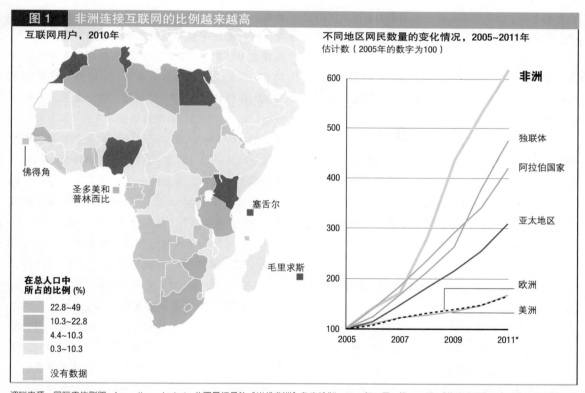

图 1　非洲连接互联网的比例越来越高

资料来源：国际电信联盟，http：//www.itu.int/，此图最初是为《当代非洲》杂志绘制，2011 年 4 月，第 240 期。《传媒非洲》，由巴黎政治学院地图工作室绘制。

说　　明：尽管非洲仍是世界上互联网普及率最低的地区，但它也是目前互联网用户数量增长最快的地区。

---

① 科菲·安南，2002 年，《Technologies de l'information et de la communica-tion，priorités pour le développement de l'Afrique》，communiqué de presse SG/SM/8496 AFR/516，Genève，Nations unies。

过。"非洲信息社会计划"向28个非洲国家提供了支持，帮助它们制定信息与通信技术领域的政策——联合国非洲经济委员会将其称为"国家信息和通信的基础设施"。

一些非洲的活动家与世界各地的活动家一起积极参加到了各种国际论坛当中，如由国际电信联盟和联合国等机构组织的全球信息社会峰会。联合国大会2001年批准了信息社会世界峰会；公民社会的成员、私营部门的组织、各国政府、联合国机构以及其他出资方都出席了此次峰会。社会活动家们发现此时出现了一整套的新技术，而且他们也承认了信息与通信技术作为一种经济和政治资源的潜力，尤其是它可以作为一种用来讨论社会公正领域长期目标的工具；这些目标包括在现代化的背景下消除贫困、解放妇女以及改善教育和医疗等。

这些活动家为非洲选择了一条由美国人开辟的道路，并提出了一种应对这一资源进行重新公平分配的论调。这些国际活动家把信息与通信技术当成了一种能使农村落后地区走上发展的工具。私营企业也开始意识到，这些改革和政策将为非洲大陆创建大型的宽带企业和电信集团提供契机。

非洲在信息与通信技术基础设施领域的投资

国际电信联盟提供的数据显示，互联网大约在20世纪90年代出现在撒哈拉以南非洲地区：肯尼亚是1993年，尼日利亚是1995年。自2000年以来，非洲是全球移动手机市场增长最快的地区——年增长率甚至高达44%［德勤会计事务所（Deloitte），2012年］。然而，非洲地区整体的互联

网和电话普及率比其他中、高收入国家要低得多［沙博苏（Chabossou）、斯托克（Stork）和扎霍诺戈（Zahonogo），2009年］。2012年，非洲的互联网普及率约为15.6%，而世界其他地区的平均普及率接近40.0%[①]。大多数非洲国家远未达到全面普及的目标，其中最主要的原因是撒哈拉以南非洲地区家庭互联网开通费以及上网资费明显高于世界其他地区［阿库-克帕克波（Akue-Kpakpo），2013年］。

然而，在信息与通信技术基础设施向非洲转移方面，过去十年间已经取得了显著的进步。以2009年为例，海底电缆尚未覆盖整个非洲大陆，这在一定程度上限制了高速互联网和数据的接入，也使得东非地区的上网资费居高不下。2010年，总里程达海里，总耗资超过2.65亿美元，部分费用来自世界银行、非洲开发银行以及其他出资方的"东非海底电缆系统（EASSy）"正式开通，从而使东非国家与世界其他地区联网［阿库-克帕克波（Akue-Kpakpo），2013年］。此外，南非的一些私营电信运营商，尤其是沃达康（Vodacom公司）和MTN公司等，在基础设施的扩展和服务方面起到了十分关键的作用。与此同时，另外两个宽带运营商"东非海底光纤电缆系统"（TEAMS）和"东南非洲海底光纤电缆系统"（SEACOM）也为非洲其他地区填补了在互联网接入方面的差距。"东南非洲海底光纤电缆系统"延伸达13700公里，由一个包括阿迦汗（Aga Khan）经济发展基金会在内的财团投资建设，总造价大约为6.5万美元。"东非海底光纤电缆系统"延伸的长度超过4500公里，建设耗资1.3亿美元，它主要隶属于肯尼亚的一些经营业者［包括肯尼亚半官方的公司肯尼亚电信公司（Telkom Kenya）］以及阿联酋的阿联酋电

---

① 互联网数据统计机构（Internet World Stats），详见以下网址：www.internetworldstats.com。

信（Etisalat）［非洲发展新伙伴计划（NPAD），2014年］。

除了电缆使非洲和欧盟之间的互联网连接有了大大改善——它有助于降低成本、明显提高传输速度——之外，非洲地区信息与通信技术获得发展的另一个关键因素是移动电话得到了蓬勃发展（国际电信联盟，2013年）。如今，撒哈拉以南非洲地区大多数人都能获得移动通信服务。自2008年以来，相关电信网络运营商在撒哈拉以南五大市场（尼日利亚、坦桑尼亚、南非、肯尼亚和加纳）实际投入超过165亿美元（德勤会计事务所，2012年）。事实上，这些运营商是世界各地（包括非洲地区和世界其他地区）各种信息与通信技术服务的供应商，包括电话、互联网和数据服务等。

公共政策：信息与通信技术基础设施和吸收利用的引擎——卢旺达案例研究

除了为网络基础设施建设吸引投资之外，一些非洲国家还积极通过公共政策来推进信息与通信技术行业的发展。卢旺达就是这种情况：这个国家大力强调信息与通信技术的重要性，把它当成是社会经济发展的引擎。在大屠杀过去近二十年后，卢旺达仍面临着十分严重的社会和经济问题。2008年，卢旺达是世界上最不发达国家；60%的卢旺达人每天的收入不足一美元；在全部177个国家和地区中，卢旺达的人类发展指数排在第161位。该国的人均寿命只有45岁。目前以农村人口为主的卢旺达，其人口数量到2030年还将翻一番。

在此背景下，信息与通信技术为发展服务成了卢旺达由一个第三世界的农业国跻身以技术为依托的"第二世界"国家过程中一个必不可少的因素。2008年，保罗·卡加梅总统领导的卢旺达政府承诺加强信息与通信技术的国家网络建设；政府对信息与通信技术进

入学校、医院和公共服务系统进行了大量投资。卡加梅还宣布了"用科技力量来改造"卢旺达社会的目标（卡加梅，2008年）。他还从美国的说法那里获得灵感，承诺将借助科学和教育的力量来"加速社会和经济转型"，并帮助国家在发展方面做出更好的选择。这一观点得到了外部世界广泛的支持，出资方纷纷为其提供大量资金。

保罗·卡加梅所领导的卢旺达爱国阵线政府认为，信息与通信技术将帮助"卢旺达跳过工业化的关键阶段，使卢旺达以农业为主的经济向以服务业为主、高附加值的信息技术和知识经济转型，并使之在国际市场上具有竞争能力"。卡加梅表示，"如果卢旺达不能依靠这些技术使经济和社会成功转型，（……）卢旺达就有被边缘化的危险。"他认为，信息与通信技术的潜力将帮助卢旺达实现"现代经济的愿景"。卢旺达负责能源和通信的国务部长阿尔贝·布塔雷十分支持卡加梅的观点，强调信息与通信技术是"实现现代化（……）必不可少的工具"。

教育是卢旺达政府用来向卢旺达人民传播信息与通信技术的关键手段，教育是该国信息与通信技术政策的八大支柱之一。与教育相关的信息与通信技术项目有很多，包括教师培训、使用电脑、开通互联网、跟踪监测与评价或编写卢旺达语（一种方言）的教材以及数学、生物学、化学和物理学等教学计划的数字化等。卢旺达儿童的小学和初中三年教育已全部实现免费。

政府还特别重视科学和技术的教育。2008年，政府在推广科学方面的支出占了国内生产总值的1.6%。用卢旺达教育部教育规划司司长的话来说："我们希望把信息与通信技术用于教育。我们希望培养出高素质的劳动者。"[①]政府的一个主要目标是要把足够的技术资源用于教育改革计划以及信息与通信技术项目的实施。其中的一个具体目标是"使卢旺达

图2　非洲的互联网基础设施

非洲的数字高速公路
2011年的海底电缆

Seacom	运营中的电缆
ACE (2012)	计划中项目（年份）

流量（千兆位）

——	300~500
——	1 000~1 500
——	1 500~2 500
——	3 000~5 200
——	12 800

伦敦　EIG　Seacom
马赛　摩纳哥
维哥　巴勒莫　I-ME-WE
塞新布拉
安纳巴　大亚历山大
艾济拉勒　比塞大　的黎波里
萨希兰卡　的黎波里　苏伊士　富吉拉　SEA-ME-WE 4
Atlas Offshore　开罗　卡拉奇
阿曼
努瓦克肖特　SAS-1　吉达　孟买
达喀尔　苏丹港
科纳克里　阿克拉　洛美　马萨瓦　钦奈
佛得角　弗里敦　科托努　吉布提　科钦
蒙罗维亚　拉各斯　科伦坡
GLO - 1　阿比让　邦尼
杜阿拉　TEAMs
巴塔　摩加迪沙　EASSy
MaIN OnE　利伯维尔　SEAS (2012)
黑角　蒙巴萨
Fortaleza　Muanda　塞舌尔
卡瓜科　达累斯　Lion2 (2012)
SAT3/SAFE　罗安达　萨拉姆　Lion
ACE (2012)
WACS　沃尔维斯湾　塔马塔夫
SAex (2013)　马普托　毛里求斯
留尼汪
曼图兹尼　SAT3/SAFE
梅尔克博斯特兰（开普敦）　Seacom

资料来源：非洲海底电缆，www.manypossibilities.net/african-undersea-cables。最早于2011年10上载。此图最初是为《当代非洲》杂志绘制，2011年4月，第240期。《传媒非洲》，由巴黎政治学院地图工作室绘制。

说　　明：非洲大陆目前已实现了光缆连接：这提高了传输速度，并使互联网真正获得了发展。

成为一个信息与通信技术强国"，并在10年的时间里改善教育体系。为实现数字强国的目标，政府推出一项十分重要的计划，即在学校里配备和"使用"计算机。

自2006年以来，相关的重点放在了为公立和私立学校配备计算机上；其目标是让每所学校都拥有数量相同的计算机，不管学校的规模多大、位置在什么地方。每所小学都收到了一台笔记本电脑，而每所中学则必须拥有10台笔记本电脑。此外，卢旺达的30个县都必须拥有一个电信中心。其他方面的努力还包括小学高年级的孩子可以上互联网、尝试开设计算机课、与微软合作对数以千计的教师进行计算机基础知识培训等。

从掌握到拥有

人们通常以一些众所周知的例子来说明信息与

---

① 对卡兰古瓦（Karangwa）和克拉弗（Claver）的专访，2007年8月13日。

通信技术对非洲经济的影响：比如肯尼亚的手机银行业务［奥布拉察（Obulutsa），2005年］或乌干达农民用手机上网与供应商和市场沟通等。这些技术的应用有着巨大的潜力，而且它们的使用者已经明确掌握了它。我们想要介绍的例子是信息与通信技术另一个不太为人所知的应用，而它将为非洲转型提供巨大潜力：网上教育或在线学习（e-learning）。非洲国家在信息与通信技术基础设施领域投资，并将这些技术的应用范围拓宽，这或许可以使更多的公众——中小学生、大学生、教师、成年人以及企业——有机会使用网上教育。像卢旺达这样的国家可以借鉴当前在其他国家正在尝试的一些经验，尤其是"大型开放式网络课程（MOOC，massive open online courses）"：这些课程因为美国的斯坦福大学和哈佛大学以及法国高等教育和科研部2013年底推出的数字大学等而声名鹊起。然而，"大型开放式网络课程"的掌握和拥有的程度仍存在争议。

如今出现了一些不放松对学生密切监管这一传统模式的新型在线学习项目，对它们的分析或许能让人们有一个更清晰的了解。2013年，法国开发署在阿尔及利亚、乍得、刚果民主共和国、塞内加尔、南非和突尼斯等6个非洲国家启动了一个名为"e-Dev"的项目[①]。虽然如今对该项目的影响作出全面评估还为时过早，但是它在正反两方面的经验教训对那些想开展网上教育的人来说的确具有借鉴意义。

从正面的经验来看，在线学习能为那些生活在离传统大学校园较远地区的人，或者那些不能以其他方式听课的人提供进一步传播知识的机会。然而，在线学习需要对教学内容重新思考和改进，以避免或降低辍学率——通常情况下，这种教学方式的辍

学率会很高。显然，要想学生的注意力得以保持，让学生和教师以及学生之间展开更多的互动是必要的。在线学习还可以使教师和学生之间、彼此相互学习的同学之间形成一种横向的新型关系。它还可以对其上网学习的时间、在线学习的内容、所参与的考试及结果等数据进行分析，从而更好地对学生的学习过程进行跟踪——有些人会说，它将有助于对其进行监控。虽然目前许多以盈利为目的的网络教程并没有产生利润，但是在线学习将大大节省校舍、交通运输以及其他基础设施等后勤领域的资源。此外，它还能够降低碳排放，至少能减少那些与交通运输有关的排放，虽然在线网络和计算机的运转也需要电力。

这些正面因素会受到技术、组织和经济方面所存在的一些障碍的影响。其中最主要的是数字鸿沟：学习者不仅需要拥有相关数字设备和互联网，而且若想浏览视频或动画等精彩内容还需要有很高的网速。在乍得和刚果等国家，此类应用便受到了网络连接等问题的制约。在线学习也需要教师有更加开放的精神，他们必须学会使用新技术，并能将这些技术运用到教学当中。传统的教学方式必须加以更新，而这很可能会遭到一部分教师和专家的阻挠。在线学习还需要有一些新的标准来衡量数字化学习方法与传统方法相比的有效性。在某些情况下，最好的解决方案可能是在线课程与老师的面对面教学相结合。有些教师认为，"翻转课堂"［马祖尔（Mazur），1997年］可能是最佳的方向。他们认为，"翻转课堂"这一模式能让学生通过观看在线视频教学课来学习——这通常在家进行，之后再把过去通常在家里完成的作业放到课堂上来完

[①] 法国开发署利用了法国政府于2013年和金融经济银行研究中心（CEFEB）以及法语国家大学合作署（AUF）共同推出的一个"大型开放式网络课程"平台，即法国数字大学（FUN）。

成——这一过程既可以接受老师的指导，也可以与同学相互切磋。

最后一点也相当重要，即在线教育网站需要大量的初始投资，用于课程的制作。一般情况下，录制没有或很少视频或动画的在线课程每小时大约需要 3500~5000 美元，而动画效果丰富的课程则每小时需要耗资 1 万 ~2 万美元。高昂的制作和发行成本可能会使某些国家或学校无意继续在线教育项目。对于迄今实行免费开放的"大型开放式网络课程"来说，这种情况尤为明显。鉴于网络、软件、设备和电力供应等方面需要巨额的投入，网上课程教育可以被扩大到卢旺达等国，但它不能再是免费的。

除非能像过去和现在非洲地区在信息与通信技术基础设施领域的投资一样，这些国家还能从国际出资方那里获得资金。由非洲人自己设计、专门针对非洲人的非洲第一个"大型开放式网络课程"项目所走的就是这样一条路，这个项目由"非洲管理计划"负责实施。"非洲管理计划"已经通过自己的虚拟校园推出了首个针对非洲管理者和企业家的免费在线教学平台。该组织计划通过一种将同学之间相互学习与在线教学相结合的方式，向非洲的中小企业家和青年管理者推出免费的商务和管理在线课程。除了寻求赞助之外，"非洲管理计划"还希望能与各类商学院建立合作关系，以便能"跳过传统的培训课程阶段，直接为非洲的管理者和企业家提供实用的、定制式的继续教育课程"[哈里森（Harrison），2013 年]。与其他新技术所遇到的情况一样，在线教育也一定会是利大于弊，但这要求援助者、各国政府以及相关参与方表现出一定的信心，要相信这些投资和努力将帮助相关国家实现跨越式的发展，使其能由发展中国家跻身到更加民主的新兴国家之列。

结论

在把信息与通信技术用于为发展服务时，一些技术、社会、经济和政治因素将相互作用、相互影响。在非洲实现信息与通信技术的全民普及将是一个巨大挑战：它不是购买电脑、在农村乡镇建造电信中心或学校这样简单的问题。在非洲普及信息与通信技术将牵涉到一系列相互关联的复杂问题。它不仅需要建立有形的基础设施，还需要在法规、政策和贸易和社会等领域打下基础，这样才能真正利用好技术革命所带来的希望。它还需要依靠民众的力量，使技术为推进民主，为提高参与意识、能力和透明度服务。

参考文献

AKUE-KPAKPO A., 2013, *Study on International Internet Connectivity in Subsaharan Africa*, Genève, International Telecommunications Union.

CHABOSSOU A., STORK C., STORK M. et ZAHONOGO Z., 2009, "Mobile Telephony Access and Usage in Africa," Research Institute Africa. Disponible sur : http://whiteafrican.com/wp-content/uploads/2009/04/researchictafrica-ictd2009.pdf.

DELOITTE, 2012, *Subsaharan Africa Mobile Observatory*. Disponible sur : www.gsma.com/publicpolicy/wp-content/uploads/2012/03/SSA_FullReport_v6.1_clean.pdf.

DZIDONU C., 2002, *A Blueprint for Developing National ICT Policy in Africa*, Nairobi, African Technology Policy Studies Network.

GOUVERNEMENT DU RWANDA, 2007, *Vision 2020 Umurenge: An Integrated Local Development Program Poverty Eradication, Rural Growth and Social Protection*.

HARRISON R., 2013, *Free Online Learning: AMI to Develop Africa's First "MOOC"*, Johannesburg, African Management Initiative.

ITU, 2013, *Measuring the Information Society*, Genève, International Telecommunications Union.

KAGAME P., 2008, "Challenges and Prospects of Advancing Science and Technology in Africa: The Case of Rwanda," *Science*, 24, vol. 322, (5901): 545-551.

MAZUR E., 1997, *Peer Instruction. A User's Manual*, Upper Saddle River, Prentice Hall.

OBULUTSA G., 19 juillet 2005, "Mobile Phone Explosion Helps to Boost Informal Businesses," *The Standard*, Kenya.

WOHEREM E. E., 1993, *Information Technology in Africa*, Nairobi, ACTS Press.

第三章

阿尔弗雷德·诺德曼（Alfred NORDMANN）

达姆施塔特工业大学，德国

蓝色星球的技术希望

纳米技术、生命科学或信息与通信技术（ICT）等领域不断取得的进步使人们产生了这样一种希望，即这些学科内那些负责任的研究和创新将可以确保技术、环境和经济的可持续性。在本章中，作者将对产生这一希望的源头及其所产生的前景进行探讨，并对最能保存人类在这个蓝色星球上生活条件的各种设想进行了对比。

当前公众舆论的特点是焦虑、乐观甚至傲慢等各种心态同时并存着。面对气候的剧烈变化、资源枯竭以及环境的恶化，技术将成为我们最后一根救命稻草。这意味着我们在科技能带给我们的希望方面存在天真的想法，我们过于相信自己打造未来世界、引导变化的能力。我们发现现行的科学政策以及新兴科技计划的定义过程并没有包含全面的论据，而是充斥着傲慢和不安的情绪。

我们不妨从一个小故事说起，这个故事很能说明政治决策者、技术观察员和普通民众当前的心态。2011年6月，德国《时代周刊》发表了一篇《我们相信科技能拯救我们》的短文（Fischermann、Randow等，2011年）。作者将目前的情况与19世纪的技术乐观主义进行了比较，并指出了一个重要的区别：在19世纪，人们认为技术是社会进步这样一场广泛运动的一部分，而今天的人们则把技术当成了能让我们摆脱过去几个世纪技术进步所带来恶果的最后希望。认为技术能把我们从资源枯竭和气候变化中解放出来的想法并不是基于人类生活可以不断改善的信念，而是在拼死命地把技术当作最后的手段。但作者们强调——但谁知道呢？——技术一定不会令人失望："奇迹一定会出现"。在这个有些令人啼笑皆非的注释中，他们提到了八种看起来有些不着边际的新

花样：太阳能飞机、"智能"药物、能生产建筑材料的植物或一些能为我们生活提供便利的原材料和个人数字助理等。

这个故事的重点还不是《时代周刊》这篇文章所包含的矛盾：文章开头用平淡的方式对技术能拯救我们这一值得商榷的话题进行分析，之后以一种"世界新奇观"的乐观看法而结尾。文章发表十多天后，一位政治领导人手中拿着这本杂志，要求社会科学领域的研究员就这八种技术突破的影响展开研究，就好像它们的出现已经显而易见一样［瑞格勒（Riegler），2011年；诺德曼（Nordmann），2007年］。

这个故事体现出了当前科学政策、技术评估以及公众的希望和期待等方面所存在的混乱状态。我们将在本章中尽可能对这一乱状作出澄清，尤其是那些涉及新技术及其会聚的问题。21世纪初，由纳米技术掀起的所谓知识社会进入了"一切寄望于科技的经济制度"中［费尔特（Felt），2007年，第24~26页］，也使公民和政治决策者们不得不面临这样一个挑战：他们必须直面这个充满着希望、愿景、焦虑和不安的世界新奇观。纳米技术、合成生物学、机器人、信息与通信技术、针对这些新兴技术的会聚方案等，这些东西究竟会在多大程度上催生出一种充满科技希望的经济？在地球上维持生命和文化将意味什么？要回答

这一问题，可能需要先退后一步，用一种类似漫画的手法对我们这个蓝色星球的历史作一简要介绍。

重访蓝色星球

从不止一个方面看，我们这个蓝色星球是太空时代的产物，尤其是这一时代的技术成果和思想幻灭的产物。当约翰·肯尼迪在 1961 年宣布到 20 世纪 60 年代结束前，美国将把人类送上月球时，他启动了一项雄心勃勃的、规模宏大、有着特定目标的科研计划。而正是这一项目——阿波罗 8 号（Apollo 8）载人飞行——的执行过程中，蓝色星球出现了。在四周无边黑暗的太空中，地球孤零零地悬在空中，在月球的上方不断升起又落下，这样的一张张照片很快激发起了人们的想象力。在准备离开这个地球，从某种意义上来说准备好超越自身边界的时候，人类突然回头一看，发现自己的家园非常美好，但同时也十分危险，因为它存在太多局限。本杰明（Benjamin）先生很好地描述了当时的这种新认知：

"乡愁战胜了想要走得更高、更远的想法。从太空中拍摄的照片看，我们的地球郁郁葱葱但十分脆弱，这些影像使那些保护者和品头论足者变成了最前卫的理性主义者，很快，他们当中的许多人接受了地母盖亚和环保主义。不要再搞什么探险，现在该到了保护的时候了。（……）尽管宇航员的眼里所见到的都是一些人类的眼睛此前从未见过的画面——它们从远处看早已十分熟悉，但是几个世纪以来，其中许多奇怪的细节却始终不为人所知，这就使得它们显得更加神奇——但他们的内心还是想回到家中。迷住他们的并不是他们脚下这个灰色的无菌世界里的奇迹，而是身后那个遥远世界的美景。"（2003 年，第 47~49 页）

正如全球意识的最早倡导者之一、阿波罗 9 号宇航员罗素·施韦卡特（Russell Schweickart）所说的那样，他本人有幸像天使那样从太空中看到的"这个蓝色和白色的小东西"是"一部历史，是音乐，是诗歌，是美术，是死亡，是生命和爱，是泪水、喜悦和游戏"。事实上，阿波罗号的宇航员们共同为以后人们的探月行动进行了重新定义：这是一个对地球脆弱性和珍贵性的认识发生变化的时刻。正如迪克·戈登（Dick Gordon）在洛杉矶一个大热天里对我说的那样："人们总在问我们到了月球上发现了什么：我们所发现的就是地球。"

毫无疑问，空间探索和探月行动最伟大的发现之一便是把蓝色星球当成了环境保护的对象。它使人们意识到地球是一个整体，同时土地又十分有限：无论是资源还是增长都不可能是无止境的。保护就是要把足够多的自然资源留给子孙后代，使它们处于一个可再生的循环当中。

而对于那些担心地球上的人口将很快超过其承载能力的人来说，探月行动将使人类有朝一日能向太空移民。例如，太空计划在发现了蓝色星球之后便确立了一个新的目标，即为地球有限的空间无法承载的人们找到新的容身之所。

另一个太空计划

在蓝色星球这一简短历史的背景下，"寄望于科技的经济制度"呈现出了一种非常不同的特征［诺德曼（Nordmann）和施瓦茨（Schwarz），2011 年］，而地球所面临的问题也被人们用另一种眼光加以审视。

首先，让我们来看一看肯尼迪总统把人送上月球的雄心与克林顿总统的"国家纳米技术计划"以及欧洲和其他国家类似的克隆计划之间的差别。与抗癌斗争或者使太阳能在国家能源结构中所占的比例提高几个百分点等计划相比，探月行动有着一个十分独特的目标。当然，并不是所有的研究成果都会促进既定目标的实现，其他一些技术也可能因为这些研究而问世。相反，纳米技术并没有任何特定的目标，也不会有服务于任何国家层面的雄心——如果非得说要为什么雄心服务的话，那这个雄心就是把创造力和创新作为经济发展的引擎。

从公共投资的角度来看，美国的"国家纳米技术计划"不但获得了庞大的投资，而且威望也很高，因为它不仅被认为能解决能源和健康等领域一些非常具体的问题，而且还被认为能开发出一些通用的新型技术，用来对各种复杂的现象进行控制、提供新的制造工艺、设计和完善全套的新材料、推出新一代的技术，并给经济带来与硅谷相类似的刺激功效。纳米技术这种既十分空洞，同时又没有任何局限的希望最早见于 1999 年一本名为《一个原子一个原子地塑造世界》(*Shaping the World Atom by Atom*) 的小册子：它是把纳米技术当作一项国家投资计划介绍给美国公众的 [阿马托 (Amato)，1999 年；诺德曼 (Nordmann)，2004 年]。

《一个原子一个原子地塑造世界》的封面使我们再次面对空间的图像，但这次的外太空是一个内部空间以及理查德·费曼 (Richard Feynman) 1959 年所做的一次名为"底部有足够的空间"(There's Plenty of Room at the Bottom) 的演讲：这是太空时代开启之初的一份文件，许多人把它看作是对纳米技术的预言 [图米 (Toumey)，2008 年]。空间的局限在退却，而处于无限大和无限小中间的人类却十分茫然，我们在自己所处的位置上所看到的是探索、征服和超越的景象：除了看到眼前一个物体的纳米结构表面——它所代表的是纳米技术和信息革命——之外，我们的眼睛还应当看到浩瀚的太空、蓝色星球以及有着预言功能的彗星。当人们进入纳米世界后，我们显然就进入了一个在技术上存在无限可能性的空间。

通用新技术的管理

新兴技术这个词本身就表明，技术可能性的实现更多地被看成是一种近乎自然的进程，而不是政治进程——新技术源自于实验室这个用来孵化新奇东西的地方。因此，我们所能做的最好的就是尽量预测未来即将出现的东西并为之做好准备，尤其是在相关愿景和希望都能实现的情况下 [古斯顿 (Guston)，2010 年]。事实上，在推广这些通用技术的过程中，如果没有为了实现特定目标而制订的规划、指导计划或路线图，就等于是科学政策的后退，甚至可以说是放弃[1]。纳米技术的投资机制并不会使相关技术沿着既定的技术框架逐步演进，而是要为人们提供一个完全有利于创新的基础架构、一种创新生态系统——一些新型工业革命的构想很可能会在这里萌芽，也可能产生出一些未来未能成为工业支柱的新型技术手段。然而，这只是硬币的一面。

一种新的通用技术所存在的模糊性与不确定性为政治进程开辟了道路，它需要将各种行为体纳入到公共辩论以及其他一些制订计划的非正式进程当中。既然通用技术的研究可以促进多方面的目标，而且它不一定需要为国家所预先设定的目标服务，因此重要的——而且这也是可能的——是就新技术能力与社会需求实现匹配（反之亦然）的最佳手段展开持续对话。在这一阶段，研究人员通常是最早进入"寄望于科技的经济制度"的，因为他们需要向人们说明自己的探索和发现究竟具有哪些潜在用处。不过，人们也可以通过创建技术平台、为消费者举办讲座以及为各利益相关方搭建对话空间等方式建立起一种实时的研发进程，从而使相关成果能及时从实验室进入工厂，或者从临床试验转为让普

---

[1] 这种趋势在那些超大型的融资机制中也同样存在。例如，欧洲联盟的战略旗舰计划及其为"人类脑计划"（Human Brain Project）提供的资金，都把投资权交给一些大财团。

通病人使用（指医学成果）①。在这一背景下，将新兴技术和通用技术进行会聚的概念应运而生：它不是一种什么新趋势，而是作为一种能促进更广范围审议进程的政治工具而出现的。

有一种定义是这么说的："会聚技术就是通用技术（……），它们在追求一个共同目标的过程中是相辅相成的"［里格（HLEG），2004年］，而另一份报告则将"会聚"定义为"不同学科、技术、社群以及各种看似不同的人类活动领域之间的密切互动与转型，从而达到相互兼容、形成合力和相互融合，而这一过程将会创造出新的附加价值、触及一些新领域，最终为实现共同的目标服务"［罗科（Roco）等，2013年］。例如，会聚技术的第一项主要计划便促进了纳米技术、生物技术、信息技术和认知科学（NBIC）之间的融合，从而提高了人的工作效率［罗科（Roco）等，2002年］。同样，人们可以想象，老年医学、代际研究、信息与通信技术以及认知科学等也很容易进行会聚，从而满足老龄人口的技术需求——当然，这一过程需要与各利益相关方进行审议。将各类技术会聚的构想还能为制订一条调动各方力量来解决某一社会问题的战略提供必要的框架。此外，它还可以为社会审议进程——虽然不一定明确说它是政治进程——的展开充当平台。

新兴技术与会聚技术的出现不仅抵消了科技政策的退潮，而且也成了管理方式的一个试验地：如在负责任的创新框架下所完成的一些试验［朔姆贝格（Schomberg），2011年；诺德曼（Nordmann），2009年］。负责任的创新试图让发起者和评论家、消费者和生产者、环保人士和企业家等超越本身的角色，使自己成为利益相关方，并承担起在社会开发新技术这

样的责任。这种相对宽泛的共同纽带可以使每个人在其中承担起自己的责任，同时又无须承担特定的义务或重担，因此负责任的研究和创新这一理念所寻求的是建立一种相互负责的特殊关系。例如，参加审议进程的利益相关方将有责任把自己了解到的相关新材料或新工艺所包含的机遇和风险披露出去。

纳米技术、合成生物学、信息与通信技术、会聚技术等，这些名称都需要人们作出更精确的规范定义。在"寄望于科技的经济制度"下，这些规范定义的形成需要一个差不多自然出现的进程，但所有的利益相关方都能够参与其中。一方面，人们在通常情况下可以预期，那些基础技术开发领域公共投资迟早会在创新方面带来丰厚的收益，哪怕这些多目标的技术只是开辟了一些技术新方向，还没有真正变成现实：人机互动的接口、靶向给药系统、人脑构成全图、零排放的电厂等等。另一方面，这种经济制度将允许各种审议进程的存在：在对技术能力、其他文化资源和社会需求进行协调的过程中，这些审议进程将发挥通报、指导甚至决定的作用。负责任的创新这一概念则会要求此类宽松的管理审议机制作出一定程度的承诺，承担起一定的责任。

设计的对象

在"寄望于科技的经济制度"中，我们的社会和我们所生活的星球会以不同的方式显示出自己的忧虑，而这些忧虑的处理和磋商方式与它在追求民族愿望的制度下——如进行军备竞赛和太空争夺的冷战时代——也完全不同。这些忧虑会以一种包容和开放的方式提交给利益相关方进行实时磋商，从而使我们的社会迈向一种可被人接受的状态——或者按时下流行

---

①　在生物医学科学领域，转化研究的对象明确所指的就是此类转化。这一研究通常围绕着各利益相关方而展开。

的说法是一种可持续的状态。

然而，当我们试图开始接受现状时——与过去简单的日子相比，现在显得有些混乱：那个时候，蓝色星球对于我们在这个有限世界里朝不保夕的生活来说似乎是无关紧要的，就会发现这还不是我们能想到的唯一不同点。目前，新兴技术和会聚技术的特点就是能给人带来无限的希望。此外，对它们核心能力的开发还可能创造出惊人的技术可能性。新兴技术和会聚技术以一种更加直白的方式向各种极限说——尤其是资源极限或增长极限的概念——发出了挑战。因此，它们所提供的是一种有关地球以及我们居住方式的变异画面。

那种认为技术是我们的最后希望（这或许有些绝望）以及新技术能使这一希望得以满足的观点与可持续发展这一概念有着紧密的联系。根据最流行的定义，"可持续发展是指既满足当代人的需求，又不损害后代人满足其需求的能力"。1987 年的《布伦特兰报告》在提出这一定义的同时也为如何实现可持续发展提供了诸多选项。在一个有限的世界里保护稀有资源是选项之一，需要恢复已消费的东西也是选项之一。即使这种方法可能难以同时满足当代人和后代人的需求，但它至少不会损害我们后代的利益。在光谱的另一端，如果世界没有任何极限，而且太阳能可以再造和修复我们所消费的一切，那么可持续发展将十分容易——我们可以什么都不做，以免损害后代满足其需求的能力。如今，我们实际所处的位置是在这两个极端之间，而一切将在很大程度上取决于技术。技术给人们带来了这样一种希望，即世界的极限是可

以被有效打破的，世界能提供给我们的远比想象的多得多。在此不妨摘录《布伦特兰报告》中的一段话：

"在人口或资源开采方面，并不存在固定的极限——如果超过这一极限就会发生生态灾难。（……）知识和技术的进步可使资源这一基础进一步稳固。（……）从其精神来看，可持续发展是一个转型进程：在这一进程中，资源的开发、投资的方向，技术的指导以及体制的变革会和谐地进行，使当下和未来的潜力进一步强化，从而更好地满足人类需求和愿望（布伦特兰报告，1987 年，第 2 章，第 10 和 15 段）。" ①

因此，可持续发展的定义决定了人类可以做一切必要的事情来满足自己的需求，同时又要为通用技术的开发而投资：这些技术将为后代的人们满足自身的需求带来希望，就像我们满足我们的需求一样。如果我们既想履行我们对子孙后代的承诺，同时又不损害消费和经济增长，那么技术将是我们唯一的希望：这是一张能让我们无须在固定极限内维持生计或生活的王牌 ②。

在可持续发展的背景下，新技术粉墨登场了，而这些技术从一开始就承载了过多不切实际的期望。一般情况下，这些通用技术并不能为某些特定的问题提供单一的解决方案，它们的作用应该是推进生产潜力的提高和地球承载力的改善这样的总体目标 ③。这种情况在这些技术所使用的词语，以及在它们所引发的辩论和讨论中体现得十分清楚。

在更低的层面上，创新以及新东西是有吸引力的。在这个资源需要被保护、修复、再利用和重建的有限世界里，一般说来，没有什么东西是真正称得上

---

① 在另外一种完全不同、更加现代和科学的脉络中，人口和经济增长没有固定极限的概念也得到了"韧性理论"（Resilience Theory）的支持，见罗克斯特伦（Rockström）等，2009 年。

② 1987 年的《布伦特兰报告》只提到一种替代路径，而且没有证据表明人们会采用这一路径。这就是一种确保财富获取和分配的良好政治体制："可持续发展要求社会去满足各种需求，当然要通过提高生产力的方式来进行，但同时也必须确保人人享有平等的机会"（第 2 章，第 6 段）。

③ 这是福格特（Vogt）（2010 年）从一个纳米技术研究者的角度所做的分析。

新的，（正如物质守恒定律所说的那样）一切不过是对已经存在的东西进行重新调整、重新分配而已。我们继承了蓝色星球以及所有的自然资源，我们必须在没有更新的情况下将它们传递给子孙后代。相反，"寄望于科技的经济制度"是一种创新机制，一种不断探寻可再生能源、对新特性展开系统性探究的机制。例如，纳米技术所研究的是颗粒尺寸进入某量级时电子能级的不连续性，即只有当颗粒尺寸进入纳米时，某些人们平常所熟悉的物品或材料才会出现一些非同寻常的特性。新技术所涵盖的正是这些新运动以及我们催生和控制这些运动的新能力，它们能对经济进行创新，并确保可持续发展。

从一个特定层面看，有关新兴技术和会聚技术的讨论主要集中在它们在某一点上突破或超越极限的雄心：改进人的本性。在这方面，得到美国国家科学基金会赞助的有关会聚纳米技术、生物技术、信息技术和认知科学以提高人体机能的报告具有特别重要的意义［罗科（Roco）等，2002 年］，但它绝对不是唯一的。虽然说那些旨在延长人类寿命或提高人类脑力和体力机能的技术雄心似乎有点夸张，但是纳米技术、

材料的研究以及合成生物学正在努力提高材料的性质。例如，过去的一些无机物正在变成智能材料；又比如，一些信息技术正在把人和物整合在一个智能的环境当中［诺德曼（Nordmann），2010 年］。

最后，从地球这个层面看，蓝色星球在资源、承载能力和有限的增长等方面的超然性则呈现出一种不同的画面，也就是说它具有无限的可塑性，各种材料、生物、地球本身以及这个星球上人类生活的未来都将成为设计对象。技术可以拯救我们这样的希望在这里也成了骄傲自大。从进化史的角度看，我们可以肯定地说，我们不仅可以一个原子一个原子地来塑造世界，而且当今的物质世界和社会现实都是我们选择的结果，也就是说都是我们缔造的，也可以说是我们设计的。

结论

本章是以一个体现当前混乱状态的故事开始的。我们虽然应当对那种认为技术可以解决一切问题的观点持怀疑态度，但是我们仍然需要把所有的希望都寄托在这张王牌上，应当参与到"可持续将可以实现"

从太空探索到纳米技术：科学治理的政治神话

1961 年

5 月 25 日：肯尼迪总统决定用十年的时间把人类送上月球。

1968 年

12 月 24 日：人类史上第一张"地球升起"照片问世（阿波罗 8 号）。

1971 年

12 月 23 日：尼克松总统向癌症宣战。

1972 年

3 月 1 日：罗马俱乐部发表增长极限的报告。

12 月 14 日：人类最后一次离开月球（阿波罗 17 号）。

1987 年

《布伦特兰报告》（即《我们共同未来》）首次在国际议程中提出了可持续性的概念。

1990 年

4 月 23 日：欧洲联盟限制在封闭的环境中使用和研究转基因技术。

2000 年

1 月 21 日：克林顿总统宣布了国家纳米技术计划。

2 月 2 日：欧盟通过了谨慎原则。

2002 年

6 月：美国国家自然科学基金和能源部发表《提升人类能力的会聚技术（纳米技术、生物技术、信息技术和认知科学（NBIC））》的报告。

2004 年

欧洲新技术组的未来高级别专家小组发表《会聚技术为欧洲知识社会服务》的报告。

2011 年

3 月 4 日：欧盟提出《负责任的研究行为准则》。

这个有些绝望的赌注当中；而且也应当由批评技术的怀疑者变成相信技术可以改变生活的轻信者。因此，本章在结束时同样也有些混乱的感觉。毕竟，让我们从"我们所知道的世界是我们自己打造成的"这样一种想法转变成勇敢地承认"世界的未来是一个可设计的对象"，并不是件轻而易举的事。相反，那种认为"人类行动所造成的后果将完全符合事先的精心设计"的想法是完全不现实的。这一厢情愿的想法可以推动我们的技术雄心，也可以被视为是一种有益的探索。但这不能被视为是历史事实或技术现实，而且如果真的这么去做了则必将导致混乱。试着弄清我们是如何走到当前这一乱局的，这或许是我们走向一种新路径的第一步：与这种高估新兴技术能力的路径相比，它可能更谦卑、更谨慎、更稳健。

参考文献

AMATO I., 1999, *Shaping the World Atom by Atom*, Washington, National Science and Technology Council.

BENJAMIN M., 2003, *Rocket Dreams: How the Space Age Shaped our Vision of a World Beyond*, New York, Free Press.

BRUNDTLAND G. H., 1987, *Our Common Future*, New York, Organisations des Nations unies.

FELT U., 2007, "Taking European Knowledge Society Seriously," Bruxelles, rapport pour la Commission européenne.

FISCHERMANN T., VON RANDOW G. *et al.*, juin 2011, "Rettet uns die Technik? Der neue Glaube an die Machbarkeit" et "Die neuen Weltwunder: Acht technische Durchbrüche, die unser Leben von Grund auf verändern könnten", *Die Zeit*, n° 25.

GEHN (Groupe d'experts de haut niveau "Foresighting the New Technology Wave"), 2004, *Technologies convergentes : façonner l'avenir des sociétés européennes*, Luxembourg, Office des publications officielles des communautés européennes.

GUSTON D., 2010, "The Anticipatory Governance of Emerging Technologies," *Journal of the Korean Vacuum Society*, 19(6): 432-441.

NORDMANN A., 2004, "Nanotechnology's Worldview: New Space for Old Cosmologies," *IEEE Technology and Society Magazine*, 23(4): 48-54.

NORDMANN A., 2007, "If and Then: A Critique of Speculative NanoEthics", *NanoEthics*, 1(1): 31-46.

NORDMANN A., 2009, "European Experiments ," *Osiris*, 24: 278-302.

NORDMANN A., 2010, "Enhancing Material Nature," *in* LEIN KJØLBERG K. et WICKSON F. (eds.), *Nano meets Macro: Social Perspectives on Nanoscale Sciences and Technologies*, Singapore, Pan Stanford: 283-306.

RIEGLER C., 29 juin 2011, "Anforderungen an eine zukunftsfähige Arbeitsforschung", présentation pour l'atelier Transdisziplinäre Arbeits-und Innovationsforschung, Dortmund.

ROCKSTRÖM J. *et al.*, 2009, "Planetary Boundaries: Exploring the Safe Operating Space for Humanity," *Ecology and Society*, 14(2), art. 32.

ROCO M. et BAINBRIDGE W. (eds.), 2002, *NBIC Converging Technologies for Improving Human Performance: Nanotechnology, Biotechnology, Information Technology and Cognitive Science*, Arlington, National Science Foundation.

ROCO M., BAINBRIDGE W., TONN B. et WHITESIDES G. (eds.), 2013, *Convergence of Knowledge, Technology and Society: Beyond Convergence of Nano-Bio-Info-Cognitive Technologies*, Lancaster, WTEC. Disponible sur : www.wtec.org/NBIC2

SCHWARZ A. et NORDMANN A., 2011, "The Political Economy of Technoscience," *in* CARRIER M. et NORDMANN A. (eds.), *Science in the Context of Application*, Dordrecht, Springer: 317-336.

TOUMEY C., 2008, "Reading Feynman into Nanotechnology: A Text for a New Science," *Technè*, 12(3): 133-168.

VOGT T., 2010, "Buying Time – Using Nanotechnologies and Other Emerging Technologies for a Sustainable Future," *in* FIEDELER U., COENEN C., DAVIES S. et FERRARI A. (eds.), *Understanding Nanotechnology: Philosophy, Policy and Publics*, Heidelberg, Akademische Verlagsgesellschaft AKA: 43-60.

VON SCHOMBERG R., 2011, "Prospects for Technology Assessment in a Framework of Responsible Research and Innovation," *Technikfolgen abschätzen lehren: Bildungspotenziale transdisziplinärer Methode*, Wiesbaden, Springer: 39-61.

生态学与技术——从技术恐惧到技术崇拜

格雷戈里·凯内（Grégory Quénet）
圣康坦—昂伊夫林—凡尔赛大学，法国

技术恐惧是环保意识以及第一批生态运动组织的特征之一吗？与其关注术语上的对立，倒不如用一种紧张关系来分析与技术的关系——生态学从一开始就成了紧张关系的焦点，这种紧张关系在不同的国家呈现出了不同的形态，而且它所产生的平衡作用在两个世纪里使人们从技术恐惧变成了技术崇拜。

花园里的机器

技术恐惧是伴随着工业革命出现的，当时的人们认为正是机器造成了人与自然之间某种形式的疏离感，与此同时原先古老工作那种与环境和谐相处的形象也随之出现。自 1811~1812 年英国出现破坏机器的卢德（Luddite）运动以来，工人们中间逐渐出现了这种说法［雅里热（Jarrige），2009 年］。马克斯（Marx）早期的著作表明，人与工作之间的疏离感（它是由于资本以及生产资料被私人占有而产生的）源自于人与自然的第一次疏离：这种疏离是由于人与自然之间代谢交换的中断而产生的，而这种直接关系根本无须机器或城市作为中介。

自 19 世纪末环保主义作为一种运动在美国出现——也就是说，保护政策成了精英阶层、科学家以及国家的一致意见——以来，技术恐惧与生态学之间的关系变得更清楚了。在这种背景下，原始而荒芜的荒野理想已经按照伊甸园、按照一个需要保护的失乐园的模式打造而成。约翰·缪尔（John Muir）这位环保政策不知疲倦的推动者所描绘的优胜美地（Yosemite）的"自然大教堂"与一切被技术主宰的城市是完全对立的。许多文学作品，尤其是梅尔维尔（Melville）、霍桑（Hawthorne）和爱默生（Emerson）等人的作品都把《花园里的机器》［马克斯（Marx），1964 年］作为主题，因为当时的普遍看法是，技术的进步将导致机器在美国这个迄今保存完好的国家大量涌现。事实上，以技术为中介的人类劳动长期以来一直被环保运动看作是破坏环境的一个因素——这种并非人类创造的东西是人类社会一种外来的物质属性［怀特（White），1995 年］。

从这些环保运动创建开始，这种对立并没有如此明显。事实上，对技术发出批评之声的人正是这些技术的受益者，也是技术的主要参与者。实际上，日常接触中与自然越来越远的城市精英已对自然形成了一种理想愿景，并一直为保护措施而奔走——这些保护措施是生态学的源头之一，这算得上是荒野理想最大的悖论之一。一些争议——如 1913 年以向旧金山供水的大坝项目的胜利而结束的赫奇赫奇水库（Hetch Hetchy）之争——表明，那些准生态主义者运动可以被分成主张自然不能有任何瑕疵的激进派以及认为技术可以适当用来为人服务的保护派。在欧洲，技术恐惧者/环保主义者与技术崇拜者/乐观主义者之间的对立也是站不住脚的，因为在化学工业、19世纪伦敦的瓦斯灯照明和蒸汽机发展的时代，连技术崇拜者也在强调技术对环境的影响。此外，抑制机制的出现（这是治理机制和专家意见所发挥的奇异效果）以及社会环境的恶化（它使民众认为自身面临健康问题的责任都在自己身上）使得工业化的负面影响最终能被人们所接受［弗雷索（Fressoz），2012年］。

生态运动、战争与工业资本主义

第二次世界大战后，生态学和技术重构了彼此间的关系：这当然是基于两次世界大战之间所出现的一些变化，但更重要的是得益于原子弹、冷战和军备竞赛、消费社会概念的流行及其首次受到人们的质疑、非殖民化运动以及多极世界的出现这样的大背景。环境领域正在形成的全球化有利于自然保护领域的一些国际协会将美国的荒野理念出口到其他地方，尽管在对这一问题的关注度以及生态运动的发展状态等方面，各国存在差异。

在美国，蕾切尔·卡逊（Rachel Carson）的《寂静的春天》（*Silent Spring*）于1962年出版，标志着民众开始行动起来，抗议农药产业，尤其是DDT（双对氯苯基三氯乙烷）的影响。此时，生态破坏被看作是人类征服自然欲望的后果，而对技术的批评成了其中最重要的内容，人们谴责资本主义制度正在导致自然的衰亡。20世纪60年代首次出现了对社会模式的批判浪潮：这种社会模式不仅将一部分美国人排斥在外，而且物质条件的改善——合成技术革命、郊区的扩大以及丰富的能源——所付出的是高昂的环境成本，并对人们的健康造成严重的后果。

接受过大学教育、队伍日益壮大的白领阶层最关注环保主义者的观点：这些人为了提高生活质量开始远离城市中心，并热衷于休闲运动以及对自然的保护。受到反越战运动的启发，1970年的第一个地球日活动将重点放在了对技术破坏作用的强烈批判上。一些大的技术事故更加提高了人们的环保意识：1967年的"托雷·卡尼翁"（Torrey Canyon）油轮的漏油事故以及1979年的三里岛核事故。一个名为"让美国永远美丽"（Keep America Beautiful）的组织在1971年发起的"哭泣的印第安人"（Crying Indian）宣传运动，推出了一种非常东方化的、与自然和谐相处的环保印第安人形象：印第安人并不开发自然，因而所代表的是一种古老而浪漫的工作形象。一些传统的保护运动以及更加民主、更加现代的抗议新模式之后也陆续加入进来。核灾难成为生态危机形象的模板，它使得生态运动和拒绝核之间建立起了密切的联系（绿色和平就是为了反核的目的于1971年成立的）。早在1972年，《生态学家》（*The Ecologist*）杂志就预言社会和地球将在本世纪末崩溃，同年罗马俱乐部也发表了那份著名的《增长的极限》的报告，要求限制工业机器、人口以及农业的增长。

法国的情况略有不同。用米夏埃尔·贝丝（Michael Bess）的话来说，人们可以把法国称为"浅绿"。事实上，二战后的法国一直十分重视核能和农村景观，而高速列车和农民也是令法国感到骄傲的资本，因此法国虽然十分关注环境，但也反对生态学［贝丝（Bess），2011年］。战争结束后，法国将拥有光明、进步、技术和科学之未来这样一个想法超越了各种政治流派，将戴高乐主义者、共产党人和基督教民主党人团结在了一起［弗罗斯特（Frost），1991年］。然而，新出现的生态学派对技术展开了猛烈的批评。以贝尔纳·沙博诺（Bernard Charbonneau）为代表的法国人格主义运动自20世纪30年代以来便不断对机器的快速发展、工作和社会生活的合理化以及技术进步所诱发的深刻变革等提出疑问：冷材料是不

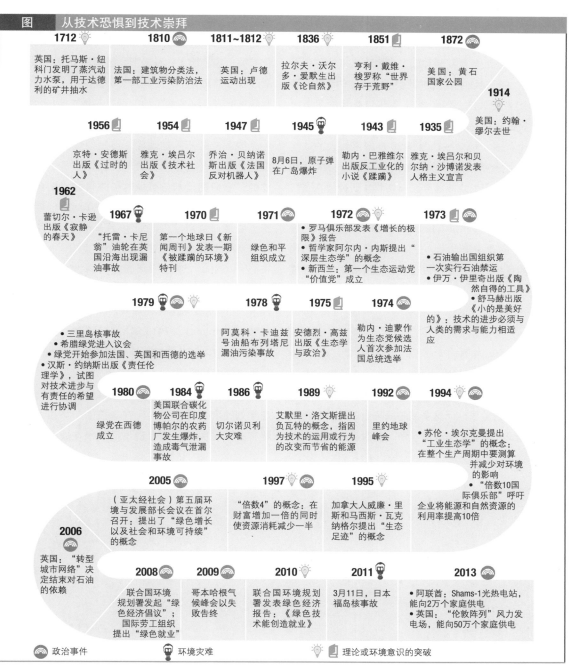

1712 英国：托马斯·纽科门发明了蒸汽动力水泵，用于达德利的矿井抽水

1810 法国：建筑物分类法，第一部工业污染防治法

1811~1812 英国：卢德运动出现

1836 拉尔夫·沃尔多·爱默生出版《论自然》

1851 亨利·戴维·梭罗称"世界存于荒野"

1872 美国：黄石国家公园

1914 美国：约翰·缪尔去世

1956 京特·安德斯出版《过时的人》

1954 雅克·埃吕尔出版《技术社会》

1947 乔治·贝纳诺斯出版《法国反对机器人》

1945 8月6日，原子弹在广岛爆炸

1943 勒内·巴雅维尔出版反工业化的小说《蹂躏》

1935 雅克·埃吕尔和贝尔纳·沙博诺发表人格主义宣言

1962 蕾切尔·卡逊出版《寂静的春天》

1967 "托雷·卡尼翁"油轮在英国沿海出现漏油事故

1970 第一个地球日《新闻周刊》发表一期《被蹂躏的环境》特刊

1971 绿色和平组织成立

1972
• 罗马俱乐部发表《增长的极限》报告
• 哲学家阿尔内·内斯提出"深层生态学"的概念
• 新西兰：第一个生态运动党"价值党"成立

1973
• 石油输出国组织第一次实行石油禁运
• 伊万·伊里奇出版《陶然自得的工具》
• 舒马赫出版《小的是美好的》：技术的进步必须与人类的需求与能力相适应

1979
• 三里岛核事故
• 希腊绿党进入议会
• 绿党开始参加法国、英国和西德的选举
• 汉斯·约纳斯出版《责任伦理学》，试图对技术进步与有责任的希望进行协调

1978 阿莫科·卡迪兹号油船布列塔尼漏油污染事故

1975 安德烈·高兹出版《生态学与政治》

1974 勒内·迪蒙作为生态党候选人首次参加法国总统选举

1980 绿党在西德成立

1984 美国联合碳化物公司在印度博帕尔的农药厂发生爆炸，造成毒气泄漏事故

1986 切尔诺贝利大灾难

1989 艾默里·洛文斯提出负瓦特的概念，指因为技术的运用或行为的改变而节省的能源

1992 里约地球峰会

1994
• 苏伦·埃尔克曼提出"工业生态学"的概念：在整个生产周期中要测算并减少对环境的影响
• "倍数10国际俱乐部"呼吁企业将能源和自然资源的利用率提高10倍

2005 （亚太经社会）第五届环境与发展部长会议在首尔召开：提出了"绿色增长以及社会和环境可持续"的概念

1997 "倍数4"的概念：在财富增加一倍的同时使资源消耗减少一半

1995 加拿大人威廉·里斯和马西斯·瓦克纳格尔提出"生态足迹"的概念

2006 英国："转型城市网络"决定结束对石油的依赖

2008 联合国环境规划署发起"绿色经济倡议"；国际劳工组织提出"绿色就业"

2009 哥本哈根气候峰会以失败告终

2010 联合国环境规划署发表绿色经济报告：《绿色技术能创造就业》

2011 3月11日，日本福岛核事故

2013
• 阿联酋：Shams-1光热电站，能向2万个家庭供电
• 英国："伦敦阵列"风力发电场，能向50万个家庭供电

🏛 政治事件　　☣ 环境灾难　　💡 理论或环境意识的突破

说　明：在其组建的过程中，各类生态运动组织一直以保护自然的名义反对工业的扩张、景观的变化以及自然资源的开采。这些立场使它们一直在诋毁技术的进步。到了 20 世纪末，逐渐出现了一个希望创新技术能减少人类对环境影响的流派。

是正在使人们的精神变得贫乏？对个人来说，物质福祉的提高是不是意味着失去了更多的自由？面对原子弹的使用以及战争对科学和国家所表现出来的种种影响而引发的第二波的担忧，此类担心在 1945 年之后再度受到人们关注。1966 年获得菲尔兹奖的亚历山大·格罗滕迪克（Alexandre Grothendieck）就是这方面的一个代表。他曾被认为是 20 世纪最伟大的数学家之一，但最终以生态学的名义以及担心科学活动可能被军事所用的缘故放弃了一切科学研究。在《技术社会》（*La Technique ou l'enjeu du siècle*）（1954 年）一书中，雅克·埃吕尔（Jacques Ellul）指责技术已经在 20 世纪初改变了自然，把效益当成了不惜一切代价追求的目标。这种把手段当成目标的做法使技术成了一种自主的运动，一种在不受人控制的情况下能自动生成、自我加速的运动。

从技术恐惧到技术崇拜，是逆转吗？

从技术恐惧到技术崇拜，这种逆转是如何出现的？第一个转变源自于一种新型的环境问题，即全球性气候变化的威胁，而这些威胁只有通过建模和复杂的科学理论才能真正被人所了解；此时生态学的敌人变成了科学的敌人，即无知。第二个转变则与环境问题的国际化以及西方世界在全球化时代所出现的地方化有关：在其他文化背景下，技术和生态学之间的对立没有任何意义——尤其是在印度这样一个环保主义意味着能带来许多廉价的、很容易推广的技术解决方案的穷人的国家。在工程师这个角色下所掩藏的是各个国家非常不同的现实，而我们也惊异地发现印度两个最具社会影响力的环境机构都是由工程师创立的，它们把技术与当地的传统很好地结合在了一起：一个是 1974 年由塔塔集团（Tata）创建的"能源与资源研究所"（TERI），另一个是阿尼尔·阿加瓦尔（Anil Agarwal）在 1980 年建立的"科学与环境中心"（CSE）。第三个因素则与新技术在生态学方面所具的潜力有关：抛开"地球工程学"——它可能是 19 世纪的技术崇拜在现代的一种表现形式[汉密尔顿（Hamilton），2013 年]——不说，数字技术为我们降低对地球的影响开辟了许多新机遇——尽管它们也需要消耗能源。

此外，说逆转似乎也有些过分，因为即使在生态学理论和环保运动内，在好技术与坏技术之间始终存在紧张关系，或者说不同技术在决心度上存在紧张关系（《生态学与政治》，2012 年）。在安德烈·高兹（André Gorz）看来，技术参与到了资本主义的积累及其负面影响当中，但它也可以使人摆脱自然的约束，使其获得一定的自由。两种生态学流派由此产生。一种流派关注的是技术、太阳能、信息与通信技术、清洁技术所具有的潜在解放功能。相反，另一种则对技术持激烈批评的态度，它可能会导致卢德运动传统卷土重来。在涉及权力下放、民主、与当地民众的关系以及他们的知识等问题上，这些立场引起了不同政治模式的兴趣。各地所发生的针对能源（核电、大坝、石油）、水资源管理（灌溉）、运输（铁路和高速列车）、转基因生物技术以及纳米技术的反对运动表明，目前技术恐惧的力量还非常强大。对技术的批评也是以科学的名义展开的，如今知识已经在各地普遍传播，它已不再是专家独有的领地。环境的遗产化——这是西方社会所摆脱不了的记忆形式之一——也暗含着对技术的批评：它把一种在受到技术影响之前的理想状态分离出来，并把这些地方固定在一个静止的时间段里。

参考文献

Bess M., 2011 [2003], *La France vert clair. Écologie et modernité technologique 1960-2000*, Seyssel, Champ Vallon.

Écologie et Politique, janvier 2012, « Penser l'écologie politique en France au xxᵉ siècle », n° 44.

Fressoz J.-B., 2012, *L'Apocalypse joyeuse : une histoire du risque technologique*, Paris, Le Seuil.

Frost R., 1991, *Alternating Currents. Nationalized Power in France, 1946-1970*, Ithaca, Cornell University Press.

Hamilton C., 2013, *Les apprentis sorciers du climat. Raisons et déraisons de la géo-ingénierie*, Paris, Le Seuil.

Jarrige F., 2009, *Face au monstre mécanique. Une histoire des résistances à la technique*, Paris, Imho.

Marx L., 1964, *The Machine in the Garden: Technology and the Pastoral Ideal in America*, Oxford, Oxford University Press.

Sale K., 1993, *The Green Revolution. The American Environmental Movement 1962-1992*, New York, Hill and Wang.

White R., 1995, "Are You an Environmentalist or Do You Work for a Living?", *in* Cronon W. (ed.), *Uncommon Ground. Toward reinventing Nature*, New York, Norton: 171-185.

第四章

戴维·班尼斯特（David Banister）
牛津大学，英国

对城市重新组织以实现可持续流动性

　　交通运输在社会中发挥着重要的作用，而后碳时代城市可持续流动性的模式仍然有待发明。这方面的选项有很多，对技术的创新性思索以及新的组织和管理方式等将有助于形成一种能满足在城市里生活和工作的人们出行需求的整体性路径。

可持续流动性的挑战

　　交通运输在社会中发挥着重要的作用，因为生产、商务、娱乐休闲和日常活动都离不开它。交通运输大大促进了贸易和全球化的发展，并在人与企业之间创建了新的网络。全球层面的流动性是围绕着空运和海运等高效的网络形成的，而这些网络又因为通信技术的出现而得到了改善。在地方层面，流动性也得到了大幅改善，各种各样的运输方式都同时存在，而收入的水平也不断提高［班尼斯特（Banister），2011 年］。

　　与交通运输有关的能源消耗和二氧化碳排放量也在不断增加，而其他经济行业都在进行着去碳化的工作。如今，交通运输行业的排放量约占全球二氧化碳当量的 25%[1]，而且这一数字到 2030 年还有望增加到 50%（与 2005 年相比），因为其他行业都在做去碳化的工作，而交通运输行业的排放量还在继续增加［国际能源机构（IEA），2010 年］。必须设定一些全球性的减排目标。要想使交通运输业真正为防止全球平均气温上升 2℃以及海平面大幅上升作出

贡献，该行业的二氧化碳排放量到 2050 年必须减少 50%（与 1990 年相比）［政府间气候变化专门委员会（GIEC），2013 年］[2]。这意味着，从今天开始到 2050 年，富国必须将排放量减少 80%~90%。

　　从城市层面来看，人们更关注的并不是什么全球性的环境问题（二氧化碳），而是生活质量（清洁的空气和安全的环境）、便利且价格可承受的交通以及当地的环境质量。可持续流动性必须满足生态的长期可持续性，这可以通过技术创新和有效能源利用（清洁能源）来实现。但可持续流动性还必须满足个性化的出行需求，并在交通运输的准入和价格方面确保公平。因此，对于可持续流动性来说，环境和社会因素与技术和效率因素同样重要。

　　可持续流动性的发明不仅仅只是个技术问题。它需要展开更广泛的辩论，让人们就涉及可持续流动性各方面因素的各种政策措施进行探讨。这些措施可以单独实施，但它必须与城市可持续发展的视野相符合，只有这样才可能使各种政策措施出现叠加效应从而不断取得进步，最终实现那些全球性（二氧化碳减

---

[1]　交通运输是全球第二大二氧化碳排放源，在 2010 年全球 306 亿吨二氧化碳排放总量中，交通运输业贡献了 75 亿吨。

[2]　2013 年 6 月，二氧化碳的浓度大约为 398 ppmv，如果把其他温室气体也计算在内，二氧化碳当量的浓度就将超过 450ppmv（http：//co2now.org/current-co2/co2-now/，2013 年 7 月 29 日查阅）。二氧化碳当量浓度超过 450 ppmv 意味着到 2100 年全球气温升幅超过 2℃的风险为 40%。如果二氧化碳当量的浓度超过 550 ppmv，则意味着这一风险在 50%~60% 之间，而海平面将可能升高 18 厘米（到 2030 年）和 44 厘米（到 2070 年）［政府间气候变化专门委员会（GIEC），2013 年］。

排和能源效率）和地方性的目标（生活质量以及便利且价格可承受的交通）。

出行增加

目前，全世界大约拥有 9 亿辆小型汽车和轻型卡车，而这一数字到 2050 年预计将增长近两倍，达到 25 亿辆［根据经合组织和国际运输工人联盟（ITF）的数字所做的更新，2011 年］。轿车和卡车是一项全球性的经济活动，它所涉及的行业包括汽车制造、石油行业、各类服务供应商、能源供应商、建筑业、维修和保养业等。因此，这项经济活动不仅从就业的角度来说十分重要[1]，而且也承担着货物和服务配送的任务。从更广的意义上来说，与人们的日常生活息息相关。交通运输业是一个真正全球性的行业。

过去五十年间，人们出行的里程大大增加（图1），现在的问题是这种指数级增长的势头是否会持续，或者说我们所能抵达的距离有没有极限。但是，出行里程的增长和人口的增加并不是什么好预兆。谢弗（Schäfer）等人所做的整体分析（2009 年）表明旅客运输量自 1950 年以来急剧增加，并对未来的变化前景提出了两种截然不同的观点：未来的变化既可能受到人口和财富增加的影响，也会受到经济全球化的继续以及网络新社会逐步成熟的影响（图1）。

工业化国家的流动性水平比其他国家高得多，但一些迹象表明它们很可能已接近饱和。许多国家都出现了上下班高峰时间堵车的现象，越来越多的私家车车主开始减少开车出行［古德温（Goodwin）和斯托克斯（Stokes），2013 年］。此外，发展中经济体和转型经济体之间似乎也出现了趋同的现象。但真正的变化体现在世界人口的增长和分布上。据估计，到 2050 年每个人的出行里程将比当前的平均水平高 2~3 倍；如果考虑到人口增长的因素，这相当于（2005 年和 2050 年间）每个人的出行里程增加 2.73 倍（根据 MIT-EPPA 模型计算）或近 4 倍（根据 GIEC RSSE-B1 的设想情形）。历史表明，人们的出行里程取决于收入、教育水平和全球化等因素，而且这既可能是全球旅行，也可能只是在本地旅行。因此，流动性的极限还没有达到，因为人们的财富以及人口数量都将继续增加。

图 2 介绍了经合组织和国际运输工人联盟（ITF）（2012 年）按照国内生产总值的增长情况——它被认为是运输业的主要驱动力——对未来 40 年客运和货运量增长所作出的预测。这些预测所依据的是用许多方法计算出来的不同数据，这也表明对 2050 年全球流动性增长的预期存在不确定性，但所有这些预测所采用的主要变量是相似的。所有的预测都认为未来客运和货运量将出现显著增长。即使是最保守的估计，到 2050 年个人的出行里程将翻一番，所排放的二氧化碳将增加 80%。从这一全球前景中丝毫看不出交通将出现可持续的趋势，而如果把另外一些因素也考虑在内，这一结论就显得更加有道理了。这些因素包括交通事故（每年全球有 120 万人死于交通事故，另有 5000 万人受伤）、石油的使用（交通运输占了全球石油消费量的 61%）、交通拥堵及出行时的时间浪费、生活质量下降以及交通污染物对健康的危害（主要固体颗粒造成过早死亡，而氮氧化物和挥发性有机化合物是地面臭氧污染的两个重要因素）。可持续流

---

[1] 例如，欧盟 27 国交通行业的直接从业人数大约为 900 万（2010 年），约占全部雇员数的 4.5%，另外还有 2500 万人从事着与汽车制造直接或间接相关的工作［欧洲汽车制造商协会（ACEA），2012 年］。

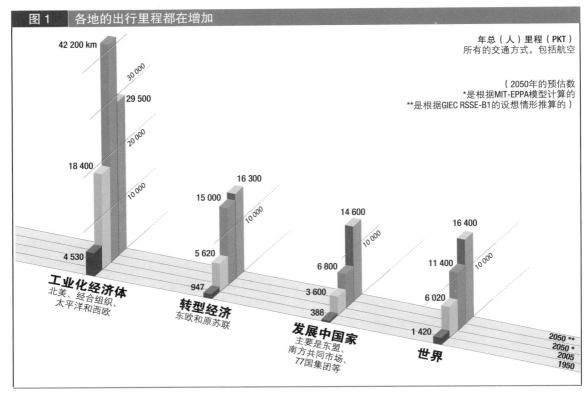

图 1　各地的出行里程都在增加

年总（人）里程（PKT）
所有的交通方式，包括航空

（2050年的预估数
*是根据MIT-EPPA模型计算的
**是根据GIEC RSSE-B1的设想情形推算的）

工业化经济体
北美、经合组织、太平洋和西欧

4 530
18 400
42 200 km
29 500

转型经济
东欧和原苏联

947
5 620
15 000
16 300

发展中国家
主要是东盟、南方共同市场、77国集团等

388
3 600
6 800
14 600

世界

1 420
6 020
11 400
16 400

2050 **
2050 *
2005
1950

资料来源：谢弗（Schäfer）等，2009 年。

说　明：自 1950 年以来，无论是发达国家还是发展中国家，人们的出行里程都出现了大幅增加。无论用哪种方式来测算，其结果都显示未来几十年人们的出行里程还将继续增加。

动性并不会出现。所有这些数据均来自联合国人类住区规划署（2013 年）。

因此，采取更全面、更彻底的行动是必要的，因为运输体系的特点是惯性高，显著的变化需要很长一段时间才能体现出来。路径依赖及其锁定效应对当前形势的强化作用同样不可小视。从一个固定的体系过渡到另一个体系是十分困难的，尽管替代方法十分明确，并能够提供更好的出行方式。

可持续的城市流动性

提高流动性无论过去还是将来都是十分重要的，而且流动性的提高如今越来越受到人口增加的影响：世界总人口将由 2013 年的 70 亿增加到 2050 年的 90 亿，而城市人口的比例则将从 50% 提高到近 70%（联合国，2012 年）。尽管目前的变化无论从速度还是规模上来看都是前所未有的——尤其是特大城市和其他城市增长迅速[1]，但是这种新型城市化使得更大范围

① 2012 年，全球人口超过 50 万的城市有 850 个，人口超过 1000 万的特大城市有 26 个——城市人口每年增加了 6000 万，到 2025 年特大城市将达到 37 个（联合国，2012 年）。

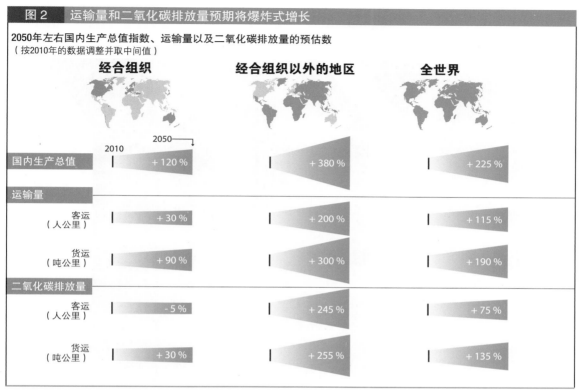

图2　运输量和二氧化碳排放量预期将爆炸式增长

2050年左右国内生产总值指数、运输量以及二氧化碳排放量的预估数
（按2010年的数据调整并取中间值）

	经合组织	经合组织以外的地区	全世界
国内生产总值	+ 120 %	+ 380 %	+ 225 %
运输量 客运（人公里）	+ 30 %	+ 200 %	+ 115 %
货运（吨公里）	+ 90 %	+ 300 %	+ 190 %
二氧化碳排放量 客运（人公里）	- 5 %	+ 245 %	+ 75 %
货运（吨公里）	+ 30 %	+ 255 %	+ 135 %

资料来源：巴斯孔塞略斯（vasconcellos），2001 年，图 2.1。

说　　明：经合组织预计，交通运输需求在未来四十年将急剧增长。如果交通方式不发生重大改变，这些增长将导致二氧化碳的排放量增长至少80%。

的政策措施得以付诸实施，因为大多数的行程都在城市内进行，距离相对较短。

今天和明天的城市，其发展逻辑必须将重点放在人际交往、网络和社会互动上。地理位置已被看作是城市经济发展逻辑中一个重要因素，它也是经济效率——即经济活动完成的速度——的一个重要组成部分。如果建立一个可持续发展的城市被当作了目标，那么它必须提供高品质的生活，并且还需要节约资源。城市内部的货物和人员流动当然要考虑在内，但同时也必须考虑到城市所需的货物和服务供应链，为城市居民提供商业活动和娱乐所必需的基础设施。

这一切并不一定会使运输行业能源消耗减少，或者二氧化碳排放量下降。例如，人口的增加大部分将出现在发展中国家的城市里：从现在到 2020 年，这些国家的城市中大约有 20 亿 ~30 亿人将进入中产阶级行列，即人均收入在 2000~3000 美元的人群。随着这些人逐步拥有机动车，他们的流动性将会增加，这将会对资源消耗和环境造成额外的压力。流动性分布的不平等体现在以下这样一个事实上，即高收入国家目前占了全球石油消费总量的75%，碳排放总量的41%，而这些国家的人口仅占全世界总人口的 16%（世界银行，2012 年）。

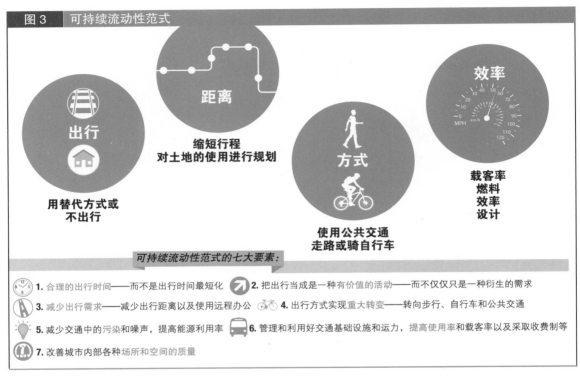

图 3　可持续流动性范式

出行
用替代方式或
不出行

距离
缩短行程
对土地的使用进行规划

方式
使用公共交通
走路或骑自行车

效率
载客率
燃料
效率
设计

可持续流动性范式的七大要素：

1. 合理的出行时间——而不是出行时间最短化　　2. 把出行当成是一种有价值的活动——而不仅仅只是一种衍生的需求

3. 减少出行需求——减少出行距离以及使用远程办公　　4. 出行方式实现重大转变——转向步行、自行车和公共交通

5. 减少交通中的污染和噪声，提高能源利用率　　6. 管理和利用好交通基础设施和运力，提高使用率和载客率以及采取收费制等

7. 改善城市内部各种场所和空间的质量

资料来源：班尼斯特（Banister），2008 年。

说　明：可持续流动性是两种互补的方法——它们为城市可持续交通体制中各类重要因素的重新定义发挥了辅助作用——共同作用的结果：通过对
　　　城市新经济的流动性进行有效整合，达到大幅度减少二氧化碳排放的目的；将人口流动性和老龄化因素纳入考虑范畴；建立参与制进程，
　　　使整个社群的所有利益相关方都积极参与，确保这些战略的消化吸收。

政治决策的复杂性由此出现，因为那些重点矛盾的解决方式往往不会提高交通运输体系的整体可持续性。可持续流动性范式（PMD）旨在通过鼓励低水平的流动性和减少城市内的出行距离以及促进更有效的低碳交通等方式来改变人们的观念。它还注意在城市里设立一些对人们有吸引力的、人们能支付得起的空间和场所，因为街区的质量是可持续流动性的核心［班尼斯特（Banister），2008 年］。相关辩论所涉及的不仅仅是可能被采取的措施，而且还应包括各类替代方案被探讨的过程。唯此，才能使人们更好地理解政策的逻辑，并大大提高这些政策改变人们行为

的可能性。要想重大的改变得以出现，公众的参与是必不可少的：它需要整个社群和利益相关方都参与到讨论、决策和实施的进程中来。

可持续流动性范式回应了对一些基本概念进行重新评估的需求，并对是否需要保持高水平的机动车交通提出了疑问——此类交通方式在环保、安全和健康方面存在很多的副作用。可持续流动性范式（图3）对于出行的速度以及运输时间减少的重要性提出了质疑，并指出可持续的需求意味着放缓出行速度以及合理、可靠的出行路线。

虽然这一方法主要应用在发达国家，但是类似的

论据在一些快速增长的亚洲城市也同样可以看到，比如亚洲开发银行的可持续城市流动性范式（BASD）及其五大主题（见背景资料），或者"规避、转变、改善"（Avoid, shift, improve）框架的开发——它已被广泛采用，而且也推出了一系列与可持续流动性有关的选项。亚洲开发银行（BASD）的可持续城市流动性范式采取了一种基本上务实的方法：它把参与和介入当成了可持续流动性的核心内容。它还明确地强调了在交通内部以及在土地利用和交通之间进行整合的重要性。"规避、转变、改善"框架的两个最重要元素是：以需求为基础的方法（预测与供应）是行不通的，有必要对需求进行管理；必须有一种整体性的城市观，能提供负担得起的、适应性强的、便于执行的可持续流动性。交通规划的总体目标应该是建立可持续发展的、社会包容性强的城市。

城市可选择的选项

目前人们讨论［如"政府间气候变化专门委员会"（GIEC），2013年］的重点是技术在实现可持续移动性的过程中所能发挥的重要作用：其中主要包括采用更可靠的低碳新燃料、更高效的发动机技术以及在材料、空气动力学、轮胎和控制系统等方面的一些小改进。在当前的范式下，要想交通运输系统减少碳的使用，创新是必不可少的。"政府间气候变化专门委员会"（GIEC）2013年的报告也认为，这方面的技术仍有相当大的改进潜力。2010~2035年间，技术的改进有望使汽车油耗降低40%~70%，货车的油耗降低30%~50%，航空运输效率提高50%，海运的燃料使用量将减少5%~30%。但这些幅度只是理论上的改善潜力。光靠它们是无法让交通运输行业实现减排目标的，尤其是在该行业的预期增长真的出现的情况下。在最好的情况下，技术的进步只能使交通运输行业的总体碳排放量维持在目前的水平。

例如，如今汽车制造商和各国政府都为发展电动汽车投入了巨大的努力，以期取代传统汽车。此时，问题再次出现，因为相当多的碳实际上被嵌入了能源供应链当中[①]。而且目前所采取的策略似乎只是

背景资料：亚洲开发银行（BASD）的可持续城市流动性范式

——交通运输政策是由一切可行的东西决定的。它不再只是技术专家的专利：各利益相关方——包括终端用户——都将参与政策的制定过程，以确保计划和项目能体现实际需求。

——土地使用规划也是解决方案的一部分。土地使用与交通规划之间古老的关系被重新建立，以便为公共交通提供便利，减少出行需求。

——从供给的角度对交通需求进行管理，相关的计划应把重点放在限制交通流量和增加公共交通工具的使用上。

——交通能力将不再为了回应需求预期而自动发展。交通规划和项目将体现一个城市的发展观或范围更广的区域战略。同时，它们也必须是经济上能承受的、适应性强的、便于实施的。

——此外，政策制定者也承认，诸如推广公共交通的广告、网购、远程办公、远程会议以及提高信息质量等软性措施是影响人们行为的有效方法。这一政策的有效性已经在那些心存疑虑的利益相关者身上得到了证明。

资料来源：亚洲开发银行，2009年，第4页。

[①]　电动汽车所使用的能源来自国家网络——在法国，它是一种比较洁净的能源，因为它75%来自核能。但英国的情况并非如此：英国的能源生产主要以碳为基础（天然气和煤），在这里电动汽车每公里将产生大约100克的二氧化碳，这大致与高级的混合动力汽车相当。

在功能、尺寸和行驶里程方面复制现有的汽车。

在一个非常稳定的成熟市场里，想用一种替代方案来取代现存的技术是非常困难的，因为现有基础设施的成本将无法收回、现有技术的成本较低、库存的周转率较低等，而且——这可能是最重要的——消费者可能产生强烈的反感情绪［德兰（Tran）等，2012 年］。此时出现了这样一个问题：与旧技术相比，新技术真的有优势吗？新技术的潜力或许只存在于那些目前汽车保有量仍然较低、基础设施配套还不太完善的国家。电动汽车的主要影响可能是为各大汽车制造商降低传统汽车和卡车的能耗提供了

一个机会。

可持续流动性范式的重点是通过减少旅行需求、缩短出行距离、更多地使用公共交通工具、步行和骑自行车等方式来促进人们改变行为方式。在此要介绍城市可持续流动性的两种相互补充的可选择路径：为城市服务的交通以及公共交通的城市。

为城市服务的交通

这种路径将通过制定的清晰可持续发展战略，从当前和未来的功能、结构、组织以及雄心等方面帮助人们确立一种全面的城市观。之后，它将审视什么样的交通运输体系能更好地为实现这一目标提供助

| 图 4 | 不同交通方式典型的空间占用 |

行人

速度......5公里每小时
静止时所占空间......0.95平方米
运动时所占空间......2.85平方米

自行车

速度......16公里每小时
静止时所占空间......1.86平方米
运动时所占空间......9.29平方米

公交车乘客*

速度......24公里每小时
静止时所占空间......1.86平方米
运动时所占空间......1.86平方米

慢速行驶的汽车

速度......30公里每小时
静止时所占空间......9.29平方米
运动时所占空间......27.87平方米

快速行驶的汽车

速度......90公里每小时
静止时所占空间......9.29平方米
运动时所占空间......278.7平方米

* 所占的空间除以乘客总数

资料来源：利特曼（Litman），2012 年，图 5。

说　明：在对不同的交通方式进行比较时，速度、行程或消耗的能源并不是唯一需要考虑的因素。在当今人口日益增加的城市里，空间占用是一个十分重要的维度。公交车上一位乘客所占用的空间与一辆停着的自行车相当，这证明了公共交通应当被放在优先发展的位置。

力。交通运输已真正融入到了城市的发展当中。这种城市观可能会很符合当前的形势，但也可能完全不同，因为它可能需要包含更多未来的内容。"情景构建"（La construction de scénarios）将为可持续流动性真正被纳入城市发展进程提供一个独特的机会［希克曼（Hickman）和班尼斯特（Banister），2013 年］。

为使城市发展可持续交通的需求得到满足，人们可以采用一系列的政策干预，比如为了解决某些特殊问题而出台的单独战略，但是近来出台更多的是一系列相互配套的政策。这些旨在鼓励可持续流动性的政策干预包括对公共交通的投资、鼓励人们步行和骑自行车、收取通行费和停车费以及城市整治（包括提高密度、多用途开发整治、交通开发区[①]、高质量的本地设计以及街道空间的使用）、限速、对货物运输布局进行重组、技术创新、替代燃料以及其他一系列柔性措施[②]。

（1）生活质量以及城市中街道空间的使用是各类运动的重要制约因素。随着汽车速度的加快以及车体的变大，对道路空间的需求也在增加。利特曼（Litman）（2012 年）发表了一系列的数字，展示了不同的出行方式在静止及运动时的空间需求（图4）。通过简单的计算就可以表明，行人和公交车乘客无论在静止还是在运动时所占的空间都最少，而骑自行车也是有效利用城市空间的一种方式。在低速行驶的情况下，汽车所需要的空间大约是行人的 10 倍，而在快速移动时，所占用的空间将增加 100 倍。城市内可用于出行的自由空间是这些城市在经济上取得成功的关键因素，因此它们必须得到有效使用。

许多城市并不是按照当前的流动性水平设计出来的。街道的空间十分有限，而且这里还承载着汽车交通以外的许多其他功能（市场、社会空间和工作空间……）。一般来说，市区地面大约有四分之一应当是街道（图5），但在大部分发展十分迅速的大型城市里，这一比例出现了明显的下降[③]。

（2）体现土地使用与交通之间密切联系的因素包括一些众所周知的问题，如密度、多用途开发整治并把经济活动主要集中在那些公共交通容易抵达的地方，尤其是运输导向开发（TOD）以及交通开发区（TDA）［尤因（Ewing）和切尔韦罗（Cervero），2010 年］。在美国进行的经验主义研究建议，在一定时期内提高密度可以使城市最中心地区的二氧化碳年排放量与预期的增长值相比减少 9%~16%，而人口不太密集的郊区的降幅在 20%~40% 之间［尤因（Ewing），2007 年］。在所有情形下，目标都是相似的，即对总需求进行汇总并据此提供公共交通服务，缩短出行距离从而使人们可以更多地采用"绿色出行"（步行和骑自行车）。创新和灵活地使用空间以及将土地使用和交通进行有效整合，从而使交通的总体水平有所下降的同时，又能保证城市的发展。

（3）在放缓城市交通这一概念背后的是这样一种观点，即要形成一种新型的整体观，要充分考虑到确定 2050 年城市流动性的优先目标这一过程的复杂性。在这里，关键是用"合理的行程"这一概念来取代速度（图1），因为在对城市未来的思考过程中，可达性应被放在核心位置。

这里所指的是要推动缓慢出行、缩短出行里程、

---

① 交通开发区将支持在各种公共交通体系的换乘枢纽的周边地带建造高层建筑，提供各种就业机会，以及一系列的设施和服务。
② 柔性措施包括与用户的信息沟通、出行规划以及地方上一些鼓励拼车、自助式自行车租赁以及提高出行意识等方面的一些举措。
③ 需要强调指出的是，光注意街道的面积可能会造成一种错觉，因为密度未被考虑在内。例如，一个低密度的城市用于街道的土地比例可能会很小，而城市密度越高，街道所占的比例也越高。许多快速发展的城市恰恰密度很高，而用于街道的土地比例又很低，这使交通问题更加恶化。

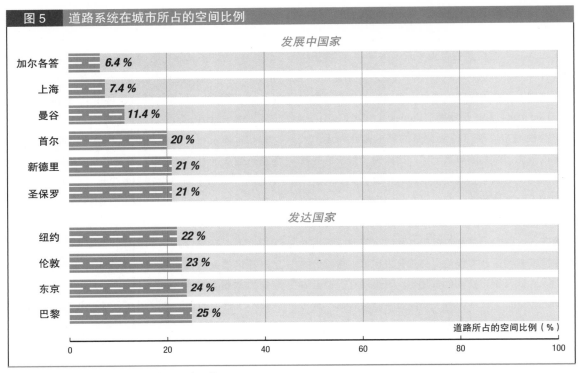

图 5　道路系统在城市所占的空间比例

发展中国家

加尔各答	6.4 %
上海	7.4 %
曼谷	11.4 %
首尔	20 %
新德里	21 %
圣保罗	21 %

发达国家

纽约	22 %
伦敦	23 %
东京	24 %
巴黎	25 %

道路所占的空间比例（%）

0　　　20　　　40　　　60　　　80　　　100

资料来源：巴斯孔塞略斯（vasconcellos），2001 年，图 2.1。

说　　明：平均来看，街道约占城市面积的四分之一左右。那些人口密集以及增长迅速的城市无法将如此多的空间留给街道，这就进一步影响了汽车的通行。

采用有效的交通方式，尤其是公共交通、自行车和步行，同时要为每一种运输方式预留出足够的空间，从而使与环境可持续（低碳、节约资源）、经济可持续（高效）和社会可持续（对所有人开放）等相关的一切问题都能被触及。这个概念还会涉及"规避、转变、改善"框架中的"规避和转变"两个因素以及可持续流动性范式中的三个要素——减少出行需求、缩短出行里程以及转变出行方式。

公共交通的城市

这个概念将建立高效和现代公共交通体系这些需求结合在了一起：BHNS 快速公交系统 [①]、有轨电车、地铁，而车辆将出现一种新的所有权形式——它们是多方共有的，而不是购买的。这一概念在多个城市的自行车租赁体系中就已存在，而现在它将被扩展到那些低速的小型电动车（尤其是电动自行车）的租赁上。许多城市并不具备足够的空间能让汽车实现高

[①]　BHNS 快速公交系统把低成本和公交服务的灵活性结合在了一起，它有专用车道并和有轨电车系统一样享受优先权。150 多个城市已建立了这种快速公交系统，超过 2700 万人每天都在使用它，其中约有 1700 万在拉丁美洲。见 www.brtdata.org。

流动性，因此必须关注空间有效利用的问题，如规定城市流动性的性质，如果有需要的话也可以在碳排放方面提出限制（或零排放）。目前供汽车行驶和停放的空间将可以被大幅度压缩，并可将其用于其他用途，如步行道和自行车道、空地或游乐场所。

人口增加最快的地方应该是城市，而这里能为交通运输提供的空间有限，除非进行大规模的重建。因此，在总容量已知的情况下，交通运输的规划者应考虑如何保证这一资源能得到最有效的利用。可持续流动性要求对需求进行良好的管理，通过价格或规章制度（或两者兼而有之）将街道有限的空间分配给不同的使用者，从而确定一周内不同的日子、一天内不同时段的优先用户和优先用途。新的管理方法——尤其是负荷管理——也同样需要，以便使所有类型的交通方式能得到充分利用。无论客运还是货运，空载的问题都相当严重，一些汽车里往往只载了一名乘客（而不是四名），而许多卡车在空车行驶。新的计算机应用程序可以帮助人们按照负载、时间和方向等进行配货，从而使未被使用的运能得到利用。这种绩效管理已经在航空和铁路领域得到了有效利用，它也可以被扩展到其他形式的公共交通形式中，以提高运输体系的灵活性。

为实现可持续流动性而进行的重组不仅取决于运输技术的创新，而且还需要采用新技术来更好地挖掘运输体系潜能，并为优先的用户和用途分配空间。它还要求人们远离当前这种以个人主义和财产所有权为中心的观点，以降低消费并实现交通准入的共享。它想把人们指向这样一种交通观，即交通是一种人们在需要时就可以付钱消费的服务，具体的形式则是当时最适合他们的方式，最终的目的是为所有的人提供送货上门式的、高质量的、能支付得起的服务。

结论

在有关可持续流动性的辩论中，关键问题还不在于确定该做些什么，而是要确定这种转型如何才能发生。吉登斯（Giddens）（2009 年）认为，恐惧并不是鼓励未来低碳消费的最佳途径，还需要找到一种积极的替代方案并形成新的路径依赖。亚瑟（Arthur）（2009 年）则指出，创新需要三十到四十年的时间，而且还得依赖于各种因素的协同合作，唯此才能创造出新的习惯和思想。这两种观点都表明，可持续流动性并不是很容易就能实现的，而且在当前情况下，人们似乎有些过于强调技术进步在改变习惯过程中的作用。这种看法有些过于简单化，因为变化所需的程度、流动性预期的增长水平以及体制所固有的惯性作用，这一切使得科技的未来变得很有吸引力，但仅靠它来减少全球运输业的碳排放（从目前到 2050 年）以及实现其他优先目标——如提供安全、洁净、健康和高品质的交通工具等——是不切实际的。一定要重视"规避、转变、改善"框架中的"规避（A）"和"转变（S）"这两个因素以及可持续流动性范式中的三个要素。只有采取全面、互补的方式，调动一切可以调动的力量才能实现碳减排的目标。

城市中的生活质量至关重要，正如洁静的区域和开放的空间所定义的那样——人们可以在这里相互碰面和共度时光，而本地严重的污染物会对健康造成直接影响。此外，推广有活力的交通也意味着要鼓励健康的生活方式，对城市空间进行重新分配，为自行车和行人开辟独立的道路网络，从而为改变创造有利的条件。速度和活动范围的改变可以把很多地方变成人们愿意在此打发时间和花费金钱的地方。从这个意义上说，城市的空间结构、城市整治以及空间的使用对于确定哪些手段可以帮助实现可持续城市形态是至关重要的。提高城市密度、压缩城市规模，在此基础上形成的一些相互补充的方法也十分必要，以便缩短人们出行的里程，减小对汽车的依赖程度。服务和设施的分布也可以进行组织，以尽可能减少行程的时间、提高可达性，因为一次出行可以参加多个活动（各种活动之间建立起联系），而各个目的地相距都不远，从而使一次出行可以干多种事，出行数量将可因此减少，而且还享受到高效的公共交通。最后，空间分配将通过明确土地的归属权来确定各种用途的优先顺序——这意味着一些街道将被改成步行街、住宅区或商业区，也有的会被改成自行车道和步行道，而这一切会涉及城市空间所有权的变化。

从一个更根本的层面看，人们还要克服这样一种担心，即为了给低碳排放运动创造更好的条件，人们究竟会对自然环境做些什么。要让公民参与其中，与他们一起探讨建立灵活、舒适、安全和个性化的流动性的问题，从而使人们能以合理的速度安全出行。唯此，可持续的三大要素才能同时齐备，城市运行才会更加高效与公平，同时又能使环境受到一些合理的约束。

参考文献

ACEA, septembre 2012, *The Automobile Industry Pocket Guide*, Bruxelles, European Automobile Manufacturers Association.

ARTHUR B., 2009, *The Nature of Technology: What it Is and How it Evolves*, New York, Free Press.

BANISTER D., 2005, *Unsustainable Transport: City Transport in the New Century*, Londres, Routledge.

BANISTER D., 2008, "The Sustainable Mobility Paradigm", *Transport Policy*, 15(1): 73-80.

BANISTER D., 2011, "The Trilogy of Distance, Speed and Time", *Journal of Transport Geography*, 19(4): 950-959.

BANISTER D., juillet 2013, "Foresight Futures: Scanning the Transport Horizon", *Review Prepared for the UK Government's Foresight Futures Horizon Scanning Papers*, Government Office of Science.

BANQUE MONDIALE, mai 2012, "Inclusive Green Growth – The Pathway to Sustainable Development", *Rapport de la Banque mondiale*, Washington, Banque mondiale.

EWING R. et CERVERO R., 2010, "Travel and the Built Environment: A Meta-Analysis", *Journal of the American Planning Association*, 76: 265-294.

EWING R., 2007, *Growing Cooler: The Evidence on Urban Development and Climate Change*, Chicago, Urban Land Institute.

GIDDENS A., 2009, *The Politics of Climate Change*, Cambridge, Polity Press.

GIEC, septembre 2013, « Résumé pour les décideurs, groupe d'experts intergouvernemental sur le changement climatique », groupe de travail I – The Physical Science Base, 5e Rapport d'évaluation.

GOODWIN P. et STOKES G., 2013, "Guest Editors" of a Special Issue of *Transport Reviews on Peak Car*, 33(3): 243-375.

HICKMAN R. et BANISTER D., 2013, *Transport, Climate Change and Cities*, Londres, Routledge.

INTERNATIONAL ENERGY AGENCY (IEA), novembre 2013, *World Energy Outlook 2013*, Paris, IEA.

LITMAN T., janvier 2012, "Transportation Land Valuation: Evaluating Policies and Practices that Affect the Amount of Land Devoted to Transportation Facilities", *Victoria Transport Policy Institute*. Disponible sur : www.vtpi.org/land.pdf, consulté le 30 juillet 2013.

OCDE/FIT, mai 2011, *Perspective des transports : répondre aux besoins de 9 milliards de personnes*, Paris, publications de l'OCDE.

OCDE/FIT, 2012, *Perspective des transports : des transports sans rupture au service d'une croissance verte*, Paris, publications de l'OCDE.

ONU, mars 2012, *World Urbanisation Prospects: The 2011 Revision, economic and Social Affairs*, New York, Organisation des Nations unies. Disponible sur : http://esa.un.org/unup/pdf/WUP2011_Highlights.pdf

ONU-HABITAT, octobre 2013, *Planifier et configurer une mobilité urbaine plus durable, Rapport mondial sur les établissements humains 2013*, Nairobi, Organisation des Nations unies.

SCHÄFER A., HEYWOOD J., JACOBY H. et WAITZ I., 2009, *Transportation in a Climate-Constrained World*, Cambridge, Massachusetts et Londres, The MIT Press.

TRAN M., BISHOP J. D. K., BANISTER D. et McCULLOCH M., 2012, "Realizing the Electric Vehicle Revolution", *Nature: Climate Change*, 2: 328-333.

VASCONCELLOS E., 2001, *Urban Transport, Environment and Equity: The Case of Developing Countries*, Londres, Earthscan.

第五章

奥利维耶·库塔尔（Olivier Coutard），

乔纳森·拉瑟福德（Jonathan Rutherford），达尼埃尔·弗洛朗坦（Daniel Florentin）

巴黎东部马恩－拉瓦雷大学，法国

后网络城市

集中管理式的管网曾在城市转型中发挥着主导作用，但现在它受到了各方的质疑。无论是在供水还是在能源领域，一些分权管理的替代系统被认为是打造更"可持续"城市的一种好方法。本文抛开了这种简单化的对立，而是重点介绍了城市基础设施领域的多种配置法。

全面变化中的城市基础设施

在欧洲和北美，城市内部和城市间各类供水、能源以及污水处理等方面的设施都被部署得精巧、高效，形成了一个大技术体系。如今，这一"传统"模式因为人们在不可持续性上所产生的怀疑而受到质疑。此类管网行业的放开、对环境资源的利用及其影响越来越多的担忧、新的财务安排以及人们的生活方式个性化倾向越来越强等，这一切都成了对集中管理式解决方案独霸天下提出批评的重要因素，一些地方性的、通常被认为更加"可持续"的替代型技术体制应运而生。

对非洲、亚洲和拉丁美洲的城市来说，要想使所有的城市人口都能获得最基本的服务，欧洲以及北美所打造的"管网"模式并不一定适合，不能照搬照抄，也不是最理想的。例如，最近的研究表明，那些能取代大型基础设施网络的社会技术模式并不需要什么真正的创新，而恰恰就是对居民们来说早已存在的现实。这些替代型系统早已是民众日常使用方法的一部分，它们与或多或少具有网络雏形的

另一些"传统"系统［例如，参见哈格林（Jaglin），2012 年］之间有着密切的联系。

对于世界各地不同的民众来说，创新、可持续发展、基础设施的提供和使用等问题具有不同的意义。一些替代型的社会技术配置在一些边缘地带、缝隙地带出现，有时甚至会直接将现存中央控制式的网络取而代之。由此而产生的混合型社会技术系统将对城市代谢的运行[1]、居民的日常生活以及城市区域的政治经济学产生重要的影响［库塔尔（Coutard）和拉瑟福德（Rutherford），2011 年］。

最近 150 年来，集中管理式的基础设施网络在城市改造中发挥着核心作用［塔尔（Tarr）和孔维茨（Konvitz），1981 年；休斯（Hughes），1983 年；塔尔（Tarr）和杜佩（Dupuy），1988 年；杜佩（Dupuy），1991 年］，这使得当前基础设施领域所出现的转型变得更加重要。鉴于气候变化（缓解气候变化的影响、适应气候变化的后果）或保障能源供应安全（尤其是在化石燃料日益减少的背景下）[1]等领域所面临的挑战，这种动态变化显得尤为重要。

---

[1] 在政治生态学和产业生态学中，人们经常使用这一体现城市与个人之间关系的比喻。它所基于的是这样一种想法：城市里充满各式各样的流动，包括货物流、人员流以及现金流和权力流等无形的流动。所有这一切形成了一个动态系统，即城市代谢［例如，见海嫩（Heynen）等，2006 年；巴勒（Barles），2010 年］。

事实上，各层级的活动人士、专家以及政治领导人都把推广此类分权管理式的替代方案看成是建设"可持续"城市的一条光明大道。

那些"极具地方性""分权式""分散的"或"替代型"技术的开发会影响到城市在环境、空间、社会和政治等层面互联互通的性质。在这篇文章中，我们将不仅仅局限于介绍这样一种简单的想法，即认为这些分权管理的替代型技术解决方案一定会比城市传统的大型基础设施更"优越"、更"可持续"。为此，我们提出了"后网络城市"这一概念：它是指一种由一系列新兴的城市基础设施布局混合构建而成的城市空间组织形态。

"后网络城市"这个概念并不意味着这些现代的社会技术配置要把传统的集中管理式网络与城市区域完全隔离开来。它的目的是用一种严格的方式来审视各地不同的社会技术组合形态、它们的基础设施系统及其出现的方式。为了说明这种多样性，我们在此简要地讨论一下三种独立的配置形式："断开连接""替代连接"（对那些未完工的网络而言）和"重新连接"。

"断开连接"：沃金（Woking）的经验

从 20 世纪 90 年代以来，距伦敦 45 公里、拥有 9 万居民的"睡城"沃金市在地方能源政策的最佳实践方面一直走在前列。该市市政议会发起并开展了在本地生产、向本地供应能源的行动，并形成了一种独立于国家能源供应网络的自治形式。沃金市也凭借此举在寻求能源独立方面成了欧洲中型城市的佼佼者。20 世纪 90 年代末，在一名高官及其财务总监的支持下，沃金市市政议会在这方面迈开了第二步：成立了一个本地能源服务企业"泰晤士威能源有限公司"（Thameswey Energy Limited）。于是，该市成了一家生产电力、制热和制冷工厂的所有者和经营者。该厂不但开发了生产和供应能源的技术，而且将它们付诸实施。事实上，"泰晤士威能源"是一家半私半公的混合型企业，此举可使其资本免受中央政策的制约——中央政府会限制地方政府项目和投资的规模。因此"泰晤士威能源"主要靠私人资金来建设和运营沃金市大量能源项目。其中包括一套热电联产（电和热）系统——即利用废热来发电及制冷；一个专门向市政府所属的房产和市中心商业区供应可再生能源的私营网络以及第一个用于商业开发的燃料电池系统——它可以用于发电、制热和制冷。这套分权管理的系统完全能独立运作，尽管它与国家能源网络也是相连的——后者主要作为一个备用供应商：例如，沃金的假日酒店就没有和任何外界的电网连接。但国家的法律限制了此类本地系统的规模及其所能服务的用户数量。总体而言，沃金的这一项目使该市节约了不少金钱、能源，碳排放也大为减少，该市也因此在四年时间里三度获得"创新城市"的称号。此外，在沃金市发起并施行这一政策的这位高官后来被时任伦敦市长所聘用，在 2005 年 6 月伦敦成立"气候变化局"时成了首任局长，其使命是发起"一场分权管理的能源革命"以及"在伦敦再造一个沃金"等。由此，一个小镇成了全国的模范，成了这个全球性的都市要学习的榜样。

"替代连接"：斯德哥尔摩

在欧洲一些享受集中管理式的传统基础设施网

---

① 有关城市能源领域的基础设施及其转型，请参阅拉瑟福德（Rutherford）和库塔尔（Coutard）（2013 年）。

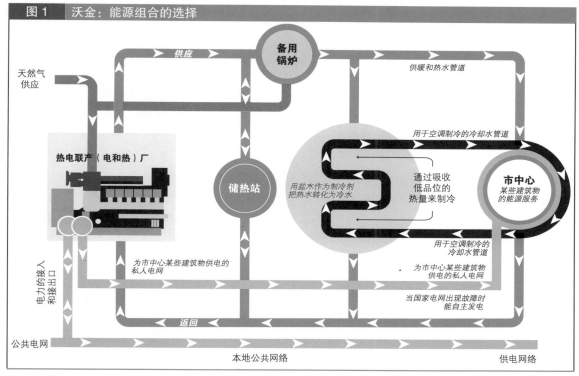

图 1　沃金：能源组合的选择

天然气供应

热电联产（电和热）厂

备用锅炉

储热站

用盐水作为制冷剂把热水转化为冷水

供暖和热水管道

用于空调制冷的冷却水管道

通过吸收低品位的热量来制冷

市中心
某些建筑物的能源服务

为市中心某些建筑物供电的私人电网

用于空调制冷的冷却水管道

为市中心某些建筑物供电的私人电网

电力的接入和接出口

当国家电网出现故障时能自主发电

公共电网

返回

本地公共网络

供电网络

资料来源：沃金市。

说　明：沃金市依靠一些私人和公共基础设施，开发出了一套创新程度极高的热电联产（电和热）系统：它可以同时为建筑物供电、供暖或用作空调。这套分权管理度极高的系统与国家能源网络也是相连的——后者主要作为一个备用供应商。

络服务的城市郊区，公共管理部门的负责人对此类网络是否需要延伸提出了疑问。在人口密度较低的情况下，当局正在考虑如何搞好以下两个因素间的平衡：一是铺设管网设施的投资回报问题，二是在必需的管线铺设时所遇到的技术难题以及额外增加的费用问题。这种情况不仅存在于污水处理和能源供应系统（非电力供应）上，而且在某些情况下也存在于供水系统领域。这些目前处于网络覆盖范围以外的区域可以被纳入到相关网络未来扩建计划中，或者将取决于这些服务未来可能出现的替代形式——在某些情况下，后者似乎将会更加令人满意或更合适。大斯德哥

尔摩周边的许多市镇在制定规模战略时已对不同的区域作出了清楚的划分：如已经接入市政或跨市区供水或污水处理网管的区域；预期迟早将会入网的区域；以及另外一些出于技术、地理以及经济等原因将永远无法被纳入市政管网的区域。最后一类地区在整个斯德哥尔摩群岛占有相当大的比例，而大部分的个人水井和化粪池系统也集中在这一地区。总体上看，该地区大约有 10 万个家庭未被纳入官方的供水或污水处理系统当中，有的甚至两个系统均未接通。在占地面积最大的诺尔泰利耶市（Norrtälje），45% 的人口生活在集中管理式基础设施网络覆盖以外的地区。"管

网全覆盖"在这里还远未实现。不过，各地都根据自己的实际情况，利用不同的技术来提供供水和污水处理服务。在直接接入集中管理式网络和个人的解决方案（水井和化粪池）之间，一些主权共有的住所或零散的小区都有着自己的解决方法，而这些地方往往与"城市"中心有一段距离。或者把房子集中在一起统一连接到集中管理式的网络当中，或建立一些集体解决方案——如建一个只有本小区的人才能使用的小型处理厂。这种根据各地实际情况（密度、与网络的距离、地理条件、成本……）将各类技术解决方案分门别类的做法可使相关服务的组织更符合本地的实情，也能适应各式各样的生活条件［布歇—赫登斯特伦（Boucher-Hedenström）和拉瑟福德（Rutherford），2010 年］。

这种认为某些人烟稀少的地区将永远不会被接入集中管理式网络的方法与另一种主流的方法截然不同：这种主流方法认为，只要新的城市区域出现在哪里，相关的网络就应当跟着延伸到这里、有时甚至需要先走一步。

"重新连接"：马格德堡

德国萨克森—安哈尔特州的首府马格德堡则提供了另一个例子：它对各种基础设施体系进行了重新配置，从而使"网络"这一形式得到了确认，甚至升级。

与东德甚至原苏联阵营的大部分城市一样，马格德堡曾经面临着深刻转型——即后社会主义时代的转型——的问题，同时也面临着此举所产生的两个必然结果：大规模和快速的去工业化以及城市在多种形式上的衰退。在十多年间，人口迅速老化、数量也急剧减少：居民数量由柏林墙倒塌前的 29 万减少到 21 世纪初的 23 万。与此同时，产业布局严重受损，工业企业在三年时间里几乎全部消失。这些不同的进程

严重损害了不同技术网络间——包括供水网络和能源网络——运行的平衡。尽管在两德统一后曾对不同的技术网络进行了大量的投资，以提高这些基础设施的水准以及运行水平，但是这些网络的使用率大大下降了。例如，全市的用水总量在 1990~2010 年间减少了三分之二，而其他技术系统（如城市供暖系统）也存在类似的趋势。

面对城市经济无增长，甚至未来还要下滑这种从未出现过的新形势，集中管理式网络的逻辑受到了质疑。为了适应这种新形势，本地的跨网络企业团队——"马格德堡市属企业"（SWM——这是一个市政府拥有多数股份的混合型企业）提出了两种不同的策略：建立分权式管理的解决方案或围绕一个更集中管理的系统对这些网络进行重组。该市选择了第二个选项，并为此确定了一个双重战略：区域化战略以及生产重新集中战略。

与哈雷（萨克森—安哈尔特州主要大城市）一样，"马格德堡市属企业"是最早一批在自由化的能源市场，特别是电力市场立足的企业之一。"马格德堡市属企业"向什未林或汉堡的电力与燃气市场提供了许多产品，2012 年该公司向马格德堡市以外的市场所出售的总电量甚至超过了本市。

与此同时，无论是电力、燃气还是供水领域，"马格德堡市属企业"将自己的影响力扩大到了整个地区。"马格德堡市属企业"取得了当地一些市镇的水务运营商（舍纳贝克市、施滕达尔市）或电力运营商（策尔布斯特市、施滕达尔市）的技术管理权或商业经营权。这些扩张不仅使市属企业在某种程度上巩固了自己的领地，而且也使其管理规模和影响范围发生了变化。它已清楚地表达出了想成为水务或电力市场上一个区域性（或次区域性）经营者这样的目标。

在这一转型过程中，市属企业找到了一条适应衰退的强大战略：面对衰退的市场，这个地区大都市

图2　对网络重新布局以适应城市的变化

传统的多中心网络，其使用率自
20世纪90年代以来一直下降

■　热力中心

□　服务的区域（其消费量开始下降）

集中管理式的网络，但为了应对
消费的下降，它也开始扩张

◆　只有一个热电联产（电和热）厂，
它同时也承担部分垃圾处理工作

▨　网络扩张以弥补消费量的下降

资料来源：开放街道图（openstreetmap），由作者整理。

说　　明：在马格德堡，热力生产网络被重新集中，覆盖范围也有所扩展，以应对城市某些地区需求下降的局面。

的市属企业逐渐收购了小城市市属企业的市场份额，从而扩展自己的市场，以抵消其原始市场的衰落。事实上，企业的大部分利润也正是来自于这种策略，因为这一市属企业集团的利润至少有40%以上来自那些分公司。

在实行领土扩张战略的同时，这个市属企业也在走第二条路，即将水和能源的生产重新集中。该地区许多泵站已被关闭，水的生产被转移到了一个中心水厂——科尔比茨水厂，以降低基础设施的成本并克服生产分散的问题。城市的供热管网也遵循了类似的轨迹。该市用天然气或石油作为燃料的三个热力厂被一个热电联产厂——即通过焚烧垃圾来生产电和热的

Mühlheizkraftwerk（MHKW）——所取代。这种供热系统很适应消费需求下降的情况，并且在95%的时间能满足供热需求（在每年用热高峰期，一个小型燃气供热站将发挥增援作用）。事实上，它的建成同时还满足了环保标准所发生的变化，使之完全符合联邦政府在垃圾处理方面的法规：德国联邦政府早在2006年便通过法律，规定所有的垃圾都必须通过焚烧来处理。与此同时，热电联产厂（MHKW）的建成还大大降低了生产成本，从而间接降低了对国际市场，尤其是碳氢燃料市场的依赖。热电联产厂这个社会技术系统还能发挥社会经济的作用，因为它能以极具竞争力的价格提供城市供暖服务，这增加了城市及

其所供暖的住房——主要是一些大型建筑——的吸引力。至此，需求下降的进程成了重新思考网络布局的一个契机，它促使人们根据新的环保限制规定，推出一种需求驱动型的管理模式。供热系统的这一变化表明，集中管理式的大网络模式永远具有整合、创新和高效的能力，在均衡发展或可持续发展的背景下它同样具有巨大的潜力。

"后网络城市"是城市的重新组装

这三个"后网络城市"的例子并不是要为城市以及地方主体提供一种实现自我独立或脱离连接的工具或能力，而是为了展示重新配置的结果，以及集中管理式的基础设施与替代体系之间所形成新的关系——这种新型关系对城市社会和技术的不同层面进行了重新组装。

基本服务提供需要怎样的投资？

在后网络体制下，城市能源和环境服务的提供要求这些服务的投资方式发生变化。

提供此类服务的总成本很可能会显著增加，因为人们对于生产质量和环境保护的要求越来越高，相关法律和标准会越来越严格，而且分散式管理系统的开发往往需要基础设施进行重复建设[①]。尽管沃金与伦敦市的市政当局都鼓励"断开连接"的做法，但是它在很大程度上取决于私人资金的投入。在沃金市，能源服务公司虽然是一家混合型企业，但它动用了一个私营合作伙伴的资金来投资热电联产厂、供热和冷却系统以及其他一些地方项目（这样可使它能符合政府的相关规定，提高财务上的自由度）。

此外，在总体成本上升的背景下，尤其是收入

和利润来源发生变化的背景下[②]，像苏伊士公司以及法国电力公司这样的大型能源供应和环境服务企业都必须彻底改变自己的商业模式，马格德堡市就完全考虑到了这些因素。事实上，这些变化将会冲击传统基础设施网络的运作模式及经济效益。

怎样的社会空间互助？

向"后网络城市"转型的进程要求对社会空间的互助关系进行重新定义——传统的网络化城市正是在这种关系的基础上建立起来的。以可持续发展的要求这一名义引进并推广的"分权式管理型"技术系统可能会与社会团结的一些传统形式发生冲突：如用户群之间的相互补贴、不同服务区域以及不同服务行业之间相互补贴等。事实上，由于只在一些街区，甚至只有几栋楼内运行（如伦敦的沃金市），这些系统及用户对于维持集中管理式大网络在技术和经济上的正常运营并不能作出多大的贡献。例如，在大斯德哥尔摩的周边地区，在将市政网络延伸到那些人口较少的地方时，相关的费用是由这些市政网络的老用户承担的。这里的房屋及"产权共有"住宅的环卫费用也由老用户来承担。居住在这里的新老居民本身在收入上就存在差距，每年相关缴费标准的上涨很可能会在这两类人群之间引发紧张关系。相反，马格德堡的运营商作出了不同的选择：它抹平了空间分布上的差异，并确定了一种团结互助式的价格体系，以保持区域间的平衡，防止衰退的趋势进一步恶化。因此，如何公平分摊新网络和新服务的成本是一个值得探讨的问题。

城市代谢会受到什么影响？

"后网络城市"的发展要求城市代谢以及一些

---

① 例如，过去二十年间，大部分欧洲国家（西欧）与环卫服务相关的总投入增加了两倍甚至是三倍。
② 从趋势观察可以看出，收入与销售量的关系越来越小，而是更多地取决于留下的或被保护下来的资源。

环境资源流的城市化方式作出一些改变。沃金与马格德堡这两个例子所采用的是能源的去碳化流动，本地的能源生产厂，并开发了一套城市供热体系以利用本地热电联产厂产生的热能，同时实现了垃圾的再利用等。它们的例子表明，对城市服务的政治经济学和政治生态学来说，重要的是要实现原材料和能源更多的流动，而不是简单地建立一些有形的、固定的基础设施。从另一个角度来看，必须强调指出的是，虽然沃金市的"泰晤士威能源"（Thameswey）所关注的只是围绕着城市而进行的能量流，但那些参与马格德堡市能源供应的企业则没有把目光只盯着本地，这就需要它们建立一些连接网络，使本地的系统与范围更广的电网和垃圾处理网络实现连通。在这种情况下，城市的代谢将更多地受制于经营各类网络的政治经济学思维逻辑所出现的变化：资源的循环及城市内的各种流动本质上将取决于区域以外的政治和经济决策及权衡。

此类混合型社会技术系统该如何治理？

"后网络城市"的发起还需要重新思考这些基础设施的治理方式，从更广的意义上说，还必须重新思考在提供基本服务方面市政当局与居民之间的关系。上述三个例子分别给出了相当不同的重构形态。

在沃金，地方当局把对基础设施的控制看成是政府的一个新工具，政府因此可以向本地居民提供更便宜、更清洁、更安全的能源。这种控制也可以被看作是向低碳社会和低碳基础设施转型的一种分散式管理模式。这种方法有意无意地将自己与集中管理式的网络对立起来——就沃金市而言，后者至少存在以下三方面不足：它无法向家庭和商业单位提供人们能负担得起的能源服务；它加强了人们对于化石燃料的依赖；它制约了地方当局进行变革的能力。换句话说，一些城市不仅把低碳这一环保论据当成了推行分散式管理替代机制的理由，而且也靠它恢复了——至少部

分——自己的责任，即提供基本服务，并建设起了一些实现这一目标所需的社会技术基础设施。

在斯德哥尔摩地区，除了依靠集中式管理的网络所提供的服务外，居民们还更多地依赖本地的一些基础设施，甚至是一间屋、一栋楼所独有的设施。在这里，市政当局作出了这样的决定，即认为那些地理位置偏僻、人烟稀少的地区已经超出了财政、组织或空间所能承受的极限，集体设施也将无法顾及它们。

在马格德堡，能源供应体系的管理进行了重新设计和重新定位。尽管市政府仍是负责供水和供能企业的主要股东，但治理的规模发生了变化。为适应后社会主义转型过程中始终存在的城市危机，本地的主要运营商逐步变成了一个区域性的经营者。正是达到了这个规模之后，才可以推出一些价格政策以及相互补贴的机制，从而抵消城市衰退的负面影响，并在城市负增长的背景下使工业保持一定的增长。这样一来，这个能提供多种服务的企业成了区域发展的一个支柱，因而也获得了超越原管辖地的新政治角色。

结论

"后网络城市"正以不同的形式不断涌现，它在经济、技术和社会政治等层面所带来的各种矛盾影响值得研究者加以关注。"后网络城市"很可能会与许多不同的设计、愿景与要求相匹配，有时会符合"市场可持续性"（即建立一个技术创新力和经济竞争力强的城市）支持者的要求，而有时也可能符合"高可持续性"（即建立一个提供节俭生活方式、低能源消耗的城市）支持者的要求。然而，除了这种在解读和政策上的灵活性之外，分散式管理技术的传播以及由此引起的大技术网络的衰退将不可避免地对各种社会调节产生影响——人们必须了解这些

影响的来龙去脉 [1]。

要想弄清"后网络城市"这一概念所包含的一些多元的、甚至相互矛盾的逻辑思维，就必须展开更深入的理论和实证研究："后网络城市"这一概念既被认为是基础设施一种理想的形态，同时又被当作是一个分析工具、一种进步的替代方案、一个新的技术—（空间）—生态解决方案、一种强化城市碎片化的进程。作为基本服务传统的提供模式——它曾被看作是终极的、不可逆转的——遭到质疑后所出现的结果，"后网络城市"的出现实际上是一个新兴的、系统性的、充满争议的进程，而具体出现的方式仍有待创新。不过，我们仍然相信，这一进程将改变技术在打造和重新打造城市社会时的方式，不管这一切是否符合可持续发展这一潮流。

参考文献

Barles S., 2010, "Society, Energy and Materials: the Contribution of Urban Metabolism Studies to Sustainable Urban Development Issues", *Journal of Environmental Planning and Management*, 53(4): 439-455.

Boucher-hedenström F. et Rutherford J., 2010, « Services d'eau et d'assainissement et dispersion "urbaine" dans le comté de Stockholm : politiques locales, solutions techniques et implications sociospatiales », *Flux*, n° 79-80, p. 54-68.

Coutard O. et Rutherford J., 2011, "The Rise of Post-Networked Cities in Europe? Recombining Infrastructural, Ecological and Urban Transformations in Low Carbon Transitions", in Bulkeley H., Castan Broto V., Hodson M. et Marvin S. (eds.), *Cities and Low Carbon Transitions*, Londres, Routledge: 107-125.

Dupuy G., 1991, *L'Urbanisme des réseaux : théories et méthodes*, Paris, Armand Colin.

Heynen N., Kaika M. et Swyngedouw E. (eds.), 2006, *In the Nature of Cities: Urban Political Ecology and the Politics of Urban Metabolism*, Londres, Routledge.

Hughes T., 1983, *Networks of Power: Electrification in Western Society, 1880-1930*, Londres, Johns Hopkins University Press.

Jaglin S., 2012, « Services en réseaux et villes africaines : l'universalité par d'autres voies ? », *L'Espace géographique*, n° 41, p. 51-67.

Rutherford J. et Coutard O., 2013, "Urban Energy Transitions: Places, Processes and Politics of Socio-Technical Change", *Urban Studies*.

Tarr J. et Konvitz J., 1981, "Patterns in the Development of the Urban Infrastructure", in Iette H. et Miller Z. (eds.), *American Urbanism*, New York, Greenwood Press.

Tarr J. et Dupuy G. (eds), 1988, *Technology and the Rise of the Networked City in Europe and America*, Philadelphia, Temple University Press.

---

[1] 在这篇文章中，我们所关注的只是欧洲"后网络城市"的兴起。在其他背景下，那些为提供基本服务而设立的混合型社会—技术配置同样面临着巨大的挑战。例如，西尔维·哈格林（Sylvy Jaglin）（2012 年）提供了一个分析框架，帮助人们分析为非洲城市提供基本服务的各类不同配置的实施条件。她强调指出了欧洲的网络服务模式在这里的不适用性——欧洲的模式"涉及了常规服务所需的全套社会技术系统：它的技术基础设施、组织体系、管理模式和融资方式、所能调动利益相关方及技能、所承载的政治目标或者说它成了这些政治目标的工具、它所代表的价值观等"[哈格林（Jaglin），2012 年，第 64 页]。她所给出的替代方案主要是一些"务实"方法、一些"并不完整"的网络："一些由个人或集体提供的私人商业服务，它们可能是正规的也可能是非正规的，而在那些签订了独家代理合同的正规运营商看来，它们则是非法的（……）它们的服务对象涉及不同类型的城市空间，既有富人，也有穷人，这些人或因为购买力太低，或因为住得太偏或因为没有合法的身份而成了被排斥的人"[哈格林（Jaglin），2012 年，第 53 页]。

第六章

斯特凡·富尼耶（Stéphane Fournier）
蒙贝利埃高等农艺学院（Supagro），法国

马塞洛·尚勒东德（Marcelo Champredonde）
国家农业技术学院，阿根廷

农业食品的可持续创新

面对可持续发展的挑战，无论是北方国家还是南方国家，传统的农业产业模式已经清楚地表现出了它的局限性。这一发现使得一些曾被认为"另类"的机制获得了平反的机会：它们虽然只代表着几个百分点的市场份额，但它们已经影响到了占主导地位的模式，并在粮食体系的变化轨迹中发挥着重要作用。

粮食生产、加工和销售体系的可持续发展是 21 世纪的一个真正挑战。"绿色革命"（1960~1990 年）、农业食品行业的技术创新，以及伴随着它们而出现的经济集中以及农业和农业食品行业的金融化进程，曾经创造了一个农业产业模式：它在北方国家已成了主流模式（或"传统"模式），而在南方国家则还在蓬勃发展的过程当中。这种建立在大规模供应这一逻辑思维基础上的模式虽然保障了大部分民众——尽管世界人口在不断增加——的粮食安全，但它也清楚地表现了自身的局限性。它导致了自然资源的退化甚至枯竭，农民的贫困化，并导致大量农村人口外流……

要想在 2050 年还能持久地养活全世界 90 亿人口需要其他的解决方案和组织模式，这一点已经变得越来越明显。这一发现使得一些曾被认为"另类"的机制获得了平反的机会：无论是北方国家还是南方国家，尽管出现了农业产业模式，但这些机制依然存活了下来（短供应链，开发本地产品……），有的则是新近开发的或被重新定义的（有机农业、公平贸易……）。这些机制因为长期以来始终处于相对边缘化地位（这种说法近来变得越来越站不住脚）以及它们无法"养活世界"而不被人们重视。然而，如今越来越多的人承认"另一种农业"将能够养活地球（特别是有机农业

的推广将能够满足全世界的粮食需求）（联合国粮农组织，2007 年）。一些前瞻性研究认为，未来农业领域可能出现两种生产和贸易模式：农工产业模式以及另一种基于家庭农业和本地农业的模式（Rastoin，2012）。后者不仅具有自我生存的能力，而且也能满足全球的粮食需求 [帕亚尔（PAILLARD）、特雷耶（Treyer）和多兰（DORIN），2010 年]。

有人提出建议，最好的选择是"把这两种模式结合起来从而形成第三种方案"，其中的原因是旧体系的惯性作用以及相关方面缺乏强烈的政治意愿 [拉斯图安（Rastoin），2012 年]。不同生产和贸易模式的共存是养活社会的一条原则。事实上，在同一个"元体系"（我们在这里所指的是粮食体系）内，各种替代体系与传统体系相互作用，它们相互联结、相互补充、相互竞争，在同一进程中共同演变 [科隆纳（Colonna）等，2013 年；富尼耶（Fournier）和图扎尔（Touzard），2013 年]：

——联结，是因为在该行业的不同层次上，在生产者与消费者之间存在多种供应链并存的局面：农业经营者、合作社……他们经常会通过不同类型的渠道出售自己的产品（短供应链、常规渠道、认证渠道）；同样，消费者在大多数情况下都实现了购物来源的多样化（超市、农贸市场、有机产品专卖店……）。

——互补：不同类型供应链共存的局面对生产者来说是件好事，他们可以靠此实现收入和战略的多元化。对消费者来说，这种并存局面也是有好处的，提供给他们的产品会因此而更加丰富。从整个粮食体系来看，这种共存的局面对粮食安全也是有好处的：供应商越多，一个城市、一个地方的粮食供应就会越有保障[图扎尔（Touzard）和坦普尔（Temple），2012年]。同样，在许多农村地区（偏远地区、山区等），传统农业已经变得没有竞争力，只有生产高附加值的产品才是唯一出路。

——竞争和共同演变的进程：与农业产业的竞争通常会使一些替代模式变成"常规化"的进步形式（集约化、寻求规模经济效应、降低成本）。我们在这里也想强调这些替代模式对于农业产业的影响。替代型供应链被看作是对农业产业模式的批评，也是技术和组织解决方法的试验田：这些技术和组织解决方法一旦被证明是有效的，就会被整合到主流模式的行动战略当中。在这方面可以举出的例子还有很多：从有机农业到公平贸易，再到短供应链——它们如今在大商场已十分常见。因此，传统模式和替代模式始终在相互影响着。

将粮食体系——它是在各种模式互动的基础上建立起来的——概念化可使人们用一种完全不同的眼光来看待"替代型供应链"。除了其所代表的占几个百分点的市场份额外，这些供应链对农业产业体系是一个补充，并对后者有着很强的影响力，因此，它们在粮食体系的变化轨迹中发挥着重要作用。

因此，我们建议对过去20年来对粮食体系带来冲击的各种组织创新进行"重新解读"："可持续标准"[富耶（Fouilleux），2012年]和本地供应链的复兴[短供应链以及（/或）本地供应链，或者本地特产的生产者与了解这些产品的消费者之间保持紧密的联系]。在这两种情况下，我们试图展示的是它们可持续发展的基础、这些创新所可能遇到的挑战——因为它们将与粮食生产和贸易体系中的其他模式相互竞争——以及它们所催生的体系重新组合。

可持续标签

咖啡行业的例子最能说明可持续标准所能产生的影响。在17世纪和20世纪之间实现了全球化的咖啡种植业在生态系统中具有十分重要的作用：它只能在热带地区一些坡度很陡的山区种植，它有助于保护土壤（应对水土流失），并能保护生物多样性（动物和植物）——如果是在背阴面种植。从社会和经济的角度来看，它的重要性同样无与伦比：它现在养活着1.25亿人，是40多个国家的重要收入来源。

农业产业的发展

这一行业可持续发展的问题最早在20世纪被人们提起，当时有一些国家，尤其是巴西，推行了大规模毁林来发展大型种植园的计划。从20世纪60年代开始，"绿色革命"也引进了一些对环境危害更大的新做法，而且这些做法将逐步取代传统的咖啡种植：在那些光照充足的咖啡种植园，人们通过大量使用化学投入物的方式来实现产量的最大化。这种集约化也导致了标准化的出现：那些高产品种在全球范围内得到推广，各地所使用的技术路径也逐步趋同——这种趋同性既体现在农业种植阶段，也体现在收获之后的阶段，但是各地的区域价值再也得不到发挥。

19世纪至20世纪，国际贸易发展迅速。这种全球化并非一帆风顺。虽然说需求方一直保持着稳定的增长，但供给方不是如此，因为它很容易受到天气因素的影响而出现剧烈波动。在短缺期过后总会出现生产过剩的危机。由此而出现的价格不稳定将会给生产者带来问题。一些生产国从20世纪30年代开始便从国家的层面寻求解决方法（稳定基金、商品管理所……），之后从国际层面着手寻求（如由生产国

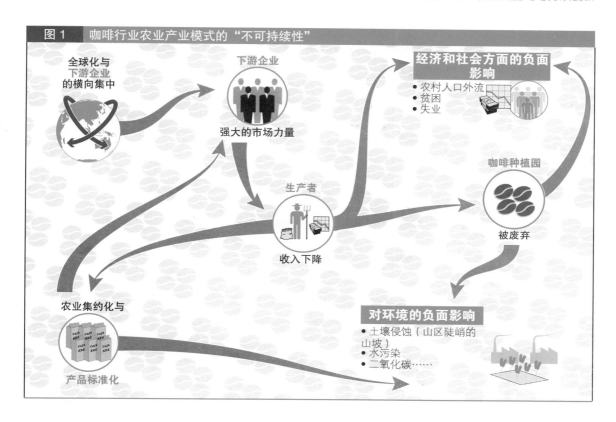

图 1　咖啡行业农业产业模式的"不可持续性"

全球化与下游企业的横向集中

下游企业

强大的市场力量

经济和社会方面的负面影响
- 农村人口外流
- 贫困
- 失业

生产者

收入下降

咖啡种植园

被废弃

农业集约化与

产品标准化

对环境的负面影响
- 土壤侵蚀（山区陡峭的山坡）
- 水污染
- 二氧化碳……

和消费国于 1962 年签署、生效期到 1989 年的国际咖啡协定），但这一切似乎并未能起到稳定价格的作用 [达维隆（Daviron）和蓬特（Ponte），2005 年]。

另一个因素也加剧了价格的不稳定，并威胁到整个行业的可持续发展：最终消费者（进口国）所支出的资金中最后回到生产者手里的份额显著下降。这是由众多因素造成的。首先被人们提及的是咖啡焙炒行业横向集中度过高的问题①。与此相伴随的则是该行业所出现的一个变化进程：渐渐地，某些"象征属性"的重要性会超过咖啡本身的质量 [达维隆（Daviron）

和蓬特（Ponte），2005 年]。得益于全球采购、在创建稳定而特殊芳香型咖啡品牌方面的能力以及主动积极而耗资巨大的营销策略，这些处于下游行业的咖啡业巨头逐步将这些"象征属性"掌握在自己的手里，使自己获得了主导地位，能在向咖啡生产者支付货款时始终保持价格压力，使得后者所出售的绿咖啡成了一种大宗商品。在价格低迷期，种植者要么只能设法提高产量（通过使用更多的化学品投入物来实现），要么只能放弃咖啡种植——鉴于咖啡种植所能提供的环境服务，弃种并不是人们所愿看到的（图1）。

---

① 五大跨国公司把持着全球将近一半的市场份额：雀巢（Nestlé）、菲利普·莫里斯/卡夫（Philip Morris/Kraft）、德国智宝（Tchibo）、宝洁（Procter and Gamble）以及莎莉/杜威·埃格伯茨（Sara Lee/Douwe Egberts）。

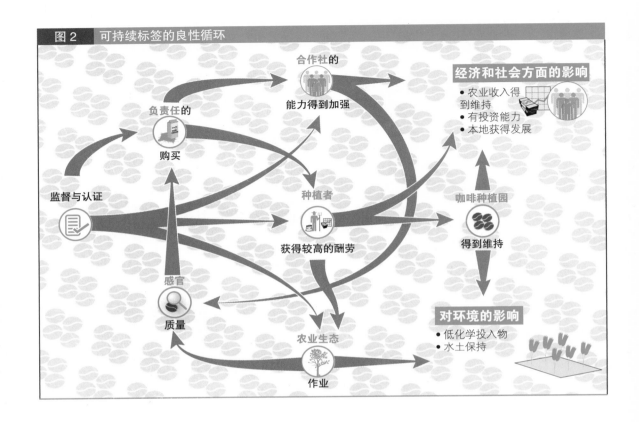

图2　可持续标签的良性循环

合作社的
能力得到加强

负责任的
购买

监督与认证

种植者
获得较高的酬劳

经济和社会方面的影响
• 农业收入得到维持
• 有投资能力
• 本地获得发展

咖啡种植园
得到维持

感官
质量

农业生态
作业

对环境的影响
• 低化学投入物
• 水土保持

不过，还存在另外一条道路。在背阴面种植以及更加注重咖啡品质的做法可以种植出感官品质更高的咖啡，并体现出"乡土效应"，即业内人士所熟知的特殊风味。在背阴面种植可以显著降低对外来投入物的依赖，从而有助于生物多样性的保护。咖啡的感官质量与环境质量之间有着密切的联系，而这是持续性的一个重要因素：确保一个有利可图的市场是让种植者愿意掏钱投资"新种植法"的一个必要条件。一个可持续的良性循环由此出现：种植者获得更好的报酬，种植方式更加环保，咖啡的质量更好。不过，这种良性循环与该行业现有的一些逻辑存在冲突之处：由于可持续生产方式在经济效益上存在不确定性，要让种植者采取这一种植法并不是件容易的事（图2）。

可持续标签的出现

许多行业参与者试图反抗这一现状，并试着改变行业的运作模式。自20世纪70年代以来，旨在让北方国家的消费者能"公平地"向生产者支付酬劳的各种咖啡公平贸易倡议不断出现。到了80年代后期，公平贸易随着认证标签的出现而发生了变化。各国推出的计划——如今它们都被集中在了"公平贸易标签组织（FLO）"之下——使得咖啡烘焙企业能够销售认证产品，使最终消费者知道生产者一定能获得合理的酬劳。对生产者加贴认证标签要求将他们组织成合作社，这将使咖啡生产地加入到地方发展的进程当中。环境保护也是所寻求的目标之一，所有经过认证的生产都包含有环保标准。

由此，一个可持续发展的新方案已然显现。认证标签能确保生产者获得公平的酬劳，提高它们集体行动的能力，而且对环境的保护也能提高消费者的环保意识，提高其对高质量产品的忠诚度，从而维持了整个行业的发展。

巨头的反应

除了有机农业和公平贸易这类认证标签之外，另外一些新标签也迅速涌现（UTZ 认证、雨林联盟……），加贴标签的咖啡市场也获得了发展。咖啡焙烧（及销售领域的）大型集团的反应可以分成两个阶段。首先，它们大多倾向于建立自己的业务规范和"标签"，并以此来展示自己的企业责任。星巴克可能是这场运动中一个最具象征性的代表，它在 20 世纪 90 年代与非政府组织"保护国际（CI）"共同推出了名为"咖啡与种植农公平惯例准则"[Coffee And Farmer Equity（CAFE）Practices] 的业务规范：它向消费者保证所有与经济、社会和环境有关的因素都会被纳入到考虑范畴。人们还开发出了其他一些业务规范，如创建于 2003 年的"咖啡协会的共同准则"[Common Code for Coffee Community（4C）]。近来，这些大公司似乎作出了选择：它们与一些私人认证标签结成了特殊的联盟。

另一方面，各大销售商也越来越多地把"可持续咖啡"放在自己的售货架上，这将有助于保持需求增长的势头。

各大跨国企业（焙烧和销售商）加入可持续标签的博弈将产生不同的后果：首先，它使规模出现了变化，标签持有者及认证机构的管理需求量将大大增加。认证咖啡市场份额的增加势必会对咖啡行业的整体可持续发展带来影响，但随之出现的认证机构"专业化"的倾向也遭到了批评：人们指责认证行业的经营活动出现了"常规化"。

标签之间的竞争越来越激烈。最初，人们认为这种竞争会带来潜在的好处：标签越有说服力、越透明、要求越苛刻，就越能得到消费者的认同，地位就越稳固，并会带动其他标签也提高自己的要求。然而，咖啡行业本身的结构决定了消费者所作的选择在很大程度上是大型烘焙企业事先诱导的结果。然而，这些烘焙企业将倾向于选择那些最符合其追求经济效益之迫切需求的认证标签，而不是那些要求最严格、对其成本影响最大的标签。这就导致了那些要求最不严格的标签与那些以坚持进步为目标的标签之间关系日益紧张；而市场的自由博弈似乎对前者更为有利。有些学者主张国家应当加强在这方面的干预，因为国家似乎是唯一一个能为标签制定最低限度要求的机构[雷诺兹（Raynolds）等，2007 年]。

小结

咖啡种植行业认证制的"规模变化"——这是其倡导者长期以来一直希望的——终于出现了。总体上看，通过认证的咖啡贸易量 2009 年已经占到全球绿咖啡贸易总量的 8%，根据 2006~2009 年间所记录到的年均增长率来计算，此类咖啡贸易未来的年增长率将保持在 20%~25% 之间，而传统咖啡贸易的年增长率只有 2% 左右。根据这一前景预测，通过认证的咖啡贸易量到 2015 年将占到全球市场的 25%[皮埃罗（Pierrot）等，2011 年]。

这些数字本身可能就足以证明这些举措所取得的成功，但上面所提的一些批评（即认证行为可能出现"常规化"以及影响的减弱等）可能会使这一成功受到质疑。规模的变化要求农业产业实践作出一定的适应性调整。

然而，鉴于这些标准在咖啡界所造成的巨大冲击，这些标准的重要性已十分清楚。事实上，这些可持续标准使得消费者有权对那些更可持续的生产和贸易体系表达出自己的偏好（并对这些体系内重要成员的做法和战略产生影响），因而它们在促进整个供应链的可持续发展，乃至咖啡业的可持续发展过程中发挥着重要作用。这些标准的推出使得消费者更加关注咖啡的生产方式及其所产生的影响、咖啡种植者所获得的酬劳……同时它们还使咖啡行业的巨头们把可持续标准纳入到自己的战略当中，并利用这些标准为越来越多种类的产品做推广。

人们常常认为，可持续标签目前仍"处于十字路口"。虽然我们在强调，它们被当今主流模式的巨头们纳入自己的战略当中可以被视为是初始计划的一大成功，但其中显然还存在许多重大风险。事实上，这些巨头们一直在设法削弱可持续标准的约束，它们对咖啡生产者所可能带来的影响也将因此而削弱。因此，这些举措将只能在一些利基市场（即缝隙市场）发挥作用，成了被主流模式边缘化了的人们的一个"安全网"，成了在农业产业模式内一个降低环境影响的因素——在这种模式下，此类举措只能发挥补充的作用［达维隆（Daviron），2010 年；勒迈（Lemay）等，2010 年］。事实上，要想让这些举措代表整个农业产业的可能性不大——即使从中长期来看也如此，除非国际贸易规则出现了重大的政策变化。不过，这些可持续标准仍可能成为一种变化的力量，而且如果能得到一些新型创新举措的支持，它们最终将证明自己能在促进整个行业的可持续发展方面走得更远。

可持续标准所能带来的一大贡献是提高消费者对生产方式的关注，尤其是对生产者报酬问题的关注。最近因为创新而显现活力的其他一些生产和贸易模式将帮助不同行为体之间建立更牢固的关系。

回归本土

"回归本土"似乎是粮食体系的另一项重大创新形式。对许多消费者来说，它是更具可持续性的保证，它能在获得高品质的产品的同时又能促进本地农业或距离虽相对较远、但尊重"传统"生产方式的农业的发展。这种回归消费者"本土"的意愿最终变成了两种不同的路径，但这两种路径所遵循的是同一种逻辑，即要与农业生产者"重新连接"。

本土或本土化的生产和贸易模式

第一种路径所涉及的是本土的一些（生产和贸易）体系，它包括多种旨在通过强化供应链来保护"传统农业"（或农民经济）的举措[①]。短供应链虽然一直存在——而且在许多南方国家甚至处于主导地位——但是许多行为体（消费者、生产者、农村和农业发展组织、地方政府……）一直在想法重振它们的活力，这种情况在北方国家尤为明显。其中的动机主要体现在以下两个方面：改善（小）生产者的经济状况以及通过减少运输等方式降低粮食体系对环境的影响。为满足消费者在供应方式多元化方面的期待与实践，人们在组织体系层面做了一些创新尝试，各式各样的短供应链形式随之出现：直接销售、农贸市场、"保护小农经营农业协会（AMAP）"、菜篮子体系以及网上销售……［希福洛（Chiffoleau），2008 年］。

"回归本地"的第二条路径是加强对"地方特产"（它可以被视为是"本地化"体系）的关注，利用或长或短的供应链来销售此类产品。经过长期的摸索，世界几乎所有地区的劳动生产者都掌握着一些本地所独有的（农业或农业食品）技艺。这些独门技艺使本地的自然资源得到了升值。这些地方技艺往往能创造出一些独具地方特色的产品［卡萨维安卡（Casabianca）等，2008 年］。这些地方特产生产的可持续性取决于多方面的因素，但其中一个重要因素决定了此类生产方式与农业产业模式的差别：一个产

---

① 按照法国农业部 2009 年给出的定义，短供应链在这里是指在生产者和消费者之间最多只存在一个中间商的供应链。

品的身份特性和象征意义。对生产者来说，特产在当地文化遗产中的作用可以被看作是对集约化的一种制约，因为集约化可能使其变味。对消费者来说，它会导致人们产生掏钱购买的意愿。

就欧洲国家来说，对地方特产的关注并不是新近才出现的创新，因为这些国家从 20 世纪初开始便用"地理标志（GI）"来保护此类产品。但在全球层面，尤其是在南方国家，情况则并非如此：这种运动在过去十年间才真正开始[1]。

在阿根廷进行的两个案例研究使人们更好地了解了此类生产体系可持续发展的基础，同时也对它们所面临的潜在威胁有了一定了解。

科洛尼亚卡洛亚（Colonia Caroya）（阿根廷）的萨拉米肉肠：规模变化的威胁

阿根廷科尔多瓦省科洛尼亚卡洛亚（Colonia Caroya）市是 19 世纪末由意大利移民创建的。这些移民主要来自意大利的福利乌里（Frioul），这个地区有着制作猪肉食品的悠久传统。他们在这里建起了与意大利老家风格相同的房屋，家家都有一个用来风干腌制肉类的地窖（sótano）；他们还研制出了一种风味独特的萨拉米肉肠——最初这些肉肠只用于他们自己消费。制作工艺也根据当地的食材作了调整：福利乌里的萨拉米肉肠全部是用猪肉来做的，而科洛尼亚卡洛亚（Colonia Caroya）肉肠牛肉的含量最高可达 50%。制作过程都是家庭作坊式的，产量当然也极为有限：同一农场宰杀两三头猪和一头牛，就足够供一个家庭及亲朋好友用于加工之用。萨拉米肉肠的质量和独特风味是靠生产者和消费者所构成的一个个小圈子来维持的。不过，从 20 世纪 50 年代开始，一些市场针对性更强的商业化生产开始出现。一些离大

公路（从北到南贯穿阿根廷的公路）不远的萨拉米肉肠生产商开始在公路边出售自己的产品，这些肉肠因此得以传遍全国各地。科洛尼亚卡洛亚的"外国佬"Gringos[2]萨拉米肉肠的声誉就这样树立起来了。但家庭作坊式的生产规模仍维持了许多年。

然而，从 70 年代后期开始，一些地方经营者开始了较大规模的生产，产品开始面向全国市场。萨拉米肉肠的商业化生产在整个 80 年代和 90 年代得到了蓬勃发展。而这产生了不同的后果。首先，生产者和消费者之间出现了"脱节"，后者要通过更多的供应链环节（中间商）才能买到萨拉米肉肠，因而对产品的质量以及独特风味就越来越难以鉴别。其次，人们开始引进一些必要的技术创新，以便能满足越来越大的需求：传统的地窖被冷库所取代，以便一次能风干更多肉肠；人们也开始使用一些植物蛋白和发酵剂，以便缩短风干的时间。因此，国内市场的开放以及需求量的日益增加导致了这一产品独特性的下降，并最终可能使这一生产方式难以为继（它必须建立在消费者始终认同的基础之上）。由于产品越来越多地受到了其他地区同类产品的竞争（有的甚至干脆直接冒称是科洛尼亚卡洛亚萨拉米肉肠），当地一些企业陆续走上了集约化和产业化的战略。最终形成了一个横向集中度很高的局面：三家企业（目前总共还有 30 多家企业）的产量占了总产量的 58%［布埃（Boue），2012 年］。

自 2008 年开始，这里开始对萨拉米肉肠实行了"地理标志（GI）"登记制。"地理标志（GI）"制所带来的好处是显而易见的，它能使消费者明白市场上各类产品的特性，那些使用传统技艺进行小规模生产的生产商从此有了生存空间［布埃（Boue）和尚勒东德（Champredonde），2013 年］（图 3）。

---

[1] 1994 年，在世界贸易组织的框架下签署的《与贸易有关的知识产权协议》才标志着这一进程的开始。
[2] 这是阿根廷对意大利移民及其早期后裔的一个别称。

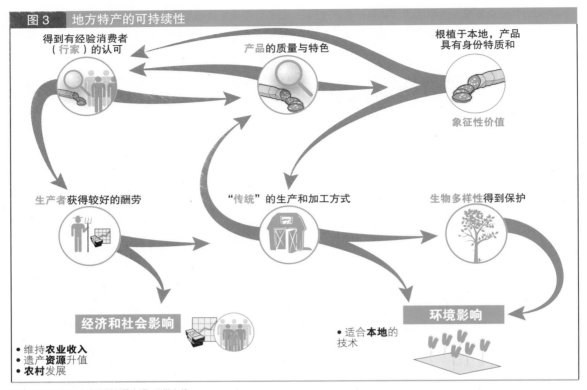

图3 地方特产的可持续性

得到有经验消费者（行家）的认可

产品的质量与特色

根植于本地，产品具有身份特质和

象征性价值

生产者获得较好的酬劳

"传统"的生产和加工方式

生物多样性得到保护

经济和社会影响

• 维持**农业收入**
• 遗产**资源**升值
• **农村**发展

• 适合**本地**的技术

环境影响

资料来源：斯特凡·富尼耶和马塞洛·尚勒东德。

阿根廷潘帕斯草原的牛肉：当超市对传统养殖方式提出质疑……

阿根廷潘帕斯草原的牛肉在国内和国际市场上都享有盛誉。其独特的品质主要与当地草原生产系统、高乔人（当地的牧民）独特的养殖技艺以及牛的品种——主要是来自英国的亚伯丁安格斯牛和赫里福德牛——等因素有关。一些独特的养殖方式如通过大量喂草使阉割过的小公牛以及小母牛增肥、在其幼年时期（15~20 个月）以及总重量较轻时便进行屠宰等，这一切不仅使肉质嫩滑可口、雪花层次分明，而且不饱和脂肪酸和饱和脂肪酸的含量均衡。传统上，这些产品是通过短供应链（直销或通过屠夫销售）提供给消费者的，而且消费者一般对肉的质量拥有一定

的评判能力。这种养殖方式不仅有利于环境保护（能通过土壤中的氮确保土壤肥力的更新，因而可使化肥的使用量最小化），同时也有利于生物多样性保护（野生的动植物），而且对人的身体也有好处。

这种传统的生产方式在 2000 年之前一直比较稳定。此后，它逐渐受到了多方面因素的影响，其中包括农业经营活动（尤其是大豆种植）地位的上升、供应链上中间环节的增加和规模的扩大以及购买者的需求出现了变化等。为了给顾客提供更加鲜嫩的牛肉——而不是注重口味的独特性，一些大型零售商愿意花更多的钱来购买那些用饲料喂出来的肥牛，甚至所包含的辅料（青贮饲料、谷物、工业添加剂等）的比例可能很高。随着供应链的拉长，消费者的能力开

始变弱，而大型零售商在质量标准方面的变化则进一步加剧了这种能力弱化的现象。

阿根廷潘帕斯草原传统的牛肉生产系统之所以还能维持，这在很大程度上要归功于大量屠夫（他们与大型零售商没有任何关联）的存在：这些人不仅只销售来自传统牧场的牛肉，而且如果有需要的话，他们还可以向消费者说明这些产品的独特性所在。设立原产地（地理标志）保护的可能性目前正在考虑当中，但它所产生的额外费用与消费者的期待之间存在落差，因为他们对不同饲养方式的差异并没有多大的感觉。目前，通过短供应链销售的传统牛肉其售价与大商场所出售的用集约化方式养殖出来的牛肉价格是一样的。

小结：各类模式的可持续性与变化轨迹

首先，这些案例表明了本土或本土化的生产者是有能力在生产者与消费者之间建立起一种特殊关系的。生产者和消费者间这种固有的联系可使消费者对本地的生产者、本地区的情况、这些生产者所受到的约束以及他们所使用的技艺等有一定程度的了解，从而使消费者产生愿意用一种较高价格购买本地特产的意愿。这种溢价可使本地一些注重质量的农业经营和加工方式得到保持，环境和生物多样性也能得到保护。这些传统行业的可持续性似乎也有了保障。

然而，这一行业正面临着多种威胁。规模的变化通常会带来问题，如人们在科洛尼亚卡洛亚的萨拉米肉肠所看到的那样。规模的变化可能会导致某种形式的常规化。但是，与其他生产形式（尤其是农业产业化）之间的对抗和竞争最终会影响到这些传统生产方式的可持续性，阿根廷潘帕斯草原的牛肉就属于这种情况。

这些案例证明了前述创新的意义之所在：在各种生产模式或生产理念对抗的过程中，诸如短供应链

以及地理标志等创新机制能起到维持这些体系存在的作用。

从整个粮食体系的销售环节来看，这些本土行业或本土化的行业始终处于一种边缘化的地位，至少在北方国家是如此。但如今它们涉及越来越多的小农户[1]，正是这种行业使他们得以继续存在。与可持续标签一样，它们对整个粮食体系也有很强的影响力，它们近来的（再）发展已经在整个粮食体系内引发了一场运动：许多经营者开始向消费者告知产品的原产地，甚至是生产者的身份特性……

结论

农业产业模型使生产者与消费者之间在经济（由于中间供应链存在的缘故）、物理（与城市化有关）和认知（农业和农业食品行业的技术化使得消费者很少有机会了解所使用的技术）上都产生了疏远感。导致生产者与消费者隔离的这三重疏远感使那些对农业领域所出现的变化不太知情、不太敏感的消费者想方设法以尽可能低的价格去购买各类食品。而这又使该行业的经营者产生了发展规模经济和技术创新的逻辑思维，从而达到降低生产成本的目的——有时甚至以牺牲产品的质量为代价。这种逻辑思维大大促进了下游行业的发展，并严重影响到了农民继续从事环保型农业活动的能力，因为产量成了他们的主要追求。

面对这场运动，一些组织机制上的创新将有望使生产者和消费者"重建联系"，并由此赋予食品以新的意义［马斯登（Marsden）等，2000 年］。第一类创新就是我们在第一部分提到过的可持续标签：它们能将产品的生产方式、初始阶段的贸易方式等信息告诉给消费者并为其提供担保。第二部分所讲到的是

---

[1] 在此，不妨让我们举这样一个例子：2010 年的农业普查显示，法国 18% 的农业经营者通过短供应链销售出了自己的部分产品。

第二类创新，它提升了消费者和生产者之间（重新）建立的联系：具体的方式是在他们之间建立直接的或是很少中间环节的联系，以及（或者）为某些地区以及某些生产技术提供担保（如使用"地理标志"等）。

这些"替代"机制将能确保更大的可持续性。尽管也存在局限，但这些机制所代表的是另一种生产和贸易模式，它与农业产业模式存在许多不同点。

——农业产业模式需要产品实现标准化，只有这样才能进行规模化生产并在全球销售，而替代机制则可以完全体现出一个地方产品的特色。

——它能使替代机制走上增长之路，因为其经济效益并不是建立在规模经济之上，而是提升相关特性的价值。

——农业产业模式会使农业经营户和农业食品企业去追求个体的竞争力，而替代模式则会从总体上促进某一个地区的集体效益。

——消费者的作用也完全不同：在农业产业模式中，整个贸易链是靠价格来协调的，而在替代模式中，伦理道德、公民的价值观以及身份认同感等因素都会发挥作用。

——替代模式能发挥农业产业模式所无法发挥的功能，如提升某些偏远地区的农业区的价值。从更广的层面看，人们对于它们"养活世界"的能力还存在争议，但是在为小型农业经营者销售产品方面，它们往往又是必不可缺的[1]，因而它们所涉及的农民数量并不少。

当然，局限性仍然是存在的。拿上面所提到的例子来说，各种替代路径之间的竞争会导致某种形式的常规化。加贴认证标签的供应链也会导致排他现象。它们并不一定总会使得整个产区出现区域发展的进程。此外，相关的研究还表明，短供应链并不是在所有的情况下都能导致环境足迹的下降（这既因为交通运输在粮食产品的温室气体排放中所占的比例很低，而且还因为"最后一公里"——即消费者在购买食品时所需走的路程——对此有着很大的影响）[埃斯诺夫（Esnouf）等，2011年]。而且如果从经营者每小时所获得的报酬这一角度来分析，那种认为通过短供应链出售农产品的农业经营者能获得高利润的说法就站不住脚了……

不过，这些局限在很大程度上都可以被归结为替代路径与农业产业逻辑之间永久的对立。各种替代模式不仅会与农业产业体制相互影响，而且也能促进整个粮食体系的变化。它们还能使一部分消费者更好地意识到粮食可持续发展所面临的挑战，经过媒体的报道，这种意识会在整个社会推广开来。因此，替代模式给农业产业的经营者构建某种形式的义务，促使他们去重新审视自己的战略。多种模式在粮食体系内的存在反而增强了它的创新和适应能力。从这个意义上说，这种多样性必须得到保留，公共管理部门必须对此采取鼓励态度。

针对这些如今已被视为是替代模式的体系所做的一些组织创新，将在粮食体系的变化进程中发挥重要作用，尽管这些体系始终处于边缘化的地位。此外，这种边缘化地位可能不会持续。事实上，农业产业模式的主导地位正是来自它提供极具价格竞争优势食物的能力，然而当该模式所有的负面外部效应都被人们所认识而且被货币化之后，它的竞争力就会完全受到质疑。此外，农业产业模式在很大程度上依赖于化石燃料的可用性……而化石燃料迟早会出现的枯竭必将导致全面洗牌。

---

[1] 在发展中国家，小型农业经营者（耕种面积不足 2 公顷的人即被定义为小型农业经营者）的人数估计有 5 亿 [粮食安全与营养问题高级别专家组（HLPE），2013 年]。

参考文献

BOUE E., 2012, *La Filière du* salame *de Colonia Caroya : quelles perspectives pour la mise en place d'une Indication géographique ?*, mémoire présenté en vue de l'obtention du Master Food Identity, France, E.S.A. Angers.

BOUE E. et CHAMPREDONDE M., 2013, "Caracterización de la puesta en mercado del salame de colonia caroya en el contexto de la construcción de una indicación geográfica como motor de desarrollo", *in* URBANO B., *Researches in Sustainability and Food Safety for the Development*, université de Valladolid, Agencia Internacional Española de Cooperación para el Desarrollo (sous presse).

CASABIANCA F., SYLVANDER B., NOËL Y., BÉRANGER C., COULON J.-B. et RONCIN F., 2008, « Terroir et typicité : deux concepts clés des appellations d'origine contrôlées. Essai de définitions scientifiques et opérationnelles », *in* SYLVANDER B., CASABIANCA F., COULON J.-B. et RONCIN F., *Produits agricoles et alimentaires d'origine : enjeux et acquis scientifiques*, Paris, Inra Éditions, p. 199-213.

CHAMPREDONDE M. et PEREZ CENTENO M., 2010, « Quand une Indication géographique devient un outil de promotion du développement local : le cas du Chivito Criollo del Norte Neuquino en Argentine », *in* Actes du séminaire international *Spatial Dynamics in Agri-food Systems*, octobre 2010, Parme, p. 27-30.

CHIFFOLEAU Y., 2008, « Les circuits courts de commercialisation en agriculture : diversité et enjeux pour le développement durable », *in* MARÉCHAL G. (dir.), *Les Circuits courts alimentaires*, Dijon, Educagri Éditions, p. 21-30.

COLONNA P., FOURNIER S. et TOUZARD J.-M., 2013, "Food Systems", *in* ESNOUF C., RUSSEL M. et BRICAS N. (coord.), 2011, *Pour une alimentation durable – Réflexion stratégique duALIne*, Versailles, Éditions Quae, p. 69-100.

DAVIRON B. et PONTE S., 2005, *The Coffee Paradox: Global Markets, Commodity Trade and the Elusive Promise of Development*, Londres, Zed Book.

DAVIRON B., mars 2010, « Le commerce équitable, à la croisée des chemins », *Cahiers Agriculture*, vol. 19, n° spécial 1, p. 3-4.

ESNOUF C., RUSSEL M. et BRICAS N. (coord.), 2011, *Pour une alimentation durable – Réflexion stratégique duALIne*, Versailles, Éditions Quae.

FAO, 3-5 mai 2007, *Rapport de la conférence internationale sur l'agriculture biologique et la sécurité alimentaire*, Rome, OFS/2007/REP.

FOUILLEUX E., 2012, « Vers une agriculture durable ? Normes volontaires et privatisation de la régulation », *in* JACQUET P., PACHAURI R. et TUBIANA L. (dir.), *Regards sur la Terre 2012 – Développement, alimentation, environnement : changer l'agriculture ?*, Paris, Armand Colin, p. 301-310.

FOURNIER S. et TOUZARD J.-M., 21-25 mai 2013, « Syal et globalisation : quelle valeur heuristique de l'approche Syal pour appréhender la complexité des systèmes alimentaires ? », communication présentée au VIᵉ Colloque international sur les systèmes agro-alimentaires localisés, Brésil, Florianópolis, UFSC/Cirad.

HLPE, 2013, *Investing in Smallholder Agriculture for Food Security, a Report by the High Level Panel of Experts on Food Security and Nutrition of the Committee on World Food Security*, Rome, HLPE.

LEMAY J.-F., FAVREAU L. et MALDIDIER C., 2010. *Commerce équitable. Les défis de la solidarité dans les échanges internationaux*, Montréal, Presses de l'université du Québec, coll. « Initiatives ».

MARSDEN T., BANKS J. et BRISTOW G., 2000, "Food Supply Chain Approaches: Exploring their Role in Rural Development", *Sociologia Ruralis*, 40(4): 424-438.

PAILLARD S., TREYER S. et DORIN B. (coord.), 2010, *Agrimonde, Scénarios et défis pour nourrir le monde en 2050*, Versailles, Éditions Quae.

PEREZ CENTENO M., 2007, *Transformations des stratégies sociales et productives des éleveurs transhumants de la province de Neuquén et de leurs relations avec les interventions de développement*, thèse de doctorat, université de Toulouse Le Mirail.

PIERROT J., GIOVANUCCI D. et KASTERINE A., 2011, "Trends in the Trade of Certified Coffees", ITC, *Technical Paper*, doc. n° MAR-11-197.E.

RASTOIN J.-L., 2012. « L'industrie agro-alimentaire au cœur du système alimentaire mondial », *in* JACQUET P., PACHAURI R. et TUBIANA L. (dir.), *Regards sur la Terre 2012 : Développement, alimentation, environnement : changer l'agriculture ?*, Paris, Armand Colin, p. 275-285.

RAYNOLDS L. T., MURRAY D. et HELLER A., 2007, "Regulating Sustainability in the Coffee Sector: A Comparative Analysis of Third-Party Environmental and Social Certification Initiatives", *Agriculture and Human Values*, 24(2): 147-163.

TOUZARD J.-M. et TEMPLE L., 2012, « Sécurisation alimentaire et innovations dans l'agriculture et l'agro-alimentaire : vers un nouvel agenda de recherche ? Une revue de la littérature », *Cahiers Agricultures*, 21(5), p. 293-301.

农业创新，结盟与争议之地

弗雷德里克·古莱（Frédéric Goulet）

法国农业研究与发展国际合作中心（Cirad），阿根廷国家农业技术学院

无论是在农业还是在其他经济部门，创新已成了一个能调动各色各样行为体的旗帜性概念。创新被看作是一把能为农业打开经济、"环境"和社会可持续发展大门的钥匙。此外，那些被动员起来的不同行为体及其所代表的机构也常常把创新当作是一个能未雨绸缪、使自身获取合法地位并长期存在的重要工具。如果我们完全相信农业科研机构所说的话，那么明天的农业很可能将无法离开这些农业科研机构及其所掌握的学术力量。如果离开了那些遍布农村各地、与农业生产者打成一片的各类农业发展服务的支持，那么明天的农业也将无从谈起。农业生产者的创新能力和开发新技术系统的能力是未来农业的根基；同样，在开发更环保的农业投入物方面，上游产业也必须发挥更重要的作用，以应对自然资源日益稀缺的局面，同时又能迎接全球粮食领域所面临的挑战。总之，值此创新成为热点话题之际，它将成为能让每一个人都参与其中，使其能继续存在的一种手段，当然前提是人们的做法必须作出（一定程度的）改变。认为真正的创新会使其最终消失的行为体少之又少，或者说根本没有。同样，反对创新——这里所侧重的是词义上的"新"——拒绝变革、希望一切保持原状的行为将被视作是一种挑衅，或者至少是一种非常糟糕的策略。

然而，各方表态和谐一致只是一种表面现象，在对技术创新领域所发生的实际变化进行深入的研究之后，就会发现它们所走过的轨迹十分复杂，其中既有批评，也有争议。从这个意义上看，与农业生产和农业实践有关的创新具有教育意义，因为它们会使人们去考虑上述不同类型行为体之间的摩擦，尽管它们都在创新很有必要这一名义之下团结在了一起。除此之外，深入的研究还可使人们对于不同类别行为体之间的团结提出质疑，对它们围绕着创新而形成的共识提出疑问。事实上，创新并不仅仅只是结盟、联合、连接，从而形成合力；而在很多情况下像熊彼特（1911 年）所强调的那样，是破坏、分裂和批判。

农民和农业研究之间的批评与紧张关系

在动植物生产领域有着许多技术创新的例子，这些技术创新时常会搅动农业界，它们与社会之间的互动也变得日益复杂：社会始终想把农业、食品和农村问题（重新）掌握在自己的手中。技术对环境、对消费者的健康以及农村的未来影响常常受到批评，而相关的辩论通常是围绕着这些批评而展开。转基因技术曾经是——并且今天仍然是——最曲折、最富争议的典型例子：不仅有许多人要求加强对转基因技术试验的监控［德雷蒙（De Raymond），2010 年］，而

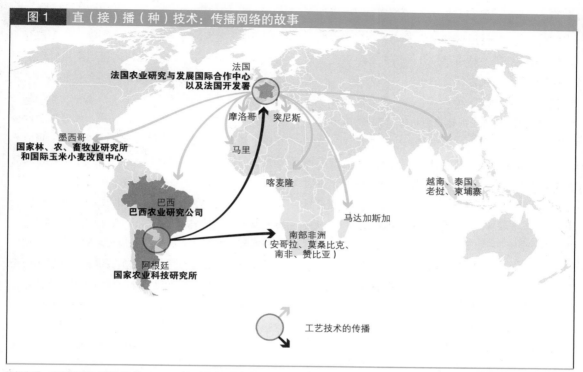

图 1 直（接）播（种）技术：传播网络的故事

法国
法国农业研究与发展国际合作中心以及法国开发署

墨西哥
国家林、农、畜牧业研究所和国际玉米小麦改良中心

摩洛哥　突尼斯

马里

喀麦隆

越南、泰国、老挝、柬埔寨

巴西
巴西农业研究公司

南部非洲
（安哥拉、莫桑比克、南非、赞比亚）

马达加斯加

阿根廷
国家农业科技研究所

工艺技术的传播

资料来源：弗雷德里克·古莱（Frédéric Goulet），法国农业研究与发展国际合作中心（Cirad）。
说　明：巴西、阿根廷和法国科研人员之间的交流使全世界形成了一个直播技术的传播网络。

且科学界内部也因其而出现了严重的对立［博纳伊（Bonneuil），2006 年］。

　　然而，其他一些创新近来也陆续上了头条，许多农民因此被调动了起来，要求对可持续农业的技术模式作出明确的定义。将人们调动起来的是一些针对研究机构和发展机构的批评：它们被指只能在实验室或研发中心里做事，没有能力对农民在经营活动中所做的创新进行评估、研判或提升其价值。在这方面，农场品种选育［德默勒纳尔（Demeulenaere）和博纳伊

（Bonneuil），2011 年］、草地畜牧业系统或直（接）播（种）技术①都很能说明问题。我们曾对后一个问题做过专门的研究［古莱（Goulet），2008 年］，它能让人更好地了解 21 世纪初"传统"的农业生产者与农业研究机构之间的紧张关系、所遭受的挫折以及它们之间结成的联盟。自 2000 年代中期开始，它还见证了在生产模式造成的环境危机，以及饥荒重现并成为一个全球性公共卫生问题的大背景下，人们心目中最渴望、最理想的农业模式这一清单的变化过程。

① 这是一种免耕的粮食生产技术，但它需要使用一些非选择性除草剂，如草甘膦。

相关实验

在法国，20世纪90年代后期得到迅猛发展的直播技术所走的是一种由用户开发出来的自下而上式的创新之路［阿克里什（Akrich），1998年；冯·希佩尔（Von Hippel），2005年］：一些农民团体——他们通常会得到那些销售农业机械（直播机）、化肥或除草剂的农资供应商的支持——开发出了一些免耕的种植法以及覆盖栽培技术。之所以称为自下而上式的创新，是因为这些创新的开发者通常是"官方"农业研究和发展机构——如法国国家农业研究所（INRA）、法国应用农学研究所（ARVALIS）以及各级农业公会等——以外的团体。不过，有些团体得到了一些在法国农业研究领域处于"边缘地带"的科研机构的直接支持：如在热带地区开发此类体系很有经验的法国农业研究与发展国际合作中心（Cirad）以及曾经在法国国家农业研究所（INRA）效力的一些微生物学家。这些先驱团体利用相关科研机构的研究成果，来为直播技术在环保方面的成效——尤其是在保持土壤的物理和生物性质方面的作用——辩护，而且这一切是在针对农业对环境影响的批评日益尖锐的背景下出现的。

21世纪初，由于对此类技术了解得并不是很多，法国的一些研发机构开始在实验基地开展了一些种植试验，以测量这些技术对农业生产和环境的影响。这实际上是对这种创新进行测试，结果是它在粮食生产商那里大获成功，从此他们成了推广直播技术的积极分子：这些人大多是"全国土壤保护型农业基金会"（FNACS）或"不列颠地区土壤与环境农业"（BASE）协会的成员。之后，当一些研发机构测算并公开发表有关免耕技术在碳储存、土壤侵蚀和土壤质量等方面影响的数据后，这些组织与研发机构之间便产生了激烈的争论。事实上，相关试验基地所得出的实际影响要远远低于直播技术倡导者的预期，尤其

要低于前面提到的科学合作机构在南美或法国测算出来的结果。批评的焦点主要集中在试验基地所展开试验的性质与直播技术真正在田间得到应用时完全不同。批评者认为，法国相关机构所评估的种植方式并不是法国或世界其他地区的农民在实践中所做的真正"直播"：相关地块已经进行过浅耕，或者这些地块在整个冬天一直是光秃秃的（轮作的缘故），再或者就是它们连续实行直播的时间还不足够长，难以看清真实效果。总之，公共机构研究人员所测算的并不是真正直播技术的典型代表，因此相关争论由此产生：试验基地和实验室能不能完全代表外部的真实世界。在科学界的盟友的支持下，直播技术的倡导者和实践者根据自己在试验田里进行的测试结果，拿出了一份属于自己的复核鉴定意见。与研发机构所得出的结论相比，他们所得出的结果更倾向于支持直播技术，而这也同时支持了这样一种观点，即试验基地和实验室并不能完全代表外部的真实世界，也就是说农民及其从事农业经营时所处的世界。

然而，这种对科学实验的批评所体现的不仅仅是农民感到自己被农业研发机构抛开这一事实，而且也说明他们希望自己在开发创新技术体制方面所付出的劳动能得到承认。这种批评同样也来自学术界或与其有关的一些外围机构的人员。事实上，无论是法国农业研究与发展国际合作中心（Cirad）的员工，还是法国国家农业研究所（INRA）的前研究人员或退休的研究员，他们都曾表示，正是由于对当前农业研究的失望才使他们与农民站在了一起：现在的农业研究已不再是为农民服务，它们往往只躲在实验室里，围绕着一些计算机模型在工作，根本不会顾及农艺学的实践或真正用于指导耕作的土壤学。除了普通民众与研发机构之间的摩擦外，围绕着直播技术的环境影响评估而产生的争议也使农艺学内部的紧张关系大白于天下：这些争论涉及展

开研究的模式、它们的目的以及它应当与农业界乃至整个社会保持怎样的关系等。

争论、胜出或淘汰

因此，这些争论使人们看到了参与其中的专业团体在社会空间所存在的紧张关系，同时也让人看到了在为其中一种实际操作方式辩解时——尤其是当创新进程处于动荡且充满不确定性的时候——相关论据是用怎样的方式来组织的。具体就直播技术而言，我们可以看到相关行为体在为其辩解时使用了两种方法。

第一种是"正面"论证法，即通过我们在前一节中所提到的实验的方式来介绍这一做法的好处。第二种方法更为重要，因为它是辩论的核心之所在，而且此前人们对它的研究并不多：它是指提出一套空洞无物的论据，指责与自己存在竞争或对立关系的模式没有能力满足社会挑战而将遭到淘汰。例如，直播技术的支持者尽管承认生态农业的优势，但他们始终质疑其是不是有能力应对他们所认为的一些重大挑战。有关水土保持问题就是质疑点之一，因为生态农业是不会使用化学除草剂的，控制杂草的方法就是不断地铲土。生态农业有没有能力维持高产量、有没有能力"养活世界"也因此受到质疑，而 2000 年代中期以来，全球粮食安全问题（重新）成了人们最酷爱的话题之一 [梅耶（Maye）和柯万（Kirwan），2012年]——无论是农业研究领域、政界还是法国某些涉农部门都在谈论这一问题 [古莱（Goulet），2012年]。反过来，生态农业的支持者则会批评直播技术大量使用除草剂的问题，以及这种技术对于大农庄式的种植方式在全世界推广时所导致的后果：事实上，最近二十多年来南美地区越来越多的土地集中到了少数从事密集型大豆种植的经营者或企业手里 [贝特朗（Bertrand），2004年]。

除了围绕创新的内在价值展开辩论外，争论还延伸到了其他领域：比如好农民的定义标准、他履行社会使命——它是根据职业社会学来定义的 [布赫尔（Bucher）和施特劳斯（Strauss），1961年]——的能力以及那些被认为对生产者乃至整个社会来说公正、有益的农业发展模式的大致轮廓。创新以及围绕着它们产生的争议会随着联系以及脱离联系的进程 [古莱（Goulet）和万克（Vinck），2012年] 而出现，而变化，从而决定人们所希望的——或不希望的——农业活动形式。经营者可以根据自己是什么，尤其是根据自己不是什么，或者说自己不想成为什么等因素来定义自己的活动、实践、身份及属性。例如，采用直播技术的耕作者并不想自己被看成是破坏土地的农民，而生态农民也不希望自己与那些破坏环境、影响自己以及消费者健康的农药沾边。这种论据同样也适用于前面提到过的科研人员：他们在采取行动时刻意拉开了自己与另外一些同事的距离——在他们看来，这些同事过于依赖数学模型、过于看重发表作品的要求，因而完全脱离现实情况以及农民所面临的问题。因此，在看待创新进程及争议机制时一定要考虑到这种关系脱离的重要性，因为"好的做法"往往是在对"不好的做法"进行识别，并指出了其存在的问题之后才形成的。

结论

技术创新及其所引发的争议促使人们去观察农业领域不同类别的行为体之间以及同一类别内部的紧张关系。如果说创新是一个能让许多行为体围绕着它团结在一起的口号——至少在口头上是如此，但对它实际所呈现的机制进行的深入分析却让我们更多地去关注随着它的出现而出现的争议和解构。因此，它已经成了社会科学在理解社会组织形态及其演变过程中的一大主题。

参考文献

AKRICH M., 1998, « Les utilisateurs, acteurs de l'innovation », *Éducation permanente*, n° 134, p. 78-89.

BERNARD DE RAYMOND A., 2010, « Les mobilisations autour des OGM en France, une histoire politique (1987-2008) », *in* HERVIEU B. *et al.*, *Les Mondes agricoles en politique*, Paris, Presses de Sciences Po, p. 293-335.

BERTRAND J.-P., 2004, « L'avancée fulgurante du complexe soja dans le Mato Grosso : facteurs clés et limites prévisibles », *Revue Tiers Monde*, n° 179, p. 567-594.

BONNEUIL C., 2006, « Cultures épistémiques et engagement des chercheurs dans la controverse OGM », *Natures, Sciences, Société*, 14 (3), p. 257-268.

BUCHER A. L. et STRAUSS A., 1961, "Professions in Process", *American Journal of Sociology*, 66(4): 325-334.

DEMEULENAERE E. et BONNEUIL C., 2011, « Des semences en partage. Construction sociale et identitaire d'un collectif "paysan" autour de pratiques semencières alternatives », *Techniques & Culture*, 57(2), p. 202-221.

GOULET F., 2008, « Des tensions épistémiques et professionnelles en agriculture », *Revue d'Anthropologie des connaissances*, 2(4), p. 291-310.

GOULET F., 2012, « La notion d'intensification écologique et son succès auprès d'un certain monde agricole français : une radiographie critique », *Le Courrier de l'environnement de l'INRA*, n° 62, p. 19-30.

GOULET F. et VINCK D., 2012, « L'innovation par retrait. Contribution à une sociologie du détachement », *Revue française de Sociologie*, 53 (2), p. 195-224.

HASSANEIN N., 1999, *Changing the Way America Farms: Knowledge and Community in the Sustainable Agriculture Movement*, Lincoln, University of Nebraska Press.

MAYE D. et KIRWAN J., 2012, "Food Security: A Fractured Consensus", *Journal of Rural Studies*, 29(1): 1-6.

SCHUMPETER J., 1983 [1911], *Théorie de l'évolution économique. Recherches sur le profit, le crédit, l'intérêt et le cycle de la conjoncture*, Paris, Dalloz.

VON HIPPEL E., 2005, *Democratizing Innovation*, Cambridge, MA, MIT Press.

第七章

艾莉森·阿姆斯特朗（Alison ARMSTRONG）
"当下正念"（Present Minds），英国

马塞洛·尚勒东德（Marcelo Champredonde）
国家农业技术学院，阿根廷

新的消费模式正在出现？

创新不仅只是技术的，它也会涉及消费模式：本文通过对消费强大的文化和心理驱动因素，尤其是对过度消费进行分析总结，探讨可持续消费、消费共享或节俭消费的兴起。

创新这个词更多的是与技术、工程学和医学联系在一起，而不是与社会、文化或心理等联系在一起，然而尽管这些领域所出现的变化是集体性的改变而不是小部分精英分子的先驱行动，但这里同样也有创新。我们在这里讨论的这类创新是为了应对大部分北方国家普遍存在的一大社会和文化问题：过度消费。这一创新的重点在于降低个人消费的绝对量，换言之要减少物质的流量。

我们当然需要消耗才能保证自己的身心健康，我们在此也无意发表任何与此相反的意见。消费也是强大的社会和文化群体形成过程中的一个基本要素；它是把我们凝聚在一起的黏合剂，它使我们可以相互沟通。然而，过度消费远远超出了满足这些社会和文化需求的范畴。它把社会引向了一条不可持续的道路：其特征体现在个人不满足、社会不平等、环境污染和自然资源的枯竭等。幸运的是，有很多人已经意识到这些问题的重要性，并从社会层面进行创新，对这些标准提出了质疑。本文将首先对过度消费的问题及其动机作一简要概述，之后对相关的创新进行分析。

过度消费的问题与后果

在分析现代消费习惯时至少应当考虑到两个因素。首先是资源的利用以及对环境的影响，而这又会对整个世界产生影响。物质的消费会对环境产生直接影响。人们所购买的每一种产品都需要对原材料进行开采、加工及运输，而生产过程以及有的时候在产品使用过程中都会产生能源消耗，而在这个产品的使用寿命结束后（或者是在流行模式出现变化后）会被抛弃：它最终有可能在某个垃圾填埋场里彻底分解，或者可能被回收利用——而回收利用的过程同样也需要消耗能源。上述的每一个阶段都会对生态系统和气候变化（尤其是在土地的利用、有机和无机材料、水和气候等方面）产生负面影响。资源的过度消费通常出现在美国和西欧等北方国家：这里只占全球总人口的12%，而消费总量却占了全球私人消费总量的60%[1]。

需要考虑的第二点是物质消费所带来的与幸福感有关的各种因素。幸福是一个复杂的概念，它涉及心情、情绪状态、快乐、幸福主义[2]以及身体状况等各种因素。人们一定会直观地认为，不管采取哪一种考量方法，物质产品的增长以及生活舒适度的提高一定会增加人们的幸福感。然而，正如图1所揭示的那样，这种线性关系（在这里是指幸福度与用来衡量购买力的国内生产总值之间的关系）实际上并不存在[杰克逊（Jackson），2009年，第42页]。

---

① 见以下网址 www.worldwatch.org/node/810。

② 这是古希腊哲学家提出的一个概念，是指一种与好的德行有关的幸福感，直到今天它仍具有一定的现实意义。

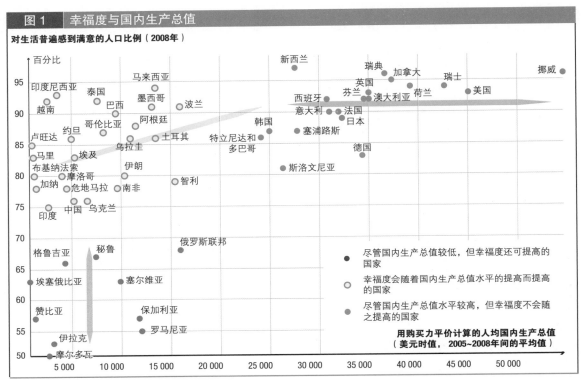

図 1 幸福度与国内生产总值

对生活普遍感到满意的人口比例（2008年）

说明：当人们观察民众对于生活条件的满意程度与购买力之间的关系后，就会发现其中至少存在着三种不同类型的关系。虽然有一个核心小组似乎会随着生活水平的提高而变得更"快乐"，但另外两个小组对于这两个变化因素的态度截然不同。当生活水平低于或高于某一水平线时，幸福的定义似乎不再与获取财物的能力有关。

资料来源：世界银行，www.worldvaluessurvey.org。

物质产品与幸福度之间的关系可以通过物质主义价值观来加以研究——物质主义价值观是指"认为拥有物质产品能带来心理好处的信念（和希望）"[迪特马尔（DITTMAR），2005年，第474页]，许多研究者已经深入探讨过这些价值观与幸福之间的关系。实验结果表明，两者之间存在一种负向关系[如杰克逊（Jackson），2009年；索伯格（Solberg）、迪纳（Diener）和罗宾逊（Robinson），2004年]。

到目前为止，我们只提到了北方国家，因为这些国家如今的物质消费要大大高于南方国家。然而，如果认为全球消费的这种偏差未来还会继续保持的话，那就大错特错了。从绝对数字来看，中国的消费总量已经超过了美国（尽管从人均来看，这个数字要低得多）。然而，随着中产阶级在印度等发展中国家的迅速崛起，随着时间的推移，南北方国家在人均消费量上所存在的差距将逐步缩小，发展中国家的消费量将大大增加，而这势必会导致上述问题变得更加严重。鉴于这种全球性的变化趋势，很多人认为发达国家减少物质消费是十分重要的。这种观点在《国家地理》（2012年）最近发表的一份报告中也有所体现：该报告强调，现在世界上许多人都赞同这样一种观点，即社会的消费必须减少（见图2）。

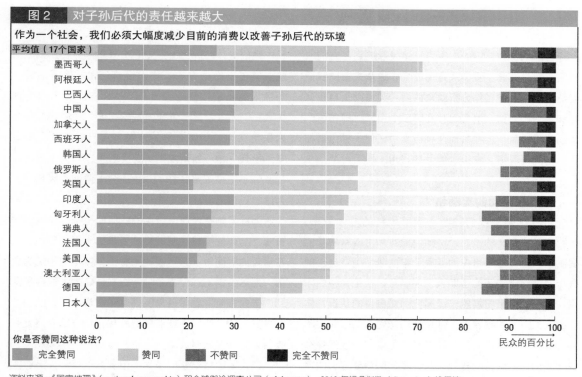

图2　对子孙后代的责任越来越大

作为一个社会，我们必须大幅度减少目前的消费以改善子孙后代的环境

平均值（17个国家）
墨西哥人
阿根廷人
巴西人
中国人
加拿大人
西班牙人
韩国人
俄罗斯人
英国人
印度人
匈牙利人
瑞典人
法国人
美国人
澳大利亚人
德国人
日本人

0　10　20　30　40　50　60　70　80　90　100

你是否赞同这种说法？　　　　　　　　　　　　　　　　民众的百分比

完全赞同　　　赞同　　　不赞同　　　完全不赞同

资料来源：《国家地理》（national geographic）和全球舆论调查公司（globescan），2012 年绿色指数（Greendex）排行榜。

说　明：2012 年，在 17 个相对富裕的北方和南方国家中，大部分受访者认为，为了保护子孙后代的环境，人们应当减少消费。其中的两个例外情况是两个老牌工业化国家——德国和日本。而最不愿减少消费的似乎是德国、匈牙利和美国这三个国家。

消费引擎

在消费给生态、社会和个人所造成的负面影响已十分清楚的情况下，是什么动力使消费一直还维持在高水平上呢？对于这个问题，人们已经做了很多研究，而且不同学科的文献对此也给出了不同的前景分析。例如，社会学和人类学的前景分析往往会将侧重点放在物质产品在社会交往中的作用以及它们作为社会等级标识物的重要性上，同时人类也乐意把物质产品当成是一个交谈的话题——这或许是为了减少其对于不稳定的深深恐惧，并以此寻找（人生的）意义［道格拉斯（Douglas）和伊舍伍德（Isherwood），

1996、1979 年；杰克逊（Jackson），2006 年 A 卷；麦克拉肯（McCracken），1988 年］。重点分析消费者行为和动机的经济模式则更喜欢强调决策的理性度。在它们看来，消费者的决定是根据货币的价值或者说是由结果所具的价值（即效用性）来作出的，因而可以被纳入一个范围更广的、被称为"主观期望效用"（SEU）的决策模型当中［杰克逊（Jackson），2005 年；苏梅克尔（Schoemaker），1982 年］。"主观期望效用"的决策模型从来就没有与人们所观察到的消费者的行为相符合，尽管它们已经作出了改变，试图将影响到消费者决策的其他因素也考虑在内，如

除效用性之外还包括"模糊度"［卡恩（Kahn）和沙林（Sarin），1988 年］等。然而，由于它们把"人是理性的"作为自己的出发点，这就影响到了它们的预测能力。在此，我们决定用社会心理学来帮助我们看清情况，而被当作分析对象的两种观点则是自我认知和情感。当然，消费还存在第三个引擎，即物质产品的功能质量，但在其他两种因素中任何一种因素都不具备的情况下，它很少能发挥作用。

自我认知和购买动机

自我认知是我们彼此之间所维持的总体关系，是我们自我定义的方式。例如，消费品可以帮助我们提高自己在自己心目中的形象，帮助我们确定自己的身份特性。它们还能帮助我们明确自己在社会中的作用，给我们带来归属感，提高我们对自身的认识，体现出我们自己的独特性，并使我们产生自信心和控制力。从这个角度来看，物质产品也可以帮助我们弥补在"我们自己眼里的自我"与"我们所想要成为的理想人物"（或者说社会告诉我们所应成为的人）这两者之间的令人不快的差距。把这些问题与消费者的行为联系起来看并不是什么新鲜事，历史已经表明，这一直是人类与物质世界互动的一部分。举例来说，我们不仅可以通过发型和饰品识别出一个部落的首领，而且该部落的其他人员也是通过这些物件来承认他的崇高地位的。为了说明我们与物质产品之间的关系，我们在此专门对强迫性购物人群这一特定的例子进行分析[1]。尽管成年人当中只有 6% 的人存在强迫性购物的行为［科兰（Koran）等，2006 年］，但是这种购物行为及其动机可以被看作是正常购物的一种极端

形式。

C 太太是一位离婚妇女，独自一人抚养着三个孩子，她的身体超胖，而且内心十分自卑。在生孩子前她曾有过一份很好的工作，但如今她所扮演的唯一角色只剩母亲，但她自己一直认为这个母亲当得很失败。C 太太就是一位强迫性购物者，其中的部分原因是她认为只要拥有好的产品，自己就能做个好母亲。于是，她不断重复购买各类厨具，因为她觉得这样就等于把孩子照顾好了。她还会大量购买服装，因为她想让自己看起来更像一个漂亮妈妈。其中还有一个原因就是她在商店所试穿的衣服似乎都能使她显得更瘦，从而能够减轻肥胖给她带来的不舒服感。至少在短暂的时间里，这可以让平常十分自卑的她提高自信，而这种情况在世界各地都存在。C 太太很容易受到广告的影响；她相信只要拥有了广告中所说的包含许多好处的产品，她就能感到幸福，使自己变得更有吸引力，从而获得成功。

C 太太的情况看似极端，但实际上这种人是存在的（出于保护她的需要，我们对某些细节作了修改）。我们当中有很多人就曾遇到过和她类似的情况，因为我们有时购买物品是为了能与同一社会阶层的其他成员、与我们同属某一亚文化圈的人、与我们有着相同爱好的人沟通，或者向陌生人展示我们的阶层、地位、我们的性吸引力或者我们是多么空闲。这并没有什么不妥，这甚至是人性的一部分。然而，当全世界人口数量创下历史新高（并且还在增加）的时候，再这样消费是不可以接受的。尤其是在现代西方社会里，我们大部分时候承担着多重身份和角色，新产品不断投放市场，我们始终处于一种不断变化的亚文化当中，

---

[1] 强迫性购物者是对买东西有依赖的人，这是一种难以控制的冲动所造成的结果，尽管这已经带来了许多负面影响，但他们仍在继续这种极端的购物行为。

这种不安全感使我们要做自己主人的愿望变得更加强烈，而在这方面物质产品是能给我们提供帮助的。

消费的情绪引擎

鼓励消费的第二个心理动机主要来自于情绪、心境或乐趣。这一切可以被笼统地称为情感驱动型消费引擎，它与上面所介绍的自我认知和身份认同型消费引擎并不存在本质的差别：当我们自信心提高时、当我们觉得与他人息息相关或者当我们体现出自身的独特性时，我们的自我感觉一定会很好。

如今已被人们熟知的"购物疗法"这个现代词语促使我们在此类购物行为中寻找治疗方法。正如迪特马尔（Dittmar）所说："在焦虑、觉得身体不适以及抑郁等常见的情绪状态下，购物和花钱成了自我疗法的一种形式"（2004 年，第 426 页），因为情绪低落通常会导致人们去购物。其他许多学者的笔下也记录了正常消费所具有的潜在"修复"能力［科恩（Cohen）和阿雷尼（Areni），1991 年］。对此类与消费有关的活动的追求不一定就是异常的或病态的，它在多数情况下具有自适应性。但是，如果此类与消费有关的活动是为了"重复地、强迫性地、笼统地应对各种各样的情感和体验"［巴特（Barth），2000 年，第 271 页］，而且潜在的情感问题并不能因此而获得解决，那么从长期来看，光靠消费来改善心理状况是不可能的。

要想理解人们为什么会用消费活动来减轻负面情绪，最简单的方法是分析这些活动所能产生的积极影响。首先是购物的社会内涵：它在西方文化中已经成为一项重要的娱乐，特别是对妇女而言［布洛赫（Bloch）、里奇韦（Ridgway）和纳尔逊（Nelson），1991 年］。购物有利于与朋友、家人乃至与销售人员之间的社会交往，这将会产生熟识感以及缓解烦恼等积极情绪［迪特马尔（Dittmar），2004 年；奥吉恩（O´Guinn）和法贝尔（Faber），1989 年］。其次，购买行为本身也是一种能产生积极情绪的情感投入。这既源自于商店和购物中心的氛围以及嘈杂的声音，同时也源自于购买过程本身［戈斯（Goss），1993 年；奥吉恩（O´Guinn）和法贝尔（Faber），1989 年］。事实上，无论是个人零售商店还是大商场，它们都是为了引起刺激、快乐和感觉而专门设计的，从而使得购物——即使没有实际购买——始终可以让人感到是一种享受［多诺万（Donovan）和罗斯特（Rossiter），1982 年］。购物过程中的第三种情感投入源自于和产品本身的直接接触。逛商店、触摸商品、对它们的试用能获得一些积极的感觉反应，产生良好的情绪。最后，拥有商品还能满足一定的情感需求，因为商品是一个人与其他人以及与他个人的历史相联系的象征［坎普特纳（Kamptner），1989 年］。

因此，就 C 太太的强迫性购物而言，除了上面提到的与自我认知因素有关之外，还与情感问题密不可分。事实上，她把商场当成了"到处金光闪闪的迪士尼世界"，只要进入商场就可以让其逃脱自己那个沉闷的世界。在购买了商品，尤其是服装之后，她的抑郁倾向消失了。她利用商业经营环境把社会关系引入了自己的生活当中，即使与她打交道的只有销售人员，因为强迫性购物令她自己也感到羞愧，她无法将这一切与朋友或家人倾诉。

消费心理的引擎：概念的局限

就消费在情感方面的好处——尤其是涉及快乐这样的问题时——而展开的讨论都会把享乐主义当成是一种潜在的动力。物质产品的享乐型消费必须以此作为前提条件，即拥有了这些产品能带来乐趣，因此购买它们并不是为了其实际的效用价值［坎贝尔（Campbell），1998 年］。享乐型消费既包括上面提到的情感好处的动力，同时也包括娱乐、想象、逃避以及自由感，也就是说它包括对快乐的想象、使梦想更丰满的各种设想情形以及那些能确保这一切变成现实的各种普通商品［阿尔诺（Arnold）和雷诺兹（Reynolds），2003 年；加布里埃尔（Gabriel）和朗（Lang），2006 年；赫希曼（Hirschman），1983 年］。因此，与大多数对消费引擎的讨论一样，自我认知和身份认同的消费动力与情感因素的消费动力之间存在着交叉之处，因为所希望的设想情形与理想的自我形象之间是有关系的。虽然说大部分消费与追求乐趣有关，但是正如加布里埃尔（Gabriel）和朗（Lang）（2006 年）所写的那样，其中存在的一个阴暗面是：对快乐的追求会带来神经的刺激、不满，因而最终是徒劳的。不过，它的确存在，而且它是很多人的主要消费驱动力。

大部分的消费是十分不起眼的普通消费，其驱动力就是商品的功能，因此很少会受到身份认同或情绪引擎的影响。例如，尽管有些人认为对房屋的隔热系统进行投资是出于提升形象和情感方面的需要——能源开支减少、家里人将更加温暖以及自己是非消费主义和负责任社会团体中的一员等而带来的幸福感，但是大多数人在给房子做隔热时所想到的只是房屋的功能和经济问题，心理因素在决策过程中很少发挥作用。

另外，需要强调指出的是，对消费引擎的讨论只是看待这一复杂领域的方法之一［其他方面的观点，请参阅加布里埃尔（Gabriel）和朗（Lang），2006 年］，而且它可能只适用于北方国家，或者是南方国家少数富裕的精英阶层和新兴的中产阶级。例如，哈恩（Hahn）（2012）曾对坎贝尔（Campbell）（1998 年）的观察意见做过解读：在不太富裕的社会里，本地产品被视为是好的，因为它们能满足需求，而进口产品被认为是有害的，或者至少是不必要的奢侈品。这些资料差不多是 15 年前的，目前很难说清楚这些不太富裕的社会的看法是否依旧，但它们至少

能说明这样一个事实，即那些以北方国家的背景为基础的假设将很难扩展到发展中国家身上。在南方国家的背景下，就连与消费有关的关键词汇的研究和定义方式也完全不同。有关"南方国家必须学习北方国家经验"的说法应当避免。这一点十分重要，因为北方国家的消费模式显然不是什么好榜样，而且南方国家的消费者也不是什么消极被动者，他们并不会简单地复制北方国家的消费模式。

此外，通常情况下，大部分有关消费的讨论所涉及的主要是中产阶级，无论是富裕的精英阶层还是普通的工人阶级都没有被纳入考虑范畴——唯一的例外情况是人们经常会谈到工人比中产阶级更渴望得到舒适的物质享受。然而，正如威尔克（Wilk）（2006年）所说的那样，享乐型消费（追求快乐以及直观的经验）是工人阶级和富裕的精英阶级特有的一种消费方式，更加保守、更爱存钱、更负责任的中产阶级相对较少采取这种消费方式。有钱人当然可以挥金如土地消费，但普通工人则通常会举债消费，甚至会通过"发薪日贷款"来消费。

可持续消费方式之探讨

鉴于西方社会个人福利水平下降及其消费模式在社会和生态层面的不可持续性在目前以及未来所可能带来的问题，许多人开始了对可持续消费的研究，尤其是从 20 世纪 90 年代中期以来。可持续消费有着许多定义［杰克逊（Jackson），2006 年 B 卷］。从本质上说，这些定义都包括需要降低消费之规模和影响等方面的内容。定义固然是必要的，但本章所介绍的更多的是降低消费规模和影响的手段。目前，人们主要提出了三种可能的解决方案。其中两种方案都涉及与生理和心理幸福感有关的必需品消费的变化：鼓励更加亲近环境的消费，比如购买有机产品；促进亲近社会的消费，比如购买公平贸易的产品或本地供应

商的产品。第三种解决方案旨在通过鼓励适度消费的行为来降低消费的绝对水平。这些解决方案基本上可以被看作是影响消费者行为的创新方法。

可持续消费全球网络的出现

目前,存在许多旨在鼓励人们进行更亲近环境消费、更亲近社会消费或适度消费的倡议计划,而且这些倡议中大部分并不会只提倡其中的一种方式,排斥其他方式。例如,在世界各地发展势头良好的社区社会运动——"转型网络"(Transition Network):它是在石油峰值和气候变化这"双重危险"[霍普金斯(Hopkins),2011 年]压力下问世的,目的是增强地方社群应对变化的能力。这个网络的独特之处在于它超越了生产与消费之间的传统界限,例如它鼓励整个社群共享资源、文化、本地的特色农产品以及兴建可持续住房等。目前"转型网络"在 43 个国家展开了 1100 多个项目[①]。这种生活方式和生活资料的重新配置可以被视为是地方层面的一种社会创新[科克(Coke),2013 年],它将鼓励一些新型价值观的出现,如集体、包容、平等、自主、合作、社群内自给自足、实践创新、学习、乐观主义和快乐等[科克(Coke),2013 年]。这种重新配置是上述三种可持续消费的集中体现。

支持可持续消费的另一个倡议计划是"慢生活"(Slow Living)运动,其中包括如慢食(Slow Food)(鼓励人们购买本地产品,要人们注意自己所吃的东西以及这些食物的消费方式)、慢旅游(Slow Travel)(与旅游目的地的人们共同生活,而不是在某一度假

地作短暂停留)[②]。"慢生活"运动的影响几乎无法作出评估,因为它只是提出建议、提供交流的机会,是一种精神状态,而不会有订货行为或其他具体措施。唯一可以对影响作出评估的或许是慢食运动,因为该协会的网站称自己拥有分布在 42 个国家的 65000 名成员[③]。

亲近环境和亲近社会食品供应链的开发

消费者最看重的亲近环境或亲近社会型消费就是他们作出的购买本地产品、有机产品或公平产品的决定。这通常是会与购买食品相关的,当然也并非总是如此。这些选择所反映的是多种价值观或多种不同的因素,比如说想要对本地的企业和商人提供支持;想要减少运输的距离或不想让农药和化肥对消费者、对土地、对水资源供应或其他没有特定对象的目标产生危害;想要得到更好的口味;或是公平对待的意识——即要公平对待农民以及本地特产的供应商。通常情况下,这些产品卖得都比进口竞争产品、非有机产品,或通过传统的营销网络经销的产品等同类产品要贵,因此消费者选择购买此类产品是出于一些非经济的因素。这些产品都得依赖于消费者对于那些能证明一个产品是有机产品或源自公平贸易的认证制度的信心。英国土壤协会近日公布的数字显示,2012 年英国有机产品的销售额达到了 20 亿欧元,法国为 37 亿欧元,德国为 66 亿欧元,美国为 210 亿欧元。总体而言,自 2008 年经济危机开始至 2011 年间,英国有机产品的销售增加了 25%[④]。英国公平贸易的贸易额在 2012 年达到了 18 亿欧元[⑤]。

---

① 见以下网址:www.transitionnetwork.org。
② 见以下网址:www.slowmovement.com。
③ 见以下网址:www.slowmovement.com/slow_food。
④ 英国土壤协会,Organic Market Report 2013。
⑤ 见以下网址:www.fairtrade.org.uk。

重新发明节俭和合作型的消费方式

节约型的消费观念鼓励人们通过限制购买和物尽其用的方式来降低产品和服务消费的开支［拉什托维奇卡（Lastovicka）等，1999 年］。在一般人眼里，这种行为可以与清苦的生活画上等号，但是用"牺牲自己的率性来实现更高的目标"来形容它似乎更贴切［拉什托维奇卡（Lastovicka）等，1999 年，第 87 页］。它的重点在于谨慎购买（例如，购买散装产品），合理使用产品并增加产品的使用寿命，在这群人中还流行着许多关于产品循环利用的好建议。另外还有一些其他倡议计划，如无购物日①，即一天内不参加任何活动、保持克制、抵制购物——这一活动如今已在 50 多个国家展开。

当某些居民、企业或成员之间共同分享某一产品时，合作型消费观念就出现了。在这里，一个产品所提供的服务（如交通）没有变，但是人们的利用方式发生了变化，在这方面人们举例最多的就是拼车，它会降低生态成本和资金成本。博茨曼（Botsman）（2010 年）②认为，合作型消费大致分为三大类型。第一，人们将自己不需要的东西分发给那些需要的人，而不是将其扔掉或卖给回收站。例子包括 P2P 的网上易货和商品交换行动、Ebay、Craigslist 和免费物品交易平台 Freecycle，以及更传统的跳蚤市场和慈善商店等。在这一类别中，一个常见的做法是向亲朋好友赠送孩子的衣服和玩具——而且往往会伴随着一套有关浪费的说辞，因为这些物品几乎没怎么用过，因为孩子很快会长大，而且也在变化。这种做法在那些有足够闲钱购买新东西的社会阶层中十分常见。

第二种做法是生活方式的合作，如共享钱财、技能和时间。第三，在一些产品服务系统中，会员可以通过花钱购买某一产品的服务，却不必成为它的拥有者，这种模式对于那些潜力远未得到利用的产品（如汽车和电子工具）来说最为理想。

当然，无论在南方国家还是在北方国家，还有其他一些计划、倡议以及运动也把可持续消费作为自己的支柱，或理想目标。在此我们不可能将它们一一列举，我们只能试举几个例子来加以说明。

是消费者还是生产者的责任？

这些以可持续消费理念为基础的替代消费形式需要一些消息灵通、富有活力同时又有原则的消费者。许多人认为，在与环境和社会所受到的破坏以及自然资源的使用等有关的可持续问题上，生产者应当承担更多的责任，因而创新更多的应当是从生产者身上着手，而不是从消费者身上入手。克莱（Clay）（2010 年）认为，可持续发展应该是一个准竞争期的大问题，因为生产者能比消费者更好地利用它③。事实上，生产者可能已经是该领域的最活跃者了——这一点在欧洲是确定无疑的，如今有关企业社会责任（CSR）的目标和报告不断出现就是证明。虽然说企业社会责任的影响越来越大，与它有关的各种项目数量越来越多、在全世界各地的影响越来越大，但可持续性真的成为一个准竞争期的大问题也并非没有可能，这样一来消费者的责任将大大下降——当然，减少购买量这一责任还是要承担的。

然而，目前这些活动只是零星地出现在了小块实验地，只要去发达国家任何一个商业中心走一圈，即使是再乐观的人也不得不承认，以填补情感和自我认知（或其他人的认知）需求为基础的过度消费仍是

---

① 见以下网址：www.enough.org.uk。
② 参见雷切尔·博茨曼（Rachel Botsman）的阐述，2010 年，www.ted.com/talks/rachel_botsman_the_case_for_collaborative_ consumption.html。
③ 参见杰森·克莱（Jason Clay）的阐述，世界自然基金会，2010 年，www.ted.com/talks/jason_clay_how_big_brands_can_save_biodiversity.html。

图3 我比我的社会更环保吗?

赞同减少垃圾生产、降低能源消耗以及对环境负面影响这一消费方式的民众比例

65 % 加拿大人 38 %
52 % 美国人 35 %
73 % 墨西哥人 32 %
52 % 33 % 英国人
63 % 31 % 法国人
66 % 西班牙人 34 %
63 % 37 % 瑞典人
58 % 33 % 德国人
52 % 匈牙利人 28 %
34 % 俄罗斯人 25 %
32 % 韩国人 30 %
62 % 中国人 39 %
63 % 印度人 40 %
39 % 日本人 36 %
66 % 巴西人 33 %
62 % 阿根廷人 30 %
53 % 澳大利亚人 36 %

民众的比例
... 自认为喜欢绿色消费的人
... 被认为喜欢绿色消费的人

平均水平(17国)
56 % 34 %

资料来源:《国家地理》(*national geographic*)和全球舆论调查公司(*globescan*),2012 年绿色指数(Greendex)排行榜。

说　明:《国家地理》杂志 2012 年进行的研究显示,在所有国家,个人自认为环保的程度要远远高于整个社会的总体感觉(在平均 2 倍以上)。

许多人的标准,这些人丝毫不会去思考任何亲近社会或亲近环境的选项或为之付出努力。然而,提供给消费者的货物和服务的变化可能会导致某些独立于一切高贵理想的去物质化。这方面的一个例子是音乐和书籍的购买、储存和消费方式。与传统的 CD 唱片相比,通过网络下载数字音乐可使碳节省 40%~80% [韦伯(Weber)等,2009 年]。正如博茨曼(Botsman)所解释的那样(2010 年),(比如说)音乐的数字化"能在没有实物的情况下使一些需求和经验得到满足",换句话说,我们想要的是音乐,而不是光盘,因此用途胜过了拥有。这一切是技术创新所推动的持续去物质化的一部分。

可持续消费举措的影响

可持续和绿色承诺增加

这些有意或无意鼓励可持续消费的消费模式,它们的规模究竟有多大还难以估计。有研究表明,大多数消费者对更可持续的消费方式并没有要求[①]。然

———————————

① 见世界经济论坛,2012 年,《More with Less Scaling Sustainable Consumption and Resource Efficiency》。

而，《国家地理》杂志（2012 年）委托的最新调查显示，在 2008~2012 年间接受调查的 14 个国家中，有 13 个国家消费者尊重环境的良好行为自 2008 年以来一直呈上升趋势。这一报告涉及运输方式、家庭使用能源和资源的方式、食物的消费以及日常用品的消费，以及消费者为减少这些活动对环境的影响所做的工作。例如，尽管可持续消费几乎不可能达到所承诺的绝对水平，但是一些迹象表明这方面的承诺正在增加。这份报告还揭示了这样一个有趣的现象，即在这方面最积极的消费者在印度和中国，而最不积极的消费者是美国人和加拿大人。此外，人们往往把自己想象得比实际情况更加环保，那些参与上面提到过的创新和社会行动的人也存在这样的问题。图 3 揭示了自认为绿色消费者和被认为绿色消费者之间的差异。

当心"反弹效应"：可持续消费不会自动减小社会和环境所受到的影响

采取可持续消费的行为就一定会使社会和环境所受到的影响真正减小吗？在这方面，人们又一次难以给出肯定的答案。有证据表明，在人们采取可持续消费行动之后，如果感到出现了什么"小疏忽"，就容易产生一种负罪感 [阿姆斯特朗（Armstrong），2012 年]。而当节俭行为变成日常生活的一部分之后，它可能会导致人们将更多的钱花到其他地方，如到国外度假。因此，即使消费者可以在某一个领域保持节俭，但这并不意味着从宏观已全部做到了节俭。正如本书第 2 章中所解释的那样，这就是所谓的"反弹效应"或者说是适得其反的后果。即另一种替代行为反而增加了碳排放。德吕克曼（Druckman）等人（2011 年）对三种不同的

行为进行的研究让人们看到了潜在的"反弹效应"：将室内温度降低 1℃；通过减少浪费使食物类开支减少三分之一；三公里之内的行程一律用步行或骑自行车来代替汽车。该研究表明，如果将省下来的钱用于那些低碳排放的行为或产品，那么碳排放的下降幅度可以高达 88%；而如果将省下来的钱用于碳密集活动——如需要使用天然气、电力或其他燃料的活动，那么它所起的作用将会完全相反。如果人们的行为没有任何变化，那么最终节省下来的碳排放量将只有原本可减总量的 66%……

可持续消费的规模测算

除了在确定可持续消费的规模及其能产生多少节约等问题上存在困难外，另一个令人费解的问题是：这些行为如何通过个人、集体或政策手段获得发展。大多数建议认为应当让生产商和零售商参与其中，而不是将重点放在消费者身上。例如，世界经济论坛的报告 [1] 就增加可持续消费提出了三个方案：把"可持续消费变成一种默认的选择"（见第 6 页）；利用新的商业模式使价值链实现转型；通过"公私合作关系使游戏规则发生转变"，换句话说，"公共采购的生态化、对那些损害经济和环境的补贴进行改革、改善区域贸易协定、对长期投资所取得的进展和发挥的作用进行测评"（见第 6 页）。此外，上面提到的《国家地理》杂志所进行的问卷调查也显示，在企业对自己产品的环境影响作虚假宣传时，那些可能影响个人可持续消费行动的障碍将会显现；对于那些声称只要政府和企业界做得更多自己就将参与可持续消费的人来说，情况也同样如此。

什么样的公共政策可以促进可持续消费行为？

决策者应当怎样做才能通过一些新途径，或者

---

① 见世界经济论坛，2012 年，《More with Less Scaling Sustainable Consumption and Resource Efficiency》。

说通过上面所说的途径来鼓励可持续消费？这个问题并非无关紧要，我想借用杰克逊（Jackson）（2005年）的研究成果来回答这一问题——他列举了决策者可以鼓励消费者在质和量两个方面采取更可持续消费行为的 6 大领域：

——创造更多的便利条件，如提供回收设施、提高照明和电器的能源利用率、提供便利的公共交通；

——在制度层面建立一些标准，如制定有关产品、建筑物、交易、媒体和营销等方面的标准；

——对社会和文化背景施加影响，向其释放一些被认为是有价值的、合适的、具有象征意义的东西（如态度、目标和愿望等）。这既包括信息、规章以及对税收的定义，也包括各部门和各种政策在那些与价值有关的象征性和适宜性方面必须协调一致，否则就会受到质疑；

——指导企业的行为：消费者也是雇员，而政府可以在供货和运输等方面对企业施加影响。这将有助于制定一些与民众基本生活要求相符合的新标准；

——支持地方社群的社会变革，尤其是要"发起、推动和支持地方社群的社会变革计划；为地方社群的社会资源管理提供支持；为地方社群制定有效的

社会营销战略"（第 132 页）。这其中可能包括上面提到过的一些举措：

——以身作则，特别是在环境管理方面要做得更出色，政府的采购政策也应当是可持续的。

结论

那些旨在降低绝对消费量以及降低生活必需品消费对社会和生态影响的社会和文化创新实验令人鼓舞。这些新消费模式的设计者和开发者同样也值得赞扬，因为他们在挑战常规，甚至超越了物质产品所带来的表面上的东西，而是要从源头以及可持续的活动中来寻找幸福。然而，虽然各种好话随处可见，但是人们既有理由感到乐观，同样也有理由感到悲观。消费的驱动力是人性的一部分；把过度消费当成常态的惯性力还是很大的；过度消费所带来的后果通常是消费者看不到的，这可以使他们无须关心伦理和道德的问题；人们往往会把自己看得比实际更加环保；反弹效应及事与愿违的结果都属于意想不到的后果，它们可能会使潜在收益受到影响甚至可能发生逆转；最后，各方按照既定路线来支持或开展此类活动的政治意愿都不是很强烈。

参考文献

ARMSTRONG A. J., 2012, *Mindfulness and Consumerism: A Social Psychological Investigation*, Unpublished PhD Thesis, University of Surrey.

ARNOLD M. J. et REYNOLDS K. E., 2003, "Hedonic Shopping Motivations", *Journal of Retailing*, 79: 77-95.

BARTH F. D., 2000, "When Eating and Shopping are Companion Disorders", *in* BENSON A. L. (ed.), *I Shop, Therefore I Am: Compulsive Buying and The Search for Self*, Oxford, Aronson: 268-287.

BLOCH P. H., RIDGWAY N. M. et NELSON J. E., 1991, "Leisure and the Shopping Mall", *Advances in Consumer Research*, 18: 445-452.

BOTSMAN R., 2010, TED talk. Vidéo disponible sur : www.ted.com/talks/rachel_botsman_the_case_for_collaborative_consumption.html

CAMPBELL C., 1998, "Consuming Goods and the Good of Consuming", *in* CROCKER D. A. et LINDEN T. (eds.), *Ethics of Consumption: The Good Life, Justice, and Global Stewardship*, CROCKER D.A., LINDEN T. (eds.), Lanham, MD, Rowman & Littlefield.

CLAY J., 2010, TED talk. Vidéo disponible sur : www.ted.com/talks/jason_clay_how_big_brands_can_save_biodiversity.html

COHEN J. B. et, ARENI C. S., 1991, "Affect and Consumer Behavior", in ROBERTSON T. S. et KASSARJIAN H. H. (eds.), *Handbook of Consumer Behavior*, Englewood Cliffs, NJ, Prentice-Hall: 188-240.

COKE A., 2013, *Where Do We Go from Here? Transition Movement Strategies for a Low Carbon Future*, unpublished PhD Thesis, University of Surrey.

DITTMAR H., 2004, "Understanding and Diagnosing Compulsive Buying", in COOMBS R. H. (ed.), *Handbook of Addictive Disorders: A Practical Guide to Diagnosis and Treatment*, Hoboken, NJ, Wiley & Sons: 441-450.

DITTMAR H., 2005, "Compulsive Buying-A Growing Concern? An Examination of Gender, Age, and Endorsement of Materialistic Values as Predictors", *British Journal of Psychology*, 96: 467-491.

DONOVAN R. J. et ROSSITER J. R., 1982, "Store Atmosphere: An Environmental Psychology Approach", *Journal of Retailing*, 58: 34-57.

DOUGLAS M. et ISHERWOOD B., 1979/1996, *World of Goods: Towards an Anthropology of Consumption*, Londres, Routledge.

DRUCKMAN A., CHITNIS M., SORRELL S. et JACKSON T., 2011, "Missing Carbon Reduction? Exploring Rebound and Backfire Effects in UK Households", *Energy Policy*, 39: 3572-3581.

GABRIEL Y. et, LANG T., 2006 (rééd.), *The Unmanageable Consumer*, Londres, Sage.

GOSS J., 1993, "'The Magic of the Mall': An Analysis of Form, Function, and Meaning in the Contemporary Built Environment", *Annals of the Association of American Geographers*, 83: 18-47.

HAHN H. P., 2012, "Consumption, Identities, and Agency in Africa: An Overview", in BERGHOFF H. et SPIEKERMANN U. (eds.), *Decoding Modern Consumer Societies*, New York, Palgrave MacMillan.

HIRSCHMAN E. C., 1983, "Predictors of Self-Projection, Fantasy Fulfillment, and Escapism", *Journal of Social Psychology*, 120: 63-76.

HOPKINS R., 2011, *The Transition Companion: Making Your Community more Resilient in Uncertain Times*, Devon, UK, Green Books.

JACKSON T., 2005, "Motivating Sustainable Consumption: A Review of Evidence on Consumer Behaviour and Behavioural Change". Disponible sur : http://hiveideas.com/attachments/044_motivatingscfinal_000.pdf

JACKSON T., 2006a, "Consuming Paradise? Towards a Social and Cultural Psychology of Sustainable Consumption", in JACKSON T. (ed.), *Earthscan Reader in Sustainable Consumption*, Londres, Earthscan: 367-395.

JACKSON T., 2006b, "Readings in Sustainable Consumption", in JACKSON T. (ed.), *Earthscan Reader in Sustainable Consumption*, Londres, Earthscan: 1-23.

JACKSON T., 2009, *Prosperity without Growth: Economics for a Finite Planet*, Londres, Earthscan.

KAHN B. E. et SARIN R. K., 1988, "Modeling Ambiguity in Decisions Under Uncertainty", *Journal of Consumer Research*, 15: 265-272.

KAMPTNER N. L., 1989, "Personal Possessions and Their Meanings in Old Age", in SPACAPAN S. et OSKAMP S. (eds.), *The Social Psychology of Aging*, Newpark, CA, Sage: 165-196.

KORAN L. M., FABER R. J., ABOUJAOUDE E., LARGE M. D. et SERPE R. T., 2006, "Estimated Prevalence of Compulsive Buying Behavior in the United States", *American Journal of Psychiatry*, 163: 1806-1812.

LASTOVICKA J. L., BETTENCOURT L. A., HUGHNER R. S. et KUNTZE R. J., 1999, "Lifestyle of the Tight and Frugal: Theory and Measurement", *Journal of Consumer Research*, 26: 85-98.

McCRACKEN G., 1988, *Culture and Consumption: New Approaches to the Symbolic Character of Consumer Goods and Activities*, Bloomington, Indiana University Press.

National Geographic, 2012, *Greendex 2012: Consumer Choice and the Environment-A Worldwide Tracking Survey*. Disponible sur : http://images.nationalgeographic.com/wpf/media-content/file/NGS_2012_Final_Global_report_Jul20-cb1343059672.pdf

O'GUINN T. C. et FABER R. J., 1989, "Compulsive Buying: A Phenomenological Exploration", *Journal of Consumer Research*, 16: 147-157.

SCHOEMAKER P. J. H., 1982, "The Expected Utility Model: Its Variants, Purposes, Evidence and Limitations", *Journal of Economic Literature*, 20: 529-563.

SOLBERG E. G., DIENER E. et ROBINSON M. D., 2004, "Why Are Materialists Less Satisfied?", in KASSER T. et KANNER A. D. (eds.), *Psychology and Consumer Culture: The Struggle for a Good Life in a Materialistic World*, Washington, DC, American Psychological Association: 29-48.

WEBER C. L., KOOMEY J. G. et MATTHEWS H. S., 2009, *The Energy and Climate Change Impacts of Different Music Delivery Methods*, Carnegie Mellon University, Department of Civil and Environmental Engineering, Lawrence Berkeley National Laboratory and Stanford University, for Microsoft Corporation and Intel Corporation. Disponible sur : http://download.intel.com/pressroom/pdf/CDsvsdownloadsrelease.pdf

WILK R., 2006, "Consumer Culture and Extractive Industry on the Margins of the World System", in BREWER J. et TRENTMANN F. (eds.), *Consuming Cultures, Global Perspectives: Historical Trajectories, Transnational Exchanges*, Oxford, Berg.

共享更可持续吗?

安妮—索菲·诺韦尔 (Anne-Sophie Novel)

经济学博士,合作经济领域的专业记者,法国

共享型经济和协作型生活方式自 2000 年代末以来传遍世界各地。这种易货贸易、捐赠、交换和转售行为并不是新生事物,但它们在多种危机(经济和金融危机,以及环境危机和社会危机)和数字技术的普及等因素的共同影响下东山再起。

这些新习惯注重的是物品的使用权而不是所有权,把过去到商店购买新商品的消费方式改为借贷、租用或从其他人手里购买二手商品等解决方式,因而它们将有助于构建一种更可持续的经济。因此,我们按照不同的类型对这些行动作出划分,其中首当其冲的当属支持共享使用、将产品变成服务这一类型。在这种基于服务的方式中,"服务提供商"既可能是组织(私人或公众组织),也可能是个人——他们想使自己拥有的财产发挥出最大功效,创造利润。

第二类行动是集体采购的参与制动态模式,或通过共同出资的方式来实现一个项目。从法国的"保护小农经营农业协会"(AMAP)到参与制金融,再到受免费软件或合作经济等思想启发而出现的各种生产动态模式,此类行动都是在"不同出资人共享同一

目标"这一基础之上建立起来的。

第三类计划的特征体现在再分配上,人们也可以把易货(以非商品化方式)或转售(以商品化方式)逻辑纳入到这一类别当中。人们可以把一种财物、一种专有技术兑换成另一种财物、另一种专有技术,或者兑换成等值的时间或货币。

最后一种是注重共同生活之乐趣的合住计划。在这里,人们分享同一个地方、共同的时间、同一个活动或同一种体验。所有权的概念不再重要,出资人所看重的是共同的物品。

支撑如此多不同出资和交换方式的模型会因为用户目标的不同而变化:有时他们是为了团结互助,有时是与费用分摊有关,有时是为了提高购买力或是为了获取利润[①]。

网络所带来的去中介化也促进了短供应链(通过"保护小农经营农业协会"或"La Ruche qui Dit Oui"直销网站所提供的服务)的发展,而且未来还将出现 3D 打印技术的普及(未来几年间,所有的人都将可以利用这一技术来打印物品,因而可以自己生产或维

---

① 有关这方面的内容,请参阅艾米利·莫尔西略(Émilie Morcillo)的相关研究,她对非盈利型的共享逻辑与盈利型的合作作了区分(www.partageandco.com)。

修一个东西）——这两种变化将使人们能设想出更多低耗材、低温室气体排放的销售方式和生产方式。然而，这种新经济对环境的影响方面仍存在一些问题。虽然人们直觉地认为这些计划会更加尊重环境，但这方面真正的研究实际上很少。以下几个思考方向值得人们在未来几年间加以深入研究。

合作经济的八大特点

首先让我们来回顾一下共享型经济的主要特征。

配置的优化：在准数字技术时代，共享模式仅限于在一个规模很小的圈子内进行，而到了今天，互联网所赋予的工具使我们可对各种机会进行更好地分配。P2P 技术以及定位工具向我们展示了存在于我们身边的、过去无法得到利用的众多机会。许多古老的方法因此被网络重新改造，并被普及推广。

财产（物品或资金）共享：在注重使用权而不是所有权的情况下，共享型经济可以将各成员所拥有的财产汇集在一起，并将其提供给其他人共同使用。无论是日常生活用品、房子、汽车、购物、某一项目、甚至是人们拥有的技能等，其所包含的逻辑是尽量扩大此类财产受益者的圈子，从而减少被消费的新东西的数量。

延长使用时间：与最初某一个人在购买某一物品后独自的使用时间相比，这些共享和／或互助物品被使用的时间明显增加了。这些做法的流行——它得益于集体内部良好的管理——使人们更加注重对这些物品的维护和保养。为了更好地保护相关物品，人们开始相互帮助、相互提供自己的专业技能，而这将减弱计划性汰旧的影响。在某些情况下，消费者还会自己组织起来修复一些可以修复的损坏物品。还有一些情况下共享物品也会变得更加耐用，因为当时在购买时就考虑到了这一因素。

随着时间推移，这些做法逐步形成规模，生产企业将会改变自己的生产方式，并在其中增加更多的服务内容。对生产企业来说，它的目标将不再是产品的销售，而是为对这种探索提供支持、要关注产品的使用过程。易货贸易的原则以及像法国 Eqosphere 公司（一个未来注定能获得发展的物流平台）这样的运行模式未来必须得到扩大，其中的原因之一就是它们能减少浪费，产生节余。

减少二氧化碳排放及原材料消耗：在其他因素都不变的情况下，距离的优化（包括重新搬迁和限制运输距离等）、共享型使用方式以及延长使用时间等共同作用将导致资源消耗以及二氧化碳排放的减少。但是，虽然消费者可能采取一个或几个好的行动，但是他们会不会因此而获得一定的"道德诚信"，并最终导致"反弹效应"的出现，谁也不能保证。事实上，减少旅游费用难道不会使他们增加外出旅游的机会①？汽车共享难道不会使他们比以前更频繁地用车吗？通过购买二手服装所省下来的钱难道不会被用于购买数码产品吗？

经验的社会化：参与此类生活方式的人们愿意与他人共用某种东西主要出于经济上的考虑，但同时也因为他们感受到了来自社会的变化。在危机时期，此类服务还能给人们提供一种属于某个社群的归属感。这种归属感能让人感到放心，因为它可以对人们所做的交易或交换进行公平的评估。

共同创建项目：网络的使用逐渐使公关策略变

① 参见克劳特（Clot S.）、格若罗（Grolleau G.）和伊班纳（Ibanez L.），2013 年，《Self-Licensing and Financial Rewards：Is Morality for Sale ？》，《经济学通报》（conomics Bulletin）vol.33，3：2298-2230。以及三位作者与恩多詹（Ndodjang P.）合写的另一篇文章（即将发表）《L'effet de compensation morale ou comment les "bonnes actions" peuvent aboutir à une situation indésirable》，《经济杂志》（économique）vol.65，n° 2。

成了对话策略。这些组织内部所出现的"社群管理"功能的基础上，又出现了"共创社群管理"的功能：它不再只是普通的对话而已，而是要鼓励整个社群参与某一物品的生产、营销以及个性化定制等工作，也就是说最终是为了制定出符合人们期待、更加实用的产品。

开放型、创新型的合作与协作：新的生产方式将改变这些组织内部和外部关系的运行方式。这些原本纵向的、约定俗成的关系将变成横向式的，并会导致一些新职业的出现（如协调员、服务设计师等）：这些新职业将帮助听取各相关方的意见，并据此确定行动框架。事实上，这种变化将有助于企业社会责任（CSR）政策的掌握和实施。

经济模式的改变：这些特征是导致经济和社会运行方式发生深刻变化的原因之一。从购物的类型到购买习惯，再到新价值链的出现，这些模式需要人们从局部到整体进行全面审视，唯此才能适应新的做法。某些平台注重的是技术的开发，而其他一些平台则把重点放在了自己所在地的人类环境改造上或是为自身经营活动提供的"附加服务"上。在选择是提供免费服务还是对服务实行累进式收费时，这些标准将始终贯穿其中。

然而，合作经济的主要驱动力是什么？生态学是用户参与的动机吗？

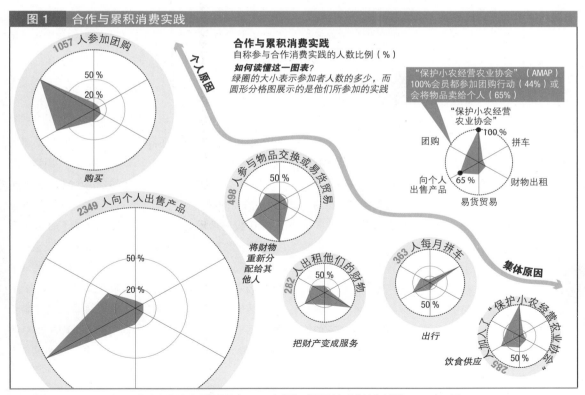

图 1　合作与累积消费实践

合作与累积消费实践
自称参与合作消费实践的人数比例（%）

如何读懂这一图表？
绿圈的大小表示参加者人数的多少，而圆形分格图展示的是他们所参加的实践

"保护小农经营农业协会"（AMAP）100%会员都参加团购行动（44%）或会将物品卖给个人（65%）

资料来源：益普索（IPSOS）公司为法国环境与能源管理署（ADEME）制作，《法国人与合作消费实践》，2013 年 1 月。

说　明：合作消费实践的参与者并不一定会对整个销售链提出质疑，但都愿意尝试一些新事物，并愿意围绕着消费建立起新关系。

为提高购买力而进行的合用

合作消费的参与者之所以会被这种新交易方式所吸引，主要是出于经济的目的。2012 年 4 月，法国环境与能源管理署（ADEME）根据益普索（IPSOS）市场调研公司生活和消费观察所提供的"4500 指数"发表了一份研究报告。在这份报告中，法国环境与能源管理署第一次对参加六大类"合作消费"的法国人的动机进行了分析——这六类合作消费形式是：参加"保护小农经营农业协会"（AMAP）、拼车、出租财物、易货贸易、团购以及转售。

第一个观察：这些消费者大部分保持了传统的消费主义做法。法国社会与消费观察所（Obosco）于 2012 年 11 月发表的一项调查显示，这些新行为方式的参与者——所有类别都包括在内——丝毫没有对过度消费社会提出质疑。法国社会与消费观察所解释说："新兴消费行为的参与程度似乎与受访者在资金上所感受到的压力有很大关系。"在危机的背景下，人们想在消费过程中寻求新的意义，重新建立社会关系。

第二个观察：在这些合作型生活方式的参与者中，真正胸怀环保理念，或者为了社会或集体利益的人绝对占少数。即使在"保护小农经营农业协会"内，把此作为自己参加行动首要原因的消费者也为数不多。当然，选择加入"保护小农经营农业协会"的法国人毕竟还是少数（只占总人口的 6%），但是更多的人开始选择团购（52%），而其中动机主要是个人原因。

然而，这些参与者仍然具有四种共同的特征（还是根据益普索公司和法国环境与能源管理署的调查）：他们十分好奇，都愿意定期结识一些新朋友；

他们很关心社会现状，尽管这种担心并不一定都会转化成具体的行动；他们也有"冒险者"的心态，存在发现和探索的倾向（甚至有研究报告中所提到的"冒险意识"）；他们很想使物品能长期存在，很想打破消费品的计划性汰旧。

因此，合作消费的好处在于：它首先能够通过一些经济和财政的原由将人们吸引过来，之后使他们之间建立社会关系和社交网络，并且随着时间的推移，会使这些人产生更多的环保行为。美国《共享》（*Shareable*）杂志和法国《经纬度》（*Latitude*）月刊2011 年进行的一项研究也表明，75% 英国人认为共享对环境是有好处的，而且 10 个英国人中有 8 个表示愿意与人共享[①]。同样，美国 60% 消费者认为共享和可持续发展之间存在直接联系。然而，这些新行为究竟会给环境带来怎样的好处？应当如何来对此进行评估？

影响有待研究

在对合作消费的环境影响进行评估方面，相关的研究还为数不多，而其中的独立研究更是寥寥无几。在做这方面的评估时，必须考虑到多种因素，而且需要根据不同的情况采取不同的行业分类方法。

现有的研究

让我们从现有的一些估算开始谈起。在人们研究得最多的交通领域，欧洲拼车领域的两大巨头之一BlaBla-Car 在其网站上估算，公司创立以来所完成的1000 万次出行至少减少了 50 万吨的二氧化碳排放。

至于个人汽车合用方面（它是有车族的一种共享使用方式），伯克利大学对加拿大和美国 9500 名拼车族所进行的一项研究[②]有了两个发现：最初，当

---

① 麦卡特尼（Mc Cartney K.），2011 年 2 月，《8 out of 10 People Say Sharing Makes them Happy》。
② 《Innovative Mobility Carsharing Outlook：Carsharing Market Overview，Analysis，and Trends–summer 2013》，见以下网址：http：//bit.ly/17yURjH。

一个家庭为了能合用而购买汽车时，他的二氧化碳排放量是增加的，但这种增加后来会被使用他们家汽车的其他家庭的排放量减少而抵消——这些家庭最终会选择放弃自己汽车，因为他们意识到需要用车时向别人借车的成本要比自己一年养车的费用低得多。2008年对美国一家汽车合用公司6281成员进行的一项研究表明，他们的总行驶里程减少了27%，也就是说到2013年1月1日所减少的行驶里程将达11亿英里。总体而言，25%的受访者表示已经将自己的汽车出售，而另外25%的人表示，如果汽车合用服务消失了会考虑买一辆汽车。

马丁·艾略特（Eliot Martin）和苏珊·沙欣（Susan Shaheen）针对6200名参与传统汽车合用服务（如像Autolib'或法国汽车合用网络等组织所提供的服务）的人所做的另一项研究得出结论认为，每当1辆车投入合用服务，就会有9~13辆车处于闲置状态。其中，4~6辆车已被参加到这一服务的家庭直接舍弃，其余的车辆也因为有了这项服务而用不着了[1]。

在法国，一个名为6T的事务所注意到法国环境与能源管理署在2013年3月所做的一项研究中有这样一段文字："汽车合用服务的出现使得没有汽车的家庭增加了40%。鉴于家庭拥有汽车数量的减少，每辆合用汽车可以取代9辆私人汽车，从而解放出了8个停车位"[2]。它还指出，驾驶员所行驶的公里数也减少了41%，而参加汽车合用服务的人也会采取其他出行方式来减少开支：他们会更多地选择步行（有30%的人）、骑自行车（29%）、公共交通（25%）、

火车（24%）和拼车（12%）。需要强调指出的是，像法国国营铁路公司这样的经营者正逐步在自己的流动性服务中融入拼车和汽车合用等服务。在2013年夏季收购了Greencove和Ecolutis两家拼车公司之后，该集团希望开发出"毛细血管流动性"。公司希望以此来应对交通不便地区流动性供应不足的问题，并逐步将其纳入到广义的流动性概念当中。

在城市地区，此类服务的发展将促使（并且已经促进）人们重新审视更符合公共交通和合用交通的空间布局。今天我们所面临的挑战是制订出服务认购书以及计划，为此类出行模式提供支持与便利。

在此，不妨让我们以群居式住房和其他空间共用的形式（主要是旅游或工作地）作为例子来加以说明：这方面的分析虽然不多，但它们倾向于认为现有空间的优化将限制新建筑的增加并控制城市的扩张。这既适用于群租服务或群居式住房（在这方面，法国与德国或魁北克相比存在很大的差距——德国有600万套住房可被视为是群居式住房；而魁北克22000个住房合作社的91000套住房里居住着25万人，约占魁北克公租房总数的30%[3]）。它还适用于个人间的存储服务：这样可以使已建成的房屋能得到利用，而无须去新建专门的仓库。"共用存储（CoStockage）"公司的创始人亚当·列维—佐博曼（Adam Levy-Zauberman）解释说："如果有5000人愿意将自己的小空间拿出来当仓库用——这是我们希望未来两年内做到的，那么新建的自助式仓库数量将可减少25个，或者说这些地块可用于建造住房。"

---

① 布钦斯基（Buczynski B.），2012年1月17日，《Carsharing，Antidote to Ghg Emissions in North America》，见以下网址：http://bit.ly/1bcgjMJ。

② 见以下网址：http://6t.fr/download/ENA_6pages_presse_bios_130320.pdf.

③ 参见博斯—普拉蒂埃尔（Bosse-Platière A.），2010年，《住房合作社将很快出现吗？》（Bientôt des coopératives d'habitants？），原载《有机花园之四季》杂志，第184期，第63页。

这是一种本地式服务：人们可以由此把货物存放在邻居家，而无须存放在郊区的仓库里，这样可以减少用车量：既包括搬移过程中的用车，也包括察看存放物品时的用车。据"共用存储"公司估算，运输的里程以及二氧化碳的排放量将减少至原来的八分之一，减少的总里程达 50 万公里。几个家庭共用公共空间的群居式住房也可以共用车辆或某些家用电器，从而降低自然资源的消耗、二氧化碳的排放和废弃物

的数量。

最后，在食物和短供应链体系方面，法国环境与能源管理署 2012 年 5 月发表的研究报告[1] 表明，如果所使用的运输手段不合适、如果物流设施未达到充分优化或者消费者的行为不当，它就不一定会导致温室气体排放量的下降。

有待开展的研究

对于合作消费所涉及的其他行业，以下是几点

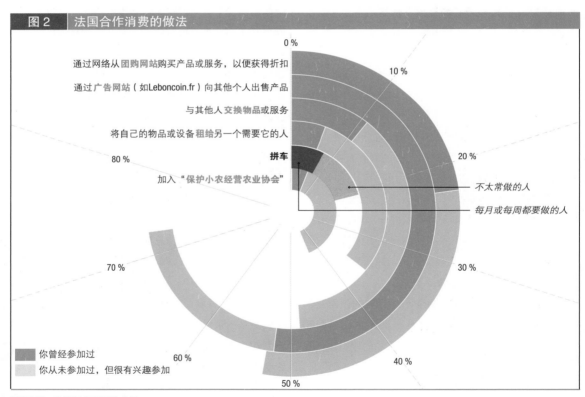

图 2　法国合作消费的做法

通过网络从**团购网站**购买产品或服务，以便获得折扣
通过**广告网站**（如Leboncoin.fr）向其他个人出售产品
与其他人**交换物品**或服务
将自己的物品或设备**租**给另一个需要它的人
拼车
加入"保护小农经营农业协会"

不太常做的人
每月或每周都要做的人

你曾经参加过
你从未参加过，但很有兴趣参加

资料来源：益普索（IPSOS）公司。

说　明：2012 年，法国很大一部分人已经参与过某种形式的合作消费。此外，从那些表示愿意尝试这一做法的人数来看，人们对这些新做法存在集体性的好奇心。

① 见以下网址：http：//ademe.typepad.fr/presse/2012/05/consommer-local-cest-bien-mais-pas-toujours-.html。

思考方向。

首先，让我们来看一看节余下来的购买力会导致哪些交易和开支流的出现。合作消费参与者所节约下来的钱会被存起来呢？还是会被用于新的开支？它们会进入经济的传统渠道吗？还是它们可能会被再次用于合作经济领域当中？总体上看，更多的共享不会意味着消费的增加吗？会出现哪些反弹效应？

其次，让我们来看一看共享消费的环境收益究竟能节约多少自然资源。使用方法的优化以及重新利用可使人们减少物品的产量，物品将更耐用、保养得更好，甚至可以修复或被回收后重新利用……然而，这些使用方法得到优化的物品难道不会磨损得更快吗？将快到什么程度？为了适用这种新的使用方式，企业会愿意提供更持久耐用、更容易修复的物品吗？

从各个行业的做法来看，关注旅游行业的新做法似乎很有好处，它可以让人们看清共享经济每年有没有导致出行数量的增加，也就是说有没有导致每年二氧化碳排放量的增加。在金融行业，人们可以对私募基金有没有对银行在污染性行业的投资产生影响作出评估，尽管私募基金所提供的服务目前还很少。最后，还必须对这些活动的模式及法律框架等问题加以处理，以更好地评估它们可能造成税收和社会倾销的风险。

自2000年代末期以来，共享经济在法国和世界各地都获得了蓬勃发展，对它们所产生的环境和社会影响作更好的评估已经显得越来越重要，以便更好地为其提供支持，并将其纳入可持续发展的公共政策当中。

第八章

塞利姆·卢阿菲（Sélim Louafi）
法国农业研究与发展国际合作中心（Cirad）法国

埃里克·韦尔奇（Eric WELCH）
伊利诺伊大学，美国

理顺"开放获取"之争以应对全球挑战

"开放系统（open systems）"运动提议在法律和组织体系层面作出调整，以鼓励资源交换并增加研究和创新的合作机会。它已引起了越来越多行为体的兴趣，他们参与其中是为了给各种复杂的全球挑战——这些挑战是各种问题、各行为体和各种等级规模的交汇点——寻找合作式的解决方案。

"成功的创新正越来越多地依赖国家、区域和国际层面的合作与协作。'开放式'创新已经成了一种'新常态'，因此如何既能做到知识以公开和合作方式获取，又能保证相关的投资能产生增值收益，这一切已变得越来越困难。开放科学与价值获取之间的关系是未来经济能否取得成功的关键因素之一。对我们社会的未来而言，它也是一个必须成功应对的挑战。"［吉莱斯皮（Gillespie）等，2013 年］。

八国集团为建立一个与粮食安全有关的"开放获取"资料系统所做的努力，是开放系统所具吸引力的一个很好例证。在其为粮食安全所做的共同承诺的框架下，八国集团的成员国同意"将八国集团所掌握的可用农业数据与非洲合作伙伴共享，并同意召开一次农业数据开放国际会议，以便为全球平台的建设制订方案——这个平台将为非洲的农民、研究人员和决策者提供可靠的农业及其他相关信息，同时又能兼顾现有的农业资料数据体系"。另外，还有许多不同的协会、政府以及治理体系也在支持许多其他不同的项目，如科学共用（Science Commons）、冈比亚（Cambia）、知识共享（Creative Commons）、Linux 开放源码、创新激励（InnoCentive）、协作药物开发（Collaborative Drug Discovery）、基因维基（GeneWiki）、开源药物开发（Open Source Drug Discovery）以及开源种子计划（Open Source Seed Initiative）等。

总体上看，这些开放性项目经常会被一些经济类媒体、某些学者、律师或政治领导人看作是与注重知识产权保护的产权制度相互矛盾的[1]。由于它所基于的是通过合作来消除资源获取方面所存在的潜在障碍这样一个原则，因此开放系统被视为是知识产权这种强有力制度的一种替代品。本文认为，这两种系统实际上并不矛盾，而且在实际中常常被人们整合在一起。它所探寻的是从纯开放到纯专用这样一个连续统一体。另外，本文还将揭示，无论是开放系统还是强有力的知识产权保护系统都未能充分考虑到通过资源的再分配来解决全球不平等、解决粮食安全等全球性问题这个维度。为了能把对公平的关注也纳入其中，开放系统必须设置一定的机构，以便把使用这一方式所产生的好处重新分配给更多的利益相关方。

本章节的结构编排如下：第一部分介绍与开放系统有关的不同概念。第二部分介绍开放系统与知识产权之间的关系，并认为任何一种想用二分法来平衡

---

① 知识产权保护体系可以使发明的专用权得到承认。这一体系通常包括已经颁布的法律、专利审查机构以及隶属于法院系统的执行机制。

公共和私人利益的做法实际上都是在回避现实：这个现实就是将开放系统与专利系统相结合的混合模式会做得更好。在接下来的内容中，我们将具体介绍那些可以被用来描述这一混合模型的参数。第三部分通过遗传资源的获取、交换以及使用这一特殊的例子来对这些想法作进一步说明。结论部分着重介绍这些专利系统和开放系统是如何影响科研收益之再分配的——这个问题在全球范围内正受到越来越多的关注。

开放系统的多种概念

"开放系统"这一大概念包含着许多小概念，其中"开放"这个词本身存在许多不明确性，而当人们在实施具体计划的过程中，这些系统的可操作性又存在许多模糊之处。"开放创新""开放数据""开放科学""自由获取"以及"开放源码"等定义之间的区别并不明确。同样，人们也不是很容易就能理解"开放系统"这一概念与公共领域或公共物品这些概念究竟有什么关系。在此，我们并无意给出一种能将所有语义上的变化都涵盖其中的定义，而是重点解释一下这一概念的起源及其实际操作环境。

从历史上看，开放系统与科学实践有关，而科学实践是一个人们公认能提升共享和互换价值规范的活动和职业。如今的科学实践吸纳了越来越多的合作伙伴以及来自私营部门的资金，但它的开放规范受到人们的质疑，人们担心开放科学的成果以及知识的普及和传播将会因此而减少。通常，人们会为此给出两种解决方案，一种是政治层面的，一种是经济层面的。政治层面的回应方案是知识获取的普及化，同时限制垄断的扩大以及信息的控制。经济层面的回应方案是开发出一种替代模式，即利用信息技术和数字通信的快速发展使资源的自由交换能为提高生产和创新服务。我们首先想对开放科学系统作一简单介绍，然后再来介绍这些回应方案——我们称之为政治模式和经济模式。

开放科学

开放科学指的是社会规范和学术研究过程中长期存在的一种开放传统，默顿（Merton）将其归纳为：公有性（科学发现是一种共同财产）、普遍主义（一个成果的真实性与提出者自身所具有的特性无关）、无私利性（搜索新知识不是为了个人利益，而是为了知识本身）和有条理的怀疑主义（集体审查的过程非常重要）[默顿（Merton），1973年]。在促进知识的交流和传播的同时，这些规范也构建出了一个有利于累积性知识生产的激励机制。开放科学必须以公共支出（或协调支出）体系为基础，只有这样才能确保那些为这些累积性知识投资的人能获得长期回报[慕克吉（Mukherjee）和斯特恩（Stern），2009年]。

随着科学实践的变化，尤其是学院科学的变化，这种模式正逐渐受到质疑。一般情况下，这些变化导致人们更加重视实用研究以及社会针对性强的研究，同时加强了高校、产业界以及政府之间的互动。例如，有研究表明，大学正越来越多地参与到技术转让和技术的商品化进程中来[麦凯尔维（McKelvey）和霍尔曼（Holmen），2009年]，并且在各种正式和非正式的合作关系中都十分活跃[林克（Link）等，2007年；《登山与骄傲》（Grimpe et Fier），电子版；范洛伊（Van Looy）等，2004年；哈尔（Hall）等，2001年]。这些变化被一些学者用以下概念记录了下来，这些概念包括"mode 2 科学"[吉本斯（Gibbons）等，1994年]、创新系统[埃德基（Edquist），1997年]、学术资本主义[斯洛特（Slaughter）和莱斯利（Leslie），1997年]、后学院科学[希曼（Ziman），2000年]以及"三螺旋"（triple hélice）模型等[埃茨科维茨（Etzkowitz）和莱德斯多夫（Leydesdorff），2000年]。

鉴于开放科学近期所出现的变化，我们发现了两种回应方案：首先是通过开放获取和开放数据运动等手段的政治模式；其次是通过开放源码和开放创新等手段利用新知识经济所提供潜力的替代经济模式。

政治模式：开放获取和开放数据（open data）

在与科学相关的物质和非物质资源的获取日益受限的背景下，"开放获取"运动提升了公共科研部门的价值。"开放获取"的倡导者们——他们主要来自高校——主张消除一切可能影响学术资料获取的障碍。互联网的出现使这场运动的重要性日益上升，因为互联网大大降低了推送成本。最初，"开放获取"运动只想通过绕开信息共享的障碍以解决刊物的访问问题，从而有利于未来研究所需的知识的获取。

在"开放获取"领域，高校、图书馆、杂志主编、编辑、基金会、学术团体、专业协会和研究人员在 2000 年代共推出了三大国际性行动：2002 年 2 月的"布达佩斯开放获取先导计划"（Budapest Open Access Initiative）[①]、2003 年 6 月的《贝塞斯达开放获取出版声明》（Bethesda Statement on Open Access Publishing）[②]以及 2003 年 10 月的《关于自然科学与人文科学资源开放获取的柏林宣言》（Berlin Declaration on Open Access to Knowledge in the Sciences and Humanities）[③]。虽然这些行动对"开放获取"运动产生了很大的影响，但是它们所关注的只是那些已经出版了的研究成果，而忽略了研究所需的材料——如数据资料——的获取，而这些正是研究的一个重要组成部分，每年也需要巨大的公共资金投入 [阿兹贝格（Arzberger）等，2004 年]。

开放数据领域近期所取得的进展说明"开放获取"运动已拓宽了领域，把以科研为目的的数据也纳入了进来。其目标是抓住信息与通信技术所提供的契机，使科研活动所产生的数据能更方便地在生产背景以外的地方查阅和使用。数据的生产和共享是作为研究的引擎来构想设计的，而不是作为研究过程一个简单的组成部分 [莱奥内利（Leonelli），2013 年]。正如它们的主要发起者所说的那样："21 世纪正见证着以数据为驱动的科学成了以假设为驱动的传统方法的补充。伴随着由简化论到复杂机制学这一范式转变过程而出现的演变（革命）已经在很大程度上改变了自然科学，并且正在从整体上给技术—社会经济科学带来同样的改变[④]。"八国集团最近在这方面的倡议恰恰说明了这样一种迫切需求：如今，人们应当用一种超越各国法律、更加全面的方法来看待数据的获取和共享问题，以便更好地应对全球性挑战。

最后，开放数据运动已经扩展到了得到公共资金支持的其他类型的数据和信息，尤其是政府的数据，特别是那些由政府或其下设机构所生产或控制的数据，这些数据可以被任何人自由使用、重复使用和再传播[⑤]。虽然说政府数据的获取与科研数据的获取在表面上看起来似乎有相似之处，但影响它们开放的深层阻碍因素却并不相同。例如，影响政府数据开放的限制因素可能与隐私和保密有关，而影响科研数据开放的因素通常是知识产权的法律保护。

简而言之，开放获取的政治模式已经被应用到了多个对象上，尤其是出版物、研究数据和政府数据。说这种方法是政治性的，是因为它只定义了一些总体的原则，但很少会明确规定开放获取的具体实施和管理方式。从这个意义上看，开放的政治模式所推崇的是一种没有价格或授权等阻碍的获取逻辑，它所侧重的是获取而不是使用——使用是经济模式的关注

---

① 见以下网址：www.budapestopenaccessinitiative.org/。
② 见以下网址：http://legacy.earlham.edu/~peters/fos/bethesda.htm。
③ 见以下网址：http://openaccess.mpg.de/286432/berlin-declaration。
④ 见以下网址：www.epjdatascience.com/。
⑤ 见以下网址：http://opengovernmentdata.org/。

重点。在实践中，开放获取可以通过不同的机构设置来组织。相反，对于我们在下一节中将要讲到的开放源码机制来说，它承载着更多的规范性内涵——在这里，相关的承诺和使用都必须符合一些旨在控制参与者行为的法律法规和组织规范。

经济模式：开放源码和开放创新

开放源码是开放系统能在不同领域真正得到应用的一种主要机制。在它提出的生产和创新模式中，影响数据、知识和材料流通的阻碍会更小，因为它所提供的保障能降低知识产权保护机制所提供的法律保护。开放源码模式最早出现在一批软件开发者中间，目的是在著作权保护受到诸多阻碍的背景下促进彼此间的合作。这一机制是在"开放获取"相关实践的基础上制订完成的——"开放获取"的做法在软件开发行业刚刚问世时便已出现，那时候源代码的免费发放被当成了一条促进消费者购买更多计算机硬件的策略[韦伯（Weber），2000年]。随着个人电脑的兴起，软件成了一个非常有利可图的高附加值行业，它们的获取及使用受到了知识产权法的保护。

这一点以及其他许多限制因素最终促使人们将"开放获取"逻辑重新引入到了源代码领域。两大行动奠定了开放源码系统的基础：一是1984年由麻省理工学院一位名叫理查德·斯托尔曼（Richard Stallman）的研究员创建的"自由软件基金会"（Free Software Foundation）；二是由赫尔辛基大学计算机学学生林纳斯·托瓦兹（Linus Torvalds）在20世纪90年代创建的Linux开放源码操作系统。这两个项目都反对基于知识产权的新兴模式，并且都把重点放在了软件开发的过程上，而不是软件产品上[韦伯（Weber），2000年]。它们都强调，只要依靠各种不同参与者的分散力量——当然这一过程是有协调的，就能够达到该领域持续创新所需的模块化和复杂性。

具体而言，开放源码模式是将源代码提供给任何一个用户，前提是他要承诺不会将其据为己有。其所蕴含的基本逻辑是：通过实行以专利权为基础的授权战略，来建立一个不会出现专属权、开发者可随时获取资源的共同基金[萨缪尔森（Samuelson），2001年]。开放源码的持有者在将源代码转让给其他用户时将承诺要遵守与其在获得源代码时相同的使用规定。与开放获取的方法不同，开放源码的规则可以限制商业使用，尤其是不能用于创建衍生作品。

同样的概念也被使用在了"知识共享（Creative Commons）"这一计划中，目的是为创作者在授权许可方面提供多种选项，既要保护促进开放和广泛利用，同时又要防止专利被滥用（也就是说想把一些公开的资料据为己有）。"知识共享"根据不同的条件提出了六种不同的许可协议：（1）署名：该项许可协议规定，只要他人在您的原著上标明您的姓名，该他人就可以基于商业目的的发行、重新编排、节选您的作品。（2）署名—相同方式共享：该项许可协议与开放源码软件许可协议相类似，只要他人在其基于您的作品创作的新作品上注明您的姓名并在新作品上适用相同类型的许可协议，该他人就可基于商业或非商业目的对您的作品重新编排、节选或者以您的作品为基础进行创作。以您的作品为基础创作的所有新作品都要适用相同类型的许可协议。（3）署名—禁止演绎：该项许可协议规定，只要他人完整使用您的作品，不改变您的作品并保留您的署名，该他人就可基于商业或者非商业目的，对您的作品进行再传播。（4）署名—非商业性使用：该项许可协议允许他人基于非商业目的对您的作品重新编排、节选或者以您的作品为基础进行创作。他们无须在以您的原作为基础创作的演绎作品上适用相同类型的许可条款。（5）署名—非商业性使用—相同方式共享：它是（2）和（4）的结合体。（6）署名—非商业使用—禁止演绎：它是（3）和（4）的结合体（见以下网址：http：//creativecommons.org/licenses/？ lang=fr）。

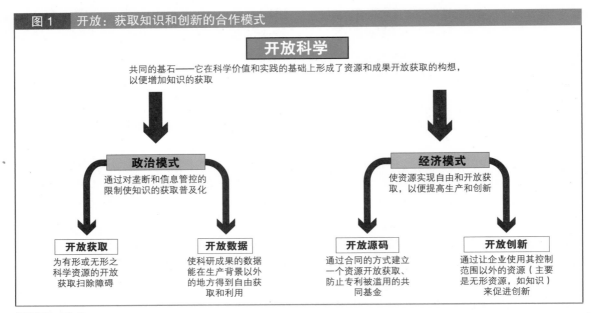

图1 开放：获取知识和创新的合作模式

开放科学

共同的基石——它在科学价值和实践的基础上形成了资源和成果开放获取的构想，以便增加知识的获取

政治模式

通过对垄断和信息管控的限制使知识的获取普及化

经济模式

使资源实现自由和开放获取，以便提高生产和创新

开放获取

为有形或无形之科学资源的开放获取扫除障碍

开放数据

使科研成果的数据能在生产背景以外的地方得到自由获取和利用

开放源码

通过合同的方式建立一个资源开放获取、防止专利被滥用的共同基金

开放创新

通过让企业使用其控制范围以外的资源（主要是无形资源，如知识）来促进创新

资料来源：据作者。

说　明：从知识的传播到创新，开放为人们获取无形资源——无形资源的所有权之争越来越激烈——提供了两大合作模式。不过，它们与传统知识产权法的关系更多的是相互衔接，而不是相互对立。

开放源码模式可以以何方式被用于其他领域——尤其是农业和医疗卫生领域（这里可能涉及专利权以外的一些问题，如垄断权等），这正是人们目前所探讨的话题。农业和医疗卫生领域的知识产权机制是在专利权这一基础上建立起来的，而与开放源码模式相对应的是建立在著作权基础之上的知识产权机制，因此这种解决方案可能并不一定适合。此外，农业和医药等领域的研究和创新往往需要巨大的投资，而软件行业所需的投资显然与其存在重大差异。因此，在将开放源码模式应用于其他行业时很可能需要更多地考虑到相关背景。

总之，设计这种创新型法律框架的目的是充分利用在创意、流程和创新方面有着重大个人利益的开发者、测试者和用户等分散网络的能力，使之形成合力［霍腾（Rhoten）和鲍威尔（Powell），2007年］。

我们还发现，这种逻辑同样适用于下文将要讲到的开放创新，尽管开放创新的方法不包含法律层面的内容，也与知识产权制度无关。

开放创新模式主要是由企业开发出来的，它是企业用来调动自己控制范围以外的资源或周边资源（主要是无形资源，如知识）的一种新手段。正如经合组织在一份综合报告中所说的那样，企业把＂开放创新当成了一种与外部合作伙伴——客户、消费者、研究人员和其他任何对企业的未来有帮助的人——所展开的密切合作。企业愿意联合他人力量的主要动机是新的商机、风险共担、资源的互补以及创造协同效应＂。相关研究表明，那些不愿意合作、不交换知识的企业，其长期竞争力将受到影响［科尚斯基（Koshatzky），2001年］。开放创新模式的发展已不再把关注点放在技术推动的研究工作上［赫斯塔（Herstad）等，2010 年]，而是强调通过合作和协作努力来增加研发选项的重要性。虽然创新之地仍然是企业，但是这些模式承认知识的源泉往往来自外部客户、供应商、竞争对手以及研究机构[恩克尔（Enkel）等，2009 年]。它也鼓励人们通过伙伴关系进行合作创新[范哈韦比克（Vanhaverbeke）等，2008 年]。全球化也促进了知识开放交流的倾向：全球化扩大了"潜在伙伴的选择范围，并形成了全球性的创新网络"（经合组织，2008 年）。

开放创新并不等同于知识和技术的自由获取。相反，它"可能还会要求企业间支付（相当可观的）专利费"（经合组织，2008 年）。然而，开放创新必然需要一些不同于那些知识产权强有力保护体制的知识产权模式[切斯布罗格（Chesbrough），2006 年；福沙尔（Fauchart）和范希佩尔（von Hippel），2008 年]。

开放系统、公共领域及公共物品

本章旨在澄清开放系统的不同概念是在怎样的背景下设计出来的，它们能在多大程度上影响各类广泛而具体的项目，对开放系统不同概念与公共领域以及公共物品等概念之间关系的详细研究并不是本文所要探讨的内容。然而，需要强调指出的是，正如存在多种多样的开放系统一样，公共领域和公共物品也存在多种概念[1]。开放科学、开放获取或开放数据等概念与公共领域的概念有相近之处，因为它们都赞成不受限制地获取资源。开放源码的概念以及一定程度上说也包括开放创新的概念则更接近公共物品的概念：它们都具有某些"个人—集体"的特征[冯·希佩尔（von Hippel）、冯·克罗（von Krogh），2003 年]——

在这里，获取和共享规则是由某一特定的参与小组自己制订的，它也会实行一些限制措施。进入这个小组的入门成本可能不会太高，但加入其中就必须接受规则。

开放系统的不同概念与知识产权之间的关系

如上所述，公共研究与私人研究之间的界线越来越模糊，因为三大研究主体——学术界、政府和工业界——通过知识共享和共同开发创新，彼此间的合作越来越密切。学术界出现了一些新的经营规范和社会实践[2]，这三大主体都在寻求建立更加持久的合作关系。在制度背景不断变化的情况下，这些新的综合系统也在不断作出调整，以便更多地考虑政治模式的一些基本原则或强有力的知识产权保护模式所公认的一些优势。

因此，开放源码模式可以利用知识产权保护法和许可证发放条件等来建立一些开放系统，而开放获取则致力用一种更灵活的方式对知识产权法进行系统的整合。在本小节我们将试图说明：将开放系统和专有系统截然分开的做法等于是在逃避现实——将两种元素相结合的混合模式似乎更能描述眼前这个复杂的世界。

开放系统和专有系统的假二元对立

通常情况下，人们往往认为（有形和无形的）资源要么是开放获取的，要么是私人所有的。在现实中，把这些资源的管理说成是一个连续统一体似乎更好，开放获取以及独家获取只是它的两个极端。例如，得到国家资助的农业基因库就属于开放获取这一

---

[1] 详见萨缪尔森（Samuelson）（2006 年）对公共领域 13 个不同概念的详细介绍。

[2] 罗德里格斯（Rodriguez）已经通过实例说明了以下领域所出现的变化："创业型大学、学术影响、教授的咨询职能、招聘博士或博士后来开发赞助商已设定的科研方向、知识产权、许可证、项目建议书和补贴、指导的项目、高校与产业界的合作、全球网络、跨学科中心和团队、研究成效绩效评估等。"

端：它可以按照人们的要求免费提供种子或其他遗传资源，而且不会对其使用提出任何限制。在另一个极端，有关某一牲畜的某一遗传标记之功能的知识则完全可以是私人所有的。在这两者之间，一些开放获取的资源也可能会受到一定的限制——正如我们在上文所说过的那样，而某些知识产权保护机制能使人们获取一些在没有知识产权保护机制的情况下无法获得的重要信息。此外，企业可以把推动某些资源的开放获取当作降低资源获取和生产成本的一种战略手段。正是本着同样的逻辑，化妆品或医药企业才会反对将一些传统知识或遗传资源——过去它们被认为是公共领域可随意使用的资源——据为己有的要求。

开放源码模式与知识产权法的关系也十分复杂。这些模式利用从知识产权法和合同法那些借鉴过来的十分复杂的法律和制度安排来捍卫开放的价值。正如萨缪尔森（Samuelson）所强调的那样："开放源码的许可证比大部分私人软件许可证的允许使用范围要广得多，但是与所有知识产权完全开放的信息资源相比，它们的规定要严格得多。"虽然开放源码模式强调的是更广的可获取性，但是它们所依托的知识产权法及许可条件却在不断纳入更多针对用户的约束和要求。在多个开放源码模式并存的情况下，对那些有着不同限制要求的数据进行整合将变得十分困难，尤其是世界范围内的跨学科大项目，则更可能遇到问题。事实上，同时遵守开放源码模式的不同法律要求很可能会制造出一些影响开放程度的阻碍因素，从而与所追求的目标背道而驰。

相反，纯公共的获取方法可以对不同的资源进行集成与整合，而且无须考虑到它们的法律地位。许多开放源码项目正试图通过整合公共领域一些原则的方式来解决这个问题。这方面的例子包括"公共领域贡献与许可"（Public Domain Dedication and License，PDDL）、"科学共用数据协议"（Science Commons

Data Protocol）和"知识共享CC0许可证"（Creative Commons Zéro）等。正如"知识共享CC0许可证"的一位设计者所说的那样［阮（Nguyen），2008年］："解决方法（……）是将数据都划归到公共领域，不管其来源和影响如何都要放弃一切可能阻碍科研能力（即对数据进行提炼、再利用和传播的能力）的权利。议定书的目标是保持数据的开放、可获取性和共同使用性，它的优点在于它的简单性、可预见性以及对待用户和资料的一致性。"

这种公共领域的解决方法——在这里，数据的提供者没有任何特殊的权利——可以解决数据集成的问题，但它也会使数据提供者不愿将自己的资源提供给公共领域，因为它不会提供适当的署名，或者是因为担心他们的数据失去完整性。具有讽刺意义的是，正如霍腾（Rhoten）和鲍威尔（Powell）（2007年）所说："如同知识产权会被视为可能对公共领域构成损害一样，开放和可获取性会拖累那些旨在鼓励创新并将其纳入公共领域的激励机制。"

简而言之，把开放系统归结成一种与产权制相对立的概念是错误的。相反，有些组合和混合形态能够为科研和创新在资源获取、交换和共享等方面确定规则。它不仅只是一个一维的连续统一体，说它是多个维度的光谱似乎更合适——这正是我们接下来所要描述的。

超超开放体系与产权制度的对立

开放观与专属观之间的辩论几乎完全集中在与资源法律地位有关的可获取性这一维度上。然而，资源的交换是在一个范围十分广泛的合作背景下出现的，这其中会涉及其他一些同样重要的维度。

——激励结构：它决定着谁来创建开放系统，该系统的目标是什么，谁在为之作出贡献，他们作贡献的动机，在整个过程中由谁来负责维持这一系统。

——资源的特性，主要是指各类被交换资源的性质：数据、信息、知识、材料。

——结构性制约与机遇，如有关资源本身潜在信息的可用性、资源的分配或集中以及获取方式等。

——组织和制度因素，如知道决策和监控的结构究竟是等级制的还是分散式的，以及在信息交换、使用过程中，决策者和监控者在发布、监督和追踪方面的权利。

——再分配的考量，即要考虑到资源利用所能带来的惠益——包括服务的类型、惠益是如何累积的、谁在管理这些惠益的分配或再分配以及社会的参与程度等，以期能达到一些更加广泛的目标，如社会公平、经济能力、食品安全和环境保护等。

这些维度为人们描绘了一幅十分复杂、矛盾关系时常出现的交换景象：比如公平目标与效率目标之间的矛盾，基于明确规则的交换与基于互惠和信任的交换之间的矛盾、利用市场机制与利用调节机制之间的矛盾等——在此仅列举这几个例子。这些矛盾的处理方式形成了一个个不同的要点，而它们成了研究和创新过程中混合型资源交换模式的一部分。

迈向混合型研究和创新模式：遗传资源的获取与利用

展望未来，我们可以把本文所介绍的各种不同模式看成是各种复杂混合模式的基础——这些混合模式将把各类机构行为体、获取和开放规范、研究所用资源在所有权方面的制约、创新战略和技术变革、公平与惠益的再分配等作为合作型的组织解决方案进行整合，以应对全球性挑战。然而，几乎所有的混合模式都存在一些固有的矛盾。首先，开放科学的规范始终与各类产权机构进行着互动，而高校、企业以及政府则希望从研究中获得越来越大的社会效益。其次，开放方法所具有的战略优势和政治重要性已得到了承认，但是开放所受到的调节以

及产权法都在变化，并能平衡各参与方的利益分配。最后，新的国际政策所寻求的是促进资源的有效利用，并在保护私有财产和知识产权的同时又能解决各种复杂的问题。然而，各国政府和各利益相关方却不一定认同这种实现均衡的方式。这些固有的矛盾会导致各种混合型研究和创新模式的出现，以使不同的目的得到满足。虽然现在对这些混合模式的效益作出评估还为时过早，但对以下这个案例的实施和操作进行研究将是一个很好的例子——这个案例就是《生物多样性公约名古屋议定书》所确立的资源获取和惠益共享政策。

《生物多样性公约名古屋议定书》关于遗传资源获取和惠益共享的机制

遗传资源获取和惠益共享的机制是根据《生物多样性公约》制定的，在 2010 年《名古屋议定书》的框架下这些问题受到了人们的广泛讨论。在其生效之后，它要求各成员国在利用遗传资源方面制定公平的获取程序和共享规则。各成员国都承诺将遵守《名古屋议定书》的规定。具体而言，对遗传资源获取规则的监管与科研人员的距离越来越远，而是更多地落在了一些新的政府机构手里。根据国家和次国家层面所出现的新组织结构，遗传资源的接受者和提供者都必须考虑到遗传资源获取方面的新制约及机遇——它们必将对资源的分配和科学合作的方式产生影响。资源的价值和可用性也会受到一些结构性的制约及机遇的影响，如数据、信息、自然环境、集中度以及一些与遗传资源的性质有关的其他因素。

议定书中的激励机制由开放获取和财产权组合而成。议定书的签署国承诺将为其他国家的个人开放获取遗传资源提供便利，但这些资源必须用于研究或其他非商业性的目的。但这种获取并非真正开放，因为遗传资源的用户必须通过正规、透明的程序提交申请材料，然后由相关国家的政府来批准。如果未来遗

传资源的使用包含着商业性的内容，那么各方必须就如何与资源提供国分享惠益达成协议。因此，这一政策既鼓励了资源的获取，同时又保护了财产权。这些惠益既可以是货币化的，也可以是非货币化的（数据、信息和培训等）。各国也可以通过这一手段来提高自身的科研能力。

鉴于这种新的政治背景，未来此类混合系统很可能会得到发展，以便在上面提到过的各种矛盾中寻求一种平衡。下面两个选项所提供的替代方案可作为分析未来混合系统的一种探索。

第一种混合系统：这一轨迹代表着三大主体——高校、政府和产业界——不断在进行着整合。在这里，遗传资源的获取和使用是以项目或研究计划为基础的。用于科学目的的资源获取将更加方便，而它们的使用则必须以明确的惠益分享协议为基础。这种混合模式很可能会导致资源的集中，知识产权法将得到更广泛的应用——它们将对材料和数据的流动进行管理，相关规章制度将更加严格，而交易成本也可能因此而上升。最终，这种混合模式可能会导致一种封闭型的知识和创新体系：私人产权制在其中将占据主导地位，而商业目标也会在学术界、政府和工业界的联盟中越来越多地显露出来。这种封闭性最终会影响到研究人员团队或俱乐部成员之间的交流与合作——这些研究人员是用自己的能力加入进来，并获取这些珍贵资源的。在这些俱乐部内，数据和材料的流动性很大，但这种流动性在俱乐部间并不一定存在，因为它们之间的信息流会受到控制，而且是在基于某些战略考量的情况下才会出现。这种混合形态对于竞争的形成是有利的：研究人员团队或俱乐部会以相互竞争的方式来为全球性问题寻找解决方案，但是在如何分配和再分配这些资源使用所产生的惠益方面，相关的做法是很正规的。要想使这样一个模式做到公平，就必须采取一些特殊措施，以便能更好地获取共享资源

所产生的收益，同时能保证人们更多地参与那些能带来全局性和集体性收益的活动。总之，在这种方法中，产权法能得到较好的应用，而开放系统的分量则相对有限。

第二种混合系统：这种混合系统强调的是资源和能力更好的分配。它主要是为了解决第一种混合模式在解决全球性问题时所遇到的一些结构性约束。它认识到，将分散在所有国家的技术和技能进行重新整合的过程，再加上信息和资源本身所存在的一些困难，这一切所导致的将是研究和创新能力以及科研投入控制权的再分配，而不是集中。它还做了这样一种假设：科学家在全球性问题面前的责任感以及公平意识越来越强，他们越来越意识到要对各国的需求进行平衡。此外，科学家们还承认，在遗传物质的获取和使用相关的惠益（货币的和非货币的）等方面，有很大一部分贡献来自于他们。

这一混合模式抓住了信息与通信革命所提供的机遇——这场革命大大促进了信息交流，使发展能力得到了更好的分配，同时减少了物资交换的需求。这种混合模式假设：世界各地存在许多有价值的遗传材料库和数据库，而且各个地方都想增强对遗传材料获取的控制。它需要人们加强管理，以确保非货币回报能起到提升本地能力的作用。这一混合模式中，科学家所依靠的是分散在各地的材料和信息源。科学家小团体或俱乐部可能还会存在，但是入门的门槛会很低，人力资源的流动将十分便利。此外，全球性的问题复杂多样——它们会涉及医疗卫生、农业和环境等众多领域——而且地方上的能力也大到足以保证俱乐部成员的自由流动。这一混合模式提供了一个更加开放的系统——这个系统是在各参与方相互依存、相互认可的基础上建立起来的，以便使相关交流、研究和创新能在更公平的条件下进行。在这种混合模式里，遗传资源的所有权始终得到承认，但它是在产业链的

下游被激活的，即在商业意图已经十分明确，且产品或工艺已处于十分成熟的开发阶段。因此，遗传资源的所有权并不会确定合作的结构，也不会成为研究进程的引擎。在再分配方面，重点是加强监管机构的力量以确保相关共享的资源能被那些最需要的行为体和国家所利用，同时又要大力提倡互惠行为，以提升各参与方长期合作的能力。

结论

与开放系统相对应的是大量合作型的方法：它们的目的是改善资源的获取——有关资源的所有权之争越来越激烈。这些方法承认研究和创新进程集体合作的性质，并愿意将这些进程向那些通常不会被纳入合作研究模式的行为体开放。然而，由于人们在有关开放获取的辩论中过于强调获取的重要性，这很可能会导致出现钱德尔（Chander）和孙达尔（Sunder）所说的对公共领域过于浪漫的看法："即只要通过法律手段将资源对所有的人开放，所有的人就会有相同的机会来利用它们这样一种想法。"开放系统显然不会给所有参与方以同样的权利。事实上，开放获取资源的有效利用需要有一定的基础设施、相关的知识和技能，而这一切在那些更有实力的参与者身上更容易找到。因此，建立一个开放的交流体系本身并不会解决与知识产权机制相关的公平性问题。

忽视再分配的维度也会对不同参与方参加研究和创新进程的方式产生不良影响，并会影响到重要资源的交流。再分配和结构这些维度都是研究进程管理不可或缺的因素——这个研究进程需要众多有着不同目标和能力的参与方展开合作。

本章所介绍的两个典型混合模式或许能为人们指明研究和创新的未来轨迹。它们同时借用了开放系统和产权制的要素，并用不同方式对其进行组合，从而形成了一个制度框架：在这个框架里，众多的参与方彼此合作以应对全球性挑战。这两种模式都在一个宽泛的合作框架内融入了获取和再分配等问题。然而，在处理再分配问题上，这两种模式有着完全不同的方式。第二种混合模式选择了一种与人的能力有关的方法：它通过让尽量多的行为体参与其中的方式来提高研究和创新能力。第一种模式推崇的是俱乐部方式，它不太强调让更多的人参与到研究和创新进程当中。相反，它更注重的是服务的效率，以此来获得对集体有利的全球性物品和服务。

参考文献

ARZBERGER P., SCHROEDER P., BEAULIEU A., BOWKER G., CASEY K., LAAKSONEN L., MOORMAN D., UHLIR P. et WOUTERS P., 2004, "Promoting Access to Public Research Data for Scientific, Economic, and Social Development", *Data Science Journal*, 3: 135-152. Disponible sur : http://journals.eecs.qub.ac.uk/codata/Journal/contents/3_04/3_04pdfs/DS377.pdf

BÖHME G., VAN DEN DAELE W., HOHLFELD, R., KROHN W. et SCHÄFER W., 1983, *Finalization in Science: The Social Orientation of Scientific Progress*, Dordrecht, Riedel.

CHANDER A. et SUNDER M., 2004, "The Romance of the Public Domain", *Law Review*, 92, n° 1331.

CHESBROUGH H., 2006, *Open Business Models*, Harvard, Harvard Business Press.

COOK-DEEGAN R. et DEDEURWAERDERE T., 2006, "The Science Commons in Life Science Research: Structure, Function, and Value of Access to Genetic Diversity", *International SOC, SCI Journal*, 58, 299.

EDQUIST C. (ed.), 1997, *Systems of Innovation Approaches: Technologies, Institutions and Organizations*, Londres, Pinter.

ENKEL E., GASSMANN G. et CHESBROUGH H., 2010, "Open R&D and Open Innovation: Exploring the Phenomenon", *R&D Management*, 39(4): 311-316.

ETZKOWITZ H. et LEYDESDORFF L., 2000, "The Dynamics of Innovation: from National Systems and 'Mode 2' to a Triple Helix of University-Industry-Government Relations", *Research Policy*, 29(2): 109-123.

FAUCHART E. et VON HIPPEL E., 19 février 2008, "Norms-based intellectual Property Systems : The case of French Chefs", *Organization Science*: 187-201.

FUNTOWICZ S. O. et RAVETZ J. R., 1993, "Science for the Post-Normal Age", *Futures*, 25:739-755.

GIBBONS M., LIMOGES C., NOWOTNY H., SCHWARTZMAN S., COTT P. et TROW M., 1994, *The New Production of Knowledge. The Dynamics of Science and Research in Contemporary Societies*, Thousand Oaks, Sage Publications.

GILLESPIE I., CASTLE D., CHATAWAY J. et TAIT J., juin 2013, "The Life Science Innovation Imperative". Disponible sur : www.innogen.org.uk/downloads/Life-Science-Innovation-Imperative.pdf

GRIMPE C. et FIER H., 2010, "Informal University Technology Transfer: A Comparison between the United States and Germany", *The Journal of Technology Transfer*, 35(6): 637-650.

HALL B. H., LINK A. N. et SCOTT J. T., 2001, "Barriers Inhibiting Industry from Partnering with Universities: Evidence from the Advanced Technology Program", *Journal of Technology Transfer*, 26(1): 87-98.

HERSTAD S. J., BLOCH C., EBERSBERGER B. et VAN DE VELDE E., 2010, "National Innovation Policy and Global Open Innovation: Exploring Balances, Tradeoffs and Complementarities", *Science and Public Policy*, 37(2): 113-124.

HESSELS L. K. et VAN LENTE H., 2008, "Re-Thinking New Knowledge Production: A Literature Review and a Research Agenda", *Research Policy*, 37(4): 740-760.

IRVINE J. et MARTIN B. R., 1984, *Foresight in Science: Picking the Winners*, Londres, Frances Pinter.

KOSCHATZKY K., 2001, "Networks in Innovation Research and Innovation Policy – An Introduction", *in* KOSCHATZKY K. *et al.*, *Innovation Networks: Concepts and Challenges in the European Perspective*, Londres, Springer: 3-23.

LEONELLI S., février-avril 2013, "Why the Current Insistence on Open Access to Scientific Data?", *Big Data Knowledge Production and the Political Economy of Contemporary Biology*, vol. 33, 1-2: 6-11.

LINK A. N., SIEGEL D. S. et BOZEMAN B., 2007, "An Empirical Analysis of the Propensity of Academics to Engage in Informal University Technology Transfer", *Industrial and Corporate Change*, 16(4): 641-655.

MCKELVEY M. et HOLMEN M. (eds.), 2009, *Learning to Compete in European Universities: From Social Institution to Knowledge Business*, Cheltenham, Edward Elgar.

MERTON R. K., 1973, *The Sociology of Science: Theoretical and Empirical Investigations*, Chicago, University of Chicago Press.

MUKHERJEE A. et STERN S., 2009, "Disclosure or Secrecy? The Dynamics of Open Science", *International Journal of Industrial Organization*, 27(3): 449-462.

NGUYEN T., 2008, "Freedom to Research: Keeping Scientific Data Open, Accessible, and Interoperable". Disponible sur : http://sciencecommons.org/wp-content/uploads/freedom-to-research.pdf

OECD POLICY BRIEF, 2008, *Meeting Global Challenges through Better Governance International Co-operation in Science, Technology and Innovation.*

RHOTEN D. et POWELL W. W., 2007, "The Frontiers of Intellectual Property: Expanded Protection versus New Models of Open Science", *Annual Review of Law and Social Science*, 3(1): 345-373.

SAMUELSON P., 2001, "Digital Information, Digital Networks, and the Public Domain", Conférence sur le domaine public, Duke University. Disponible sur : www.egov.ufsc.br/portal/sites/default/files/anexos/27598-27608-1-PB.pdf

SAMUELSON P., 2006, "Enriching Discourse on Public Domains". Disponible sur : http://papers.ssrn.com/sol3/papers.cfm?abstract_id=925052

SLAUGHTER S. et LESLIE L. L., 1997, *Academic Capitalism: Politics, Policies, and the Entrepreneurial University*, Baltimore, The John Hopkins University Press.

VAN LOOY B., RANGA M., CALLAERT J., DEBACKERE K. et ZIMMERMANN E., 2004, "Combining Entrepreneurial and Scientific Performance in Academia: towards a Compounded and Reciprocal Matthew-Effect?", *Research Policy*, 33(3): 425-441.

VANHAVERBEKE W., VAN DE VRANDE V. et CHESBROUGH H., 2008, "Understanding the Advantages of Open Innovation Practices in Corporate Venturing in Terms of Real Options", *Creativity and Innovation Management*, 17(4): 251-258.

VON HIPPEL E. et VON KROGH G., 2003, "Open Source Software and the 'Private-Collective' Innovation Model", *Organ. Sci.*, 14: 209-223.

WEBER S., 2000, "The Political Economy of Open Source Software", *BRIE Working Paper*, 140.

ZIMAN J., 2000, *Real Science: What it is, and What it Means*, Cambridge, Cambridge University Press.

自由软件：一种社会与经济创新

盖尔·德普尔特（Gaël Depoorter）

皮卡第儒勒—凡尔纳大学，法国

自由软件运动简史

自由软件运动［它也被称为自由/开源软件（FLOSS）运动］的源头可以追溯至 20 世纪 70 年代在美国西海岸出现的"电脑文化"（指社会文化在电子计算机影响下的状态——译注）。"电脑文化"是一批反文化的新社群主义者（嬉皮士）与公共研究、军事工业等结合而成的一个"另类综合体"［特纳（Turner），2010 年］，它改变了信息在人们心目中的形象——此前，信息被当成是一种社会控制和镇压的集权机器，如今它变成了一种解放、自治、全人类沟通以及自由的工具。站在这一技术最前沿的是黑客的形象［利维（Levy），1984 年］：它代表着一种个人模式——这是一个自学成才、"知识丰富的狂热者"，是个电脑技术迷，也是技术和社会创新的主要驱动力。

当时该领域的大公司想象不到还会出现个人电脑市场。1977 年，时任美国数字设备公司总裁的肯·奥尔森（Ken Olson）就曾表示："没有理由相信人们会愿意买台电脑回家"［盖尔（Gayer），2003］。因此，20 世纪 90 年代和 21 世纪初的信息革命（互联网和个人计算机等）正是"家酿计算机俱乐部"（Homebrew Computer Club）、"资源一号"（Ressource One）、"社区记忆"（Community Memory）或"人民

计算机公司"（People´s Computer Company）等网络文化人士和黑客们所酝酿、设计的。1976 年，经常光顾"家酿计算机俱乐部"的史蒂夫·乔布斯（Steve Jobs）和史蒂夫·沃兹尼亚克（Steve Wozniak）创建了第一个个人电脑公司：苹果电脑。总体上看，计算机行业长期以来一直依靠用户俱乐部来不断改善软件，分享技巧与其他补丁。这些或正规或非正规的合作为忠诚度的培养提供了保证［莫尼尔—库恩（Mounier-kuhn），2010 年］。当时，硬件的价格过高，而软件则因为太不稳定而无法用于商业化。从 20 世纪 70 年代后期开始，版权法的严格实行以及专业市场的出现使这些宽松的方法逐渐被淘汰。

如果说是这些先驱推动了个人电脑的普及，那么今天的自由软件运动倡导者们则通过向每个人提供灵活、可靠软件的方式沿着这条道路继续前进。因此，每当谈到开放运动时，它所涉及的不仅仅是有关未来的希望，也包括已经取得的具体成果。

自由软件运动之图谱

从黑客文化中走出来的理查德·斯托曼（Richard Stallman）是自由软件的"开国元勋"——他也被利维（Levy）称作是"最后一个黑客"。他成功地动员了数十万专业人士和爱好者一起来捍卫一种建立在分

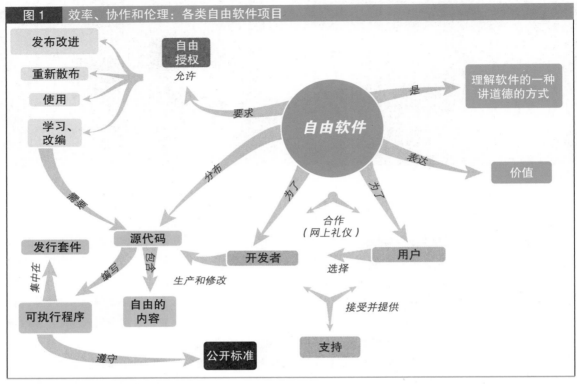

图1 效率、协作和伦理：各类自由软件项目

资料来源：勒内·梅罗，由软件概念图。

说　明：技术创新与历史上的经济模式是相对应的。它们的出现、实施和崩溃阶段都遵循着同样的趋势。为什么当前的危机能摆脱这一进程？

享、交流和"篡改"（bidouillage）[①] 等基础之上的计算技术运作方法。他于 1985 年创立了"自由软件基金会"（Free Software Foundation），以促进人们去开发一些可供人们自由使用、交换、改编或研究的通用后续软件。在 1989 年推出版权（copyleft）许可证（即"GNU 通用公共授权"）后，理查德·斯托曼和埃本·莫格伦（Eben Moglen）为自由软件的用户和开发者提供了一种重要的法律保护。它可使通过开放源码编写的程序能与拥有版权保护的软件相互竞争：

这些程序的源代码不是由集体开发或修改的"公开文本"，而是只有编写者有权处置的秘密文本。

从某种程度上讲，一个软件的源代码是它制造或再造的配方。它首先用人类能够理解的编程语言来编写，然后再由电脑程序对它进行"编译"，将它变成只有计算机才能读懂的二进制语言（由 0 和 1 组成）。自由 / 开源软件（FLOSS）是与其源代码一起提供的，而对于那些拥有版权的软件开发者来说，源代码是一种工业机密。正因为如此，人们从来就无

———————————

[①] "黑客"（hack）一词通常在法文被翻译成"篡改"（Bidouillage）。

法真正获得某个拥有版权的程序，人们所购买的只是在某一特定时间段的使用权。版权软件商业模式的基础是创造的稀缺性，而自由软件的运行基础是创造的丰富性。这个赌注主要是基于这样一种想法：如果有更多的人来探索和研究源代码，那么错误就将最大限度地得到纠正，这就是所谓的"林纳斯定律"（loi de Linus）。

互联网往往被人说成或者夸成能将不同的个人连接在一起，甚至"能够解放主体性"［卡尔顿（Cardon），2010 年］，而自由软件运动也表明，围绕着这一工具以及一些共同的价值，一些真正可持续、具有创新力的集体是能够形成或得到巩固的。在人们眼里，黑客往往被认为是那些破坏这场运动正常运作的人——仅在欧洲，就有数百个协会参加这一运动，它们每年的活动包括一些名为"远离键盘（AFK）"的会议、公开表态以及直接合作等。这里既有计算机专业的大学生或专业人士，也有退休人员、业余爱好者、社区或政治活动人士。根据不同的参与度和技术能力，每个人都可以在其中找到自己的位置、自己的角色。每个人的观念、动机不尽相同，但是所有的人在为了这个"人类历史上最大的合作项目"而携手合作［托瓦兹（Torvalds），2010 年］。将重点始终放在技术问题上、就最基本的规则达成一致、保持行业的经济活力，这一切一般情况下可使紧张关系和矛盾得到遏制。

自由／开源软件（FLOSS）的经济和政治挑战

自由／开源软件市场

今天，自由／开源软件已成为"版权"软件可靠的替代者。如果说微软在工作站市场占有绝对优势的话，那么在数字基础设施（服务器）或手机［2013年，75% 的手机安装了安卓（Android）系统］则绝

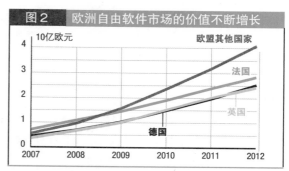

图2　欧洲自由软件市场的价值不断增长

资料来源：皮埃尔·奥杜安事务所（PAC）。

说　明：自由软件市场总额约在 100 亿欧元，而且在欧洲，尤其是法国增长迅速。

对是自由软件的天下。它们的用户超过了数百万（火狐、LibreOffice、安卓、Apache），并赢得了许多政府采购合同，用于装备各个部委、大都市和大型企业等。开放源码的全球市场总额巨大，仅欧洲的市场总额在 2010 年便超过了 100 亿欧元［皮埃尔·奥杜安事务所（PAC），2010 年］，而且每年仍在高速增长（见图2）。全球第一个自由软件企业红帽公司（Red Hat），它在全世界的营业额已超过了 10 亿。法国也是全球自由软件行业最具活力的国家之一，2011 年法国自由软件市场约占全球软件和计算机技术服务市场份额的 6%，总额约为 25 亿欧元［皮埃尔·奥杜安事务所（PAC），2012 年］，而且这一市场自 2007年以来一直保持高速增长。

这一良好势头使行业内一些传统企业开始重新审视自己的策略。这一战略主要围绕两个方面展开：一是在法律安全和专业水平等层面向潜在用户灌输担忧的公关策略［这就是被称为惧、惑、疑（FUD）的公关策略］，二是自己或多或少也开始打入新开辟的市场。微软公司已开始作出微调，将部分源代码公开，而 IBM 公司自 2000 年以来已经在自由软件领域投入了数十亿欧元，并把它当成是与雷德蒙（Redmond）软件公司竞争、将其部分研发业务外包

的一种手段。太阳计算机系统（Sun Microsystems）公司在 2008 年花了数十亿美元收购了一个具有很强竞争力的自由软件项目，而谷歌已经把自由软件当成了计算机技术开发的基础，并得到了数以千计志愿开发者的支持。

这种"自上而下"的市场前景不应该掩盖自由软件为"普通"参与者提供的可能性。免除了许可证的费用，得到了社会化的、各方共担的科研经费的支持，一些计算机编程员能够投身到竞争十分激烈的信息技术市场，围绕一个或多个自由软件提供服务，或开发出新的软件。自由软件使一些小参与者在有限资金支持的情况下也能投身市场。他们还开辟了一些新的中间或有限的市场，尤其是那些因为专利许可而使利润受影响的一些本地计算机技术服务。他们还通过提供一系列专业知识以及掌握这些知识所需的手段，为人们进入计算机行业提供便利。

自由软件与可持续开发

如今，要想参与软件开发已经十分容易，再加上自由软件界与各类协会和大众教育机构的关系十分密切，这一切使得自由软件界从一开始就特别关注那些远离计算机技术的公众。开发专为残障人士使用提供便利的软件以及将软件翻译成许多不太常用的语言等都属此类行动的范畴。此外，对环境问题的担心也使这个圈子里的人对于技术的不断升级产生了一丝不信任感。Linux 操作系统就开发出了许多能在旧机器上运行、无须多大空间资源的发行套件。一些协会还致力向人们发放一些回收利用的旧电脑，这些电脑所用的都是自由软件。由于这些设备都是免费的，因此无论是在西方国家还是新兴国家，它们都使许多低收入人群接触到了计算机技术。

这一运动已经真正形成了全球规模，人们注意到在突尼斯，尤其是在金砖集团成员国（如印度和南非）以及南美洲（见图 3）等，都出现了一个人员庞大的自由软件群体。不过，虽然相关技能可以免费提供，软件也是免费的，但是对于不拥有任何教育体制、基础设施相对落后地区的人们来说，如何来做自我培训还是个大问题。

自由软件与安全

三十年间，已实现全球化的自由软件"社群"推广了大量先进的知识技能，使所有人有机会接触信息技术，并加强了对这一技术的控制。面对当前网络可能被进一步监管和控制（不管是被政治强权还是经济强权所控制）的趋势，自由软件"社群"似乎成了一个为数不多的能在全球范围内维护个人权利和自由的民事和技术"组织"。这种维权行动虽然也可以通过表达政治立场的方式来进行，但它首先是要求采取实际行动，也就是说要开发一些信息安全的工具——而"阿拉伯之春"或爱德华·斯诺登事件也进一步说明了此类产品（如 GPG、Tor、Cryptocat 或 Tox、Disconnect、Anonymox、HTTPS everywhere、Riseup 以及 Owncloud 等软件）的重要性。

在信息安全方面，开放源代码通常情况下能够带来更大的安全，同时也能带来更大的透明度。随着近期爱德华·斯诺登对美国国家安全局"棱镜"监听项目（这只是美国政府"控制"互联网络的众多计划中的一个）的不断揭批，我们现在有证据能证明有人确实在利用软件和网络上的后门和其他一些"Cookies"。它们被用来为某些公司（如微软、苹果、脸谱、亚马逊和谷歌）或政府（目前我们知道的主要是美国政府，但各大工业化国家很可能也开发出了自己搜集数字信息的方法）用来搜集敏感信息，并允许直接访问每一台计算机。无论这一切是为了工业间谍活动、政治控制、对某些"异常"用户进行监督和打压，或者为了确定某一细分类型消费者的特征，普通网民都开始意识到他们的一切活动都在他人的监控之中、被搜集、被分析甚至被转卖。虽然说有关网络空

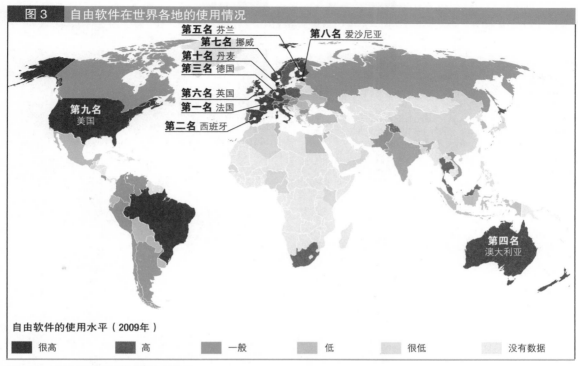

图3　自由软件在世界各地的使用情况

第五名 芬兰
第七名 挪威
第八名 爱沙尼亚
第十名 丹麦
第三名 德国
第六名 英国
第一名 法国
第二名 西班牙
第九名 美国
第四名 澳大利亚

自由软件的使用水平（2009年）

■ 很高　　■ 高　　■ 一般　　■ 低　　■ 很低　　■ 没有数据

资料来源：红帽公司和佐治亚理工学院，2009年。

说　　明：尽管自由软件在世界各地，尤其是发展中国家迅速扩张——它意味着用户群的形成，但是每个国家使用自由软件的情况不尽相同。

间、"电子边界"、新的"荒芜"之地等神话曾经使人们认为自己在网络上完全可以实现隐身，但实际情况恰恰相反。

版权软件对源代码的保密迫使它们的用户几乎将所有个人资料都拱手相让，而且人们无法对向软件开发企业发送信息的行为作任何控制。

结论

得到了许可证的法律保护、受到信息技术行业强劲发展势头的支撑、形式各异的协议在不断为其提供各类有针对性的专业技能，自由软件运动确保了数字化世界的普及与开放。无论是在机器人技术、家庭自动化技术还是在电话或3D打印等领域，自由软件运动都在为确定未来的使用方法做着尝试。

在获取性和信息工具控制方面，自由软件的工作会随着时间的变化而变化。最初，它的重点是个人电脑的开发，之后则向人们提供可使用和可控制的软件，未来它的任务可能会转向各类安全工具的普及、信息文化的传播、提供储存空间以及符合该运动之自由原则的各类分散式服务——尤其是对个人和集体的控制。

面对互联网上铺天盖地的所谓网络战的说法，自由软件运动将为一个完全不同的进程铺平道路：这就是网络和平［齐默尔曼（Zimmerman），2013年］。

参考文献

Cardon D., 2010, *La Démocratie Internet : promesses et limites*, Paris, Le Seuil.

Gayer L., 2003, « Le Voleur et la matrice. Les enjeux du "cybernationalisme" et du "hacktivisme" », *CERI*, 9.

Levy S., 1994 [1984], *Hackers: Heroes of the Computer Revolution*, Broadway, N. Y., Dell Publishing.

Mounier-kuhn P.E., 2010, « Les clubs d'utilisateurs : entre syndicats de clients, outils marketing et "logiciel libre", avant la lettre », *Entreprises et histoire*, 3(60), p. 158-169.

Pierre Audouin Consultants (PAC), 2010, *Le Logiciel libre ne connaît pas la crise.*

Pierre Audouin Consultants (PAC), 2012, Étude Open Source France.

Torvalds L. et Diamond D., 2010 [2001], *Linux, c'est gratuit ! Mais aidez-moi à l'installer*, tard. O. Engler, Paris, L'École des loisirs.

Turner F., 2010, *From Counterculture to Cyberculture: Stewart Brand, the Whole Earth Network, and the Rise of Digital Utopianism*, Chicago, University Of Chicago Press.

Zimmerman J. et Bayart B., 2013, conférence de clôture de Capitole du Libre, Toulouse.

第九章

吕西安·沙巴松（Lucien Chabason）
可持续发展与国际关系研究院，法国

为一个真实乌托邦服务的政治创新

可持续发展这个真实的乌托邦具有一个特殊性：国家在其实施过程中处于核心地位。这个巨大挑战显然要求人们进行政治创新。本文探讨了不同地域层面为了可持续发展的实施而在公共机构、决策进程以及政策工具等方面所做的创新。

从词义上看，乌托邦是对理想公民社会的一种智力建构。据雷吉斯·梅萨克（Régis Messac）（2008 年）的定义，它是指"一个当今社会所有的问题和弊端都已得到解决和修复的理想世界"。从这个角度来看，可持续发展可以被划归到乌托邦这一大家庭当中。事实上，可持续发展的愿景应当被描述为一个经济繁荣、环境得到保护、社会平等的社会，而且社会所有成员必须在共同原则下参与社会治理。从所有的角度看，这的确是一种现代乌托邦，但恩斯特·布洛赫（Ernst Bloch）将它称为是真实的乌托邦，因为它不仅要求人们做出根本性的改变——例如生产方式和消费方式的改革以及与能源的关系彻底改变等，而且还要求在日常生活、政治、经济、社会等方面立即付诸行动，当然如果需要的话可以循序渐进地展开。

从历史上看，各个国家声称要实施此类乌托邦式智力建构的情况并不常见。然而，这正是可持续发展所追求的目标。联合国每一个成员国都通过了里约热内卢的《21 世纪议程》、约翰内斯堡首脑会议上的行动计划（2002 年）以及最近（2012 年）的《我们期望的未来》。在这个无论在产品、服务还是资本领域都充斥着市场力量的世界，在这个政治建构主义还不太适用的世界里，《我们期望的未来》所使用的术语本身就透着乌托邦的气息。

这样一来，每个国家必须在自己的公共政策中贯彻可持续发展问题，使之变成一种起规范和指导作用的观念。联合国系统及其下辖机构以及一些区域组织也同样面临着这一要求。然而，有的时候正是这一雄心本身让人们对可持续发展计划的现实产生了疑虑。如何才能让人们相信各个国家及其所创建的各个国际组织能以一种可控的方式解决我们所受到的各种约束，从而使我们的社会、我们的世界变得更加和谐，更加顺应自然？可持续发展之所以会被称作一个真实的乌托邦，其特殊性就在于国家在其实施过程中处于核心地位，而其他许多乌托邦是在与国家相对立、与国家并行，或者没有国家的情况下构建起来的。

然而，可持续发展想导致范式、政治观以及具体实践的彻底转变。作为一种一体化的、系统的、全面参与的和包容式的——在此仅列举这些与它相关的形容词——方法，它要告别公共政策"单干式"的传统做法，并决心把自己建立在爱德加·莫兰（Edgar Morin）长期以来一直呼唤的多学科分析之上[1]。可

---

① "仅有政治改革、仅有经济改革、仅有教育改革或者仅有生活方式的改革，无论是过去、现在和将来都是不够的，都是注定要失败的。一场改革只有在其他东西都在进步的情况下才能取得进步。改革的道路是相互相关、相互影响、相互依存的。"［莫兰（Morin），2011 年］

持续发展公共政策的设计、规划和实施显然是一个巨大挑战，它需要三个层次的政治创新：对公共机构进行重组；发明新的决策进程；批准通过一些公共政策的新工具。

我们在此将对三个不同的地域层级进行分析：一个国家——法国；一个地区——地中海地区；最后是全球层面——即联合国及其下设机构采取的行动。

可持续发展需要哪些制度创新？

美国印第安纳大学政治学教授、2009 年诺贝尔经济学奖得主埃莉诺·奥斯特罗姆（Elinor Ostrom）曾强调了机构在公共物品管理中的重要性。那些不会导致内部利益和愿望分裂，反而能为一体化和系统化的方法——这正是官僚机构所想要排挤的——提供保障的机构该如何来设计？

法兰西第五共和国的机构对可持续发展的管理

在法国，与可持续发展有关的制度创新的亮点当属 2007 年总统选举期间对于《生态公约》的系统阐述。该公约由尼古拉·于洛基金会下设的环境委员会发起，它建议"在现有的政府框架结构内，设置一个可持续发展的副总理职位。这位副总理是政府的第二号人物，并拥有一个专门的行政团队（第 44页）"，与生态部长的团队是分离的。法国各省的省长以及各前景研究机构都将归这位副总理管辖。《生态公约》把这项措施当成是"一个象征、一种保证和一个基石"。

这不仅意味着可持续发展至上将成为公共政策的一个优先目标，并把对它的管理放到了最高层的协调和仲裁当中。

此举意味着该建议想回答法兰西第五共和国架构中的一个经典问题，即那些横向型战略问题——这些问题会在不同程度上涉及政府的各个部门——的管理。

传统上，解决这个问题主要有两种技术体制。

第一种是由总理设立一位部长级代表负责处理某一横向领域的事务。在这种情况下，这位部长级代表将在这一领域内发挥总理的领导和协调功能。这是一种已经在第五共和国被证明是可靠的政治和制度方案。然而，或许在尼古拉·于洛基金会看来，这一头衔和职位还不够高，因为部长级代表从行政职位上来看要低于真正的部长。

第二种解决方案——它的政治色彩更淡一些——是在总理身边设立一个没有仲裁权——仲裁权仍在总理手里——的推动和协调机构。战后法国设立的规划总署以及 1963 年设立的"国土整治和地区吸引力部际委员会"（DATAR）都属于这种情况——这两个机构都证明是高效的，而且也很有威望。但它们都属于过去那个专家治国制十分稳定、强大且深受人们尊重的时代；而今天的情况显然已不再如此。不过，制度层面的解决方案似乎仍是最合适的。

《生态公约》的大胆建议获得了共和国总统候选人的认同，他们曾共同出席了一个公开的签字仪式。然而，他们当中每一个人都知道，设立一个副总理这样的制度创新在这个自 1958 年以来运行的政府体系内是行不通的，它很可能会给本身就存在两头政治问题的国家高层带来干扰。此外，要想把对省长的直接管辖权从内政部长手里夺走也是徒劳的。

令人吃惊的是，这一改革的发起组织"生态监督委员会"（Comité de veille écologique）的一名成员多米尼克·布尔格（Dominique Bourg）在《为了一个生态的第六共和国》一书中也承认这项计划是不现实的。他表示，这"可能导致政府内部出现不和谐的声音……或使副总理变成一个只能负责沟通的职位"。

到此，创新将重新变成设立一位负责生态、可持续发展和能源的国务部长，"从而将《生态公约》中最重要的一条建议引向歧路"[布尔格（Bourg），

2011 年]。事实上，尽管这个部的职权很广，而且领导它的是一位国务部长，但它并不可能涵盖所有可持续发展的问题；此外，它对于其他相关的部委也没有任何协调和仲裁权。例如，我们可以想到的就有农业部或财政部等。因此，可持续发展部这个概念本身就成了问题。必须通过一个总理直接领导的机构牵头，由整个政府来承担这一棘手的大问题。

在其最近提出的建议中，多米尼克·布尔格自然而然就放弃了《生态公约》的这一计划，并开始探索其他一些能抛开眼前的烦扰、能从长远角度处理问题的制度创新：设立一位没有实际职权、专门负责长远利益和公共物品的总统。这是一种与斯堪的纳维亚半岛和荷兰相类似的君主立宪制，但不同的是法国将是共和立宪制。在这一行政机构创新的基础上，多米尼克·布尔格还增加了立法机构的创新，如设立长远或未来参议院和众议院：众议院对法律有否决权，而参议院的人选主要由环境领域的科学家和专家组成，按照能力和水平来任命。后者还可以得到一个由独立研究员组成的未来研究院的支持。

马塞尔·古谢（Marcel Gauchet）对这些选项提出了批评，认为民主是无法顾及长远的，并对于代议制民主能否退回到专家任命制提出了质疑，认为它是"一种制度错觉"[1]。

不管怎么说，在可持续发展方面，法国似乎已经进入了制度创新的时代。随着 2012 年环境会议的设立，按照第五共和国最传统的形式，今后将由总理负责这一领域以及其他所有领域的协调和仲裁工作：他将负责在环境会议之后制订路线图；向每一位部长签发明确各自职责文件的人同样是他；最后各位部长还是要向他汇报相关的实施情况。因此，政府在没有进行体制革命的情况下也是能够承担起可持续发展这一重任的。

区域举措

《21 世纪议程》以及 2002 年地球峰会所通过的文件都鼓励各类区域机构关注可持续发展问题。联合国则把这方面的任务交给了各个区域经济委员会。这是一个合乎逻辑的做法，因为与经社理事会的职责一样，各个区域经济委员会本身就应当负责整个区域范围的经济和社会问题，这是联合国系统一种很经典的做法。

但是，人们也采取了一些创新性的行动，在区域层面制定了一些被认为更加合适的可持续发展共同战略；波罗的海国家（波罗的海 21 世纪行动）以及地中海（在《巴塞罗那公约》的框架下，于 1996 年设立了地中海可持续发展委员会）等地就出现了类似情况。

欧盟也试图建立自己的可持续发展战略，这就是 2001 年通过、2005 年修订的《哥德堡战略》。令人感到吃惊的是，这一战略并没有和 2000 年通过、旨在使欧盟在 2010 年前成为"以知识为基础的、世界上最有竞争力经济体"的《里斯本战略》（它也于 2005 年进行了修订）相衔接，而且这一战略的影响十分有限，最终甚至无疾而终了。欧盟并没有想过要以可持续发展这一问题为契机来推动政策和战略创新。从制度的角度来看，可持续发展并没有多少关注度。

从联合国可持续发展委员会到高级别政治论坛

在整个联合国的范围内，可持续发展在出现之初并没有导致制度创新。在 1992 年里约会议后，联合国按照十分传统的方式建立了一个附属机构，即附

---

[1]　马塞尔·古谢（Marcel Gauchet），2011 年 3~4 月，《民主尚未最后摊牌》，原载《辩论》（Le Débat），第 164 期。

属于经社理事会的可持续发展委员会，这个委员会的地位相当一般。它所开展的研究很少能吸引其他机构或各国经济部的参与。联合国可持续发展委员会的研究重点是环境和自然资源等不太可能产生太多附加值的问题。

令人奇怪的是，联合国在 2000 年千年峰议上启动的"千年发展目标"居然和联合国可持续发展委员会没有任何关系，这些目标只包含了很少一部分可持续发展方面的指标。直到"里约 + 20 峰会"召开后，千年发展目标与后 2015 年可持续发展目标（ODD）之间的整合才被正式提起。

此次"里约 + 20 峰会"正式宣告并记录了联合国可持续发展委员会的失败，并在一定程度上成功地重提了制度的问题。会议决定设立一个高级别的政治论坛——这是创新所在——它将由联合国大会和经社理事会共同管理，这就表明可持续发展问题从此将在政治、社会和经济等框架下加以解决。这一政治论坛已于 2013 年 9 月 25 日举行了第一次会议，它也被看作是联合国独创的一种建构。未来会告诉我们它将在什么条件下完成所肩负的雄心勃勃的使命。

决策进程会有哪些创新？

在可持续发展所要求实现的创新中，利益相关方以及公众的参与原则占有十分重要的位置，这一原则在《里约宣言》中得到了肯定、在《奥尔胡斯公约》（Convention d´Aarhus）[①] 等众多多边协定中也得到了确认，在地方、国家、区域以及全球范围内也得到了不同程度的实施。

法国和参与原则

法国的情况会再次引起人们的特别关注，因为这里的参与原则是带着政策创新的意图而开创出来

的。代议制民主的缺陷已经十分清楚，但它仍想保留政治权力被行政和立法机构独揽的二元体制。在这种制度下，应当如何做才能建立一种创新型的参与机制（这种机制在扩大参与者圈子的同时又不会出现一个没有代表性、只剩下一些头面人物的新机制）？

从传统上看，自法国成立共和国以来，参与制一直通过一些成熟的技术手段得到保障：协商式管理和公众调查的实践。

包括经济、社会和环境委员会在内的各类协商会议或协商委员会的机制十分成熟。各个部委（交通部、教育部、家庭事务部等）都配备一个或多个由各利益相关方代表组成的高级协商会议或委员会。这些机构会向部长就其管辖范围内的事宜提出意见。这种机制造成了每个部委的自我封闭——每个部委外围都有着一定的经济和社会利益团体——以及公共利益的碎片化。自其创建以来，环境部也同样在复制这一体系。

自战后对法国各类机构进行重建开始，人们就已认识到了这些方法的局限性。让·莫内（Jean Monnet）和弗朗索瓦·布洛赫—莱恩（François Bloch-Lainé）就一种协调和横向的方法提出了一套理论（布洛赫—莱恩，1964 年），我们今天可以将其称为"多利益相关方模式"。在此基础上，让·莫内亲自成立了法国计划总署并担任领导。计划总署开始在各主要社会团体间协调经济和社会规划：企业负责人、工会、高级公务员、公共银行（当时几乎所有的银行都是公共银行）——它们各自所组成的委员会在计划总署内都有自己的一席之地，与相关部委则保持着距离。

---

① 这是一份创新性极强的文件，它开辟了在环境问题上获得信息、公众参与决策以及诉诸法律等权利。

在第五个计划（1965~1970 年）之后，这种做法被摒弃，取而代之的是一种更加信任市场的方法，但同时会用政治权力与各利益团体或各阶层的双边对话作为缓冲手段。21 世纪初，随着可持续发展目标的出现，人们开始重新考虑"多利益相关方伙伴关系"这一问题，以便建立更具包容性的公共政策。但是，将协商机构逐步向环境领域的一些非政府组织开放——这一开放过程非常缓慢——并不足以形成可持续发展所需的参与式进程。正是在这一背景下，在格勒纳勒的环境论坛上（2007~2010 年）才出现了"五方共治"的设想，即由企业、工会、地方政府、环保组织和国家共同参与可持续发展领域公共政策制定的机制。

当时，在其发起者和参与者看来，格勒纳勒的"五方共治"是一种真正的创新之举。它是作为一个动态的、交互式的进程来设计的，这与传统协商体制静态的、拘泥形式的协商进程形成了鲜明的反差。因此，这一切给人们带来局面可能出现变化的印象，尤其是在农业与环境相互交叉的领域——这里是 1980 年以来国家内部和法国各地出现冲突最多的领域之一。在政界，这种良好气氛在 2012 年选举之后仍得以保留。法国参议院在 2013 年 1 月一份有关格勒纳勒环境法执行情况的第 190 号报告中这样写道："新的治理模式是格勒纳勒圆桌会议的最大成功……"然而，也有一些分析对此持保留意见，更不用说有些非政府组织自 2009 年以来对其提出了尖锐的批评。贝尔纳·卡拉奥拉（Bernard Kalaora）和克洛艾·弗拉索普洛斯（Chloé Vlassopoulos）[2013 年] 援引丹尼尔·博伊（Daniel Boy）[2010 年] 的话强调，合议

制在工作小组以及圆桌会议期间肯定是存在的，但是当人们进入实际的决策过程时，这一切便成了一种神话，因此应当用一种全面的眼光来看待"认为这是一种全新机制的想法，从许多角度看，它与过去的计划委员会并没有什么大区别"。

现在，再来看一看格勒纳勒所做的一些实质性创新——比如说它所涉及的不仅只是严格意义上环境领域的措施，而是会涉及生产过程、运输或住房等朝着更可持续方向变化的各个方面。然而，正如用一些量化指标来对格勒纳勒会议进行评估的瓦尔（Wahl）报告[①] 所说，这个领域的实际成果很少，甚至几乎不存在：尽管法国已经实施了"植物生态实验（Ecophyto）"计划，但是原计划到 2018 年应当减少50% 的农药使用量在最好的情况下只能保持不变；铁路货运的份额持续下降，与相关的目标背道而驰；老式房屋的隔热改造成果不佳；有机农业也远未按照预定的速度获得发展。当然，格勒纳勒的成果受到了多种不利因素的影响，如当时的共和国总统突然作出了负面表态、游说集团的攻击以及国家所面临的经济困难等。但是，我们也不能排除这一原因：该进程本身并未能做到充分、长期植根于社会和地方组织当中。民众对于这一行动缺乏兴趣，它最终被局限了专家的小圈子里——这一点从索福瑞调查公司为《十字架报》所做的法国民众关注度调查中就可以看出来。在2007 年 1 月，也就是在格勒纳勒环境论坛开幕之前，环境在法国人的关注度中排在第四位，到 2008 年跌到了第七位，2012 年到了第八位。2011 年，36% 的受访对象把环境当成是两大关心议题之一（通常情况下排在第二位），这一比例到 2012 年跌至 27%。

---

① 2012 年，法国生态、可持续发展和能源部部长委托财政总监埃利·瓦尔（Thierry Wahl）对法国在履行格勒纳勒论坛环境承诺方面的形势作出评估。

格勒纳勒环境协商会议唯一能留下的可能就是令让—路易·博洛（Jean-Louis Borloo）骄傲的"立法丰碑"——如今这个丰碑正面临着"被简化的冲击"，并被纳入到了"环境法现代化"的路线图当中。自 2013 年通过《建筑行为简化指令》之后，如今人们已经可以绕过格勒纳勒环境法所设立或强化的生态政策。

通过让各行为体参与的方式来赋予这种乌托邦以真实的特征，这首先要求通过一个政治议程以及一些创新程度很高的方法——这些创新要高于那些追求公关效应或即期政治回报的政府所能接受或想象的程度。在这方面，我们将再一次援引上面提到过的马塞尔·古谢（Marcel Gauchet）在《辩论》（Le Débat）杂志中的那篇文章："格勒纳勒环境法给我们做了一个非常有趣的试验：它表面上给我们创造了一个非常明显的、轰轰烈烈的共识，而实际上隐藏在它背后的是一种极不得人心的现实，尤其是在需要采取一些影响人们日常生活的措施——如碳排放税——的时候。这种态度的转变给人们带来许多启发。首先，它表明了媒体幻术的局限性。这些稍纵即逝的联动行为与理性的信念没有任何关系；它们很容易走向自己的对立面。从长期来看，媒体是一部导致不信任的机器。"他还补充说："公众态度的转变证实了这样一个事实：生态专家治国制同样沿袭了其他技术专家治国制所存在的问题。这些机制的精巧本身不是目的；它并不能对民众对它的感受和口碑作出预判。"事实上，这种以社会科学为基础的社会方法在具体实践中一直不重视民众参与的必要性。

格勒纳勒环境论坛的主要成果包括两部法律、250 条法令以及一些新的税种，它们显然不能指望能被社会全部接受、掌握。

既要与公民交流，也要与经济人交流

那些相信政治生态学或生态政治学的专家们对于自己的分析很有信心，也相信自己所提建议——尤其是在税收领域的建议——的正确性，因此他们很容易低估公共行动在社会层面的因素——这方面的问题被简化成了"社会可接受性"这样一个本身存在质疑的概念。在这方面，法兰西第五共和国的机构应承担重大的责任，因为在这一领域与在其他领域一样，它们都支持专家治国式的决策过程；在这方面，2010 年碳排放税的设立方式这个例子最能说明问题。

2012 年后，解体后的格勒纳勒会议一方面变成了生态过渡，另一方面变成了影响力更小的环境会议。可以说，这是人们在吸取了过去屡屡失败的实践所得出的教训。

在此期间，国家并没有放弃传统的协商结构，而是把它们扩展到了国家可持续发展政策当中。

这一切是从一个大胆创新开始的：1993 年法国成立了可持续发展委员会，它是作为一个独立的机构成立的，领导人是学术界一位知名人物雅克·特斯塔尔（Jacques Testard）。之后，国家沿着这条道路继续前进，先后成立了国家可持续发展委员会（2003 年）、国家可持续发展和格勒纳勒环境会议委员会（2010 年）以及 2012 年的国家生态过渡委员会（CNTE）——按照法国的行政传统，该委员会将由生态部长直接领导。仅此一例就足以说明公共行动长期存在的不稳定性——这种不稳定性已成了法国公共政策的一个主要缺点。

如果抛开格勒纳勒环境会议，从更广的范围来看公众参与的问题，那么我们就会发现围绕着国家公共辩论委员会这一独立机构，法国在公共辩论方面出现了许多创新；在时任环境部长的科琳娜·勒佩奇（Corinne Lepage）1996 年发表《咨询宪章》之后，法国的咨询体系获得了长足发展；公民的知情权和参与权也得到了加强，包括正在编制过程中的与环境相

关法规；最后，在出现纠纷的情况下，能够对那些与《环境宪章》相抵触的法律的合宪性（合宪性优先的问题）提出疑问——这就提升了 2005 年通过的《环境宪章》的地位。显然，与过去相比，在公共项目上现在的透明度有所增加，前期的信息沟通有所改善，咨询的建构也更加完善。然而，随着简化所带来的冲击，以及周期性出现的要建得更多、发展得更快的想法，于是人们产生了绕过此类法律的想法，而绕过的方式就是制定无须议会辩论、没有透明度的法令。因此，法国在社会领域作出的几个创新依然十分脆弱，因为一些领土整治工作者和许多议员认为它们会造成阻碍和延误。

联合国及利益相关方的升级

人们发现，参与制进程在全球范围内也获得了发展。在联合国系统内，一种利益相关方的新概念随着"多利益相关方模式"——它被认为将彻底改变观察员的参与模式——的出现而出现。在这方面，第一次里约会议是一个转折点：它标志着环境领域的非政府组织与发展领域的非政府组织开始走到了一起。十年后，在 2002 年的地球峰会上，联合国开始鼓励地方政府以及自 1995 年被组织在"世界可持续发展工商理事会"（WBCSD）内的企业也参与其中。2000 年成立的"全球契约（Global Compact）"组织被认为将能把商界的承诺变成可持续发展领域的具体行动。

从那时候开始，这一领域出现了大量的非国家行为体：它们试图在各大公约缔约方会议以及可持续发展会议等大圈子里发出自己的声音。

在"里约 +20 峰会"上，随着巴西提出的"可持续发展对话"的倡议，非国家行为体的参与模式出现了重大创新。这一由公民社会利益相关方参加的论坛在正式会议开幕前举办，国际机构和各国政府都作为观察员参与其中。论坛召开期间总共探讨了十大

议题，而相关的讨论过程全部由联合国网站进行直播。在这些对话正式开始之前，则先期展开了在线咨询——一个由 40 种语言组成的翻译系统为此提供了技术援助，而这些在线咨询通过投票的方式提出一些建议，而这些建议最终会被递交给正式会议。

事实上，一些决策建议也会被通过和递交。但它们显然没有被写进会议的最后文件《我们期望的未来》当中——这一文本是由会议筹备小组制订的，并在正式会议开幕前由各成员国代表正式敲定。在这种情况下，国家元首所作出的只是批准本国专家所做的工作，而根本无须了解相关对话的结果。因此，虽然"里约 +20 峰会"表面上看起来具有很强的参与性，但会议最后文件的谈判实际上完全掌握在政府间谈判手里。

说到底，公民社会最重要的贡献就是大量外围活动的存在——这些活动通过一些平行的渠道对相关行动进行宣传、将其告诉给其他利益相关方，从而使与可持续发展相关的问题变得更加丰富。从本质上看，难道不正是过去二十年来政府间进程所出现的重大创新才使这种平行活动——这些活动使参与理念以及非国家行为体的活动得到了充分表达——变得更加丰富、更加多元吗？

地中海地区的参与制试验

就地区层面而言，我们将以地中海的例子来加以说明：在这里，参与制理念体现在地中海可持续委员会的建立上——它是在《巴塞罗那公约》的框架下创建的。在《巴塞罗那公约》内，21 个成员国、欧盟委员会、地方政府、企业和非政府组织拥有平起平坐的地位。尽管它具有这一重大的创新，但至今为止它所取得的成果并不理想，因为企业很少愿意为其投资，而各国的经济部和发展部是被排除在外的，公民社会在其中也见不到踪影。因公民社会的到来而出现的问题现在还未完全得到

解决。如何在用一个术语就将这么多不同的团体拼凑在一起，甚至有时需要它们用一个声音说话？在这些利益相关方中，有的虽然是非政府组织，但仍拥有一定的权力（如企业的经济权力、地方政府的政治权力甚至宗教界的精神力量等），而有的所追求的首先是一种表达权。难道我们不应该对这些利益相关方作出更明确的区分吗？就"公民社会"这个词本身，人们就远未形成共识，因为它想把一些原本不属于这一阵营的人也纳入其中。至于环境和发展领域的那些非政府组织，它们也有着完全不同的流派：有一些参加了"里约对话"的体制进程；另外一些则坚持与其保持距离，更认同其他一些明显替代型的论坛——如我们在里约看到的支持社会正义和环境保护的人民峰会。重要的是，在此类参与制进程的组织过程中，联合国并不会消磨多样性和多元化。

为可持续发展的公共政策而进行手段创新？

仅仅使用公共政策的一些传统手段（如设置规则、标准、包含制裁措施的实施程序、完成目标所需的财政投入等——所有这一切都会以规划、计划和战略等形式出现），就能使可持续发展领域的公共政策发挥作用吗？

人们还记得，环境保护政策自 1789 年旧政权时代其出现以来[①]就充分甚至大量利用了所谓的治安手段。

对污染进行监控和测量、许可、禁止、管理、镇压等都是环境行动领域的一些基本词汇。在受到严格控制的狩猎领域或者水污染领域，类似的文字也同样存在。

直到最近——尽管早在 1972 年经合组织就有过类似提议——一些经济手段被提到了前台，包括税、经营费、排放权交易等。另外，还包括对外部负面效应进行处罚的想法，以便相关价格能真正体现污染的成本，并鼓励污染者减少污染。人们希望通过这些机制能拉平污染防治方面的边际成本，从而使污染防治领域的投资能产生出更大的经济效益。

经济手段：可持续发展政策的首选工具？

随着可持续发展的出现，这些经济方法、生态环境税和市场手段获得了更多的力量和更大的知名度。

在生态环境税领域，我们可以区分出两类不同的方法。第一种是传统的方法，它把污染作为税基，并将由此产生的税收收入重新用于污染防治领域——这是法国一种比较流行的机制，其中并没有什么创新性可言。例如，从 1950 年开始，道路特别投资基金——如今它已经消失——的来源是汽油税。最初的时候，它也是法国环境与能源管理署（ADEME）的主要资金来源，而"生态包装"（Eco emballages）也始终靠它来维持运行。

此外，更具创新性的第二种方法是设立税费，而这些税费收入不再用于特别的干预基金，而是用于日常预算：税费的征收率必须达到一个足以引导行为体经济行为的水平。如果税收收入特别多，人们可以设想用它们来取代另外一些不太受欢迎的税种，比如那些可能增加劳动成本的税种。这是人们所探求的双重红利。少数国家已开始迈向这第二条道路。

传统的环境税——如最终拨付给水务局的税费或"污染活动一般税"（TGAP）——更容易被人们

---

① 马萨尔—吉尔博（Massard-Guilbaud G.），2010 年，《工业污染史》（Histoire de la pollution industrielle），巴黎，法国社会科学高等研究院（l'EHESS）出版社。

接受，而且也能够带来投资回报。就目前来看，那些激励型税种（其目的是引导人们的行为）将很难落实，尤其是那些旨在通过改变消费者行为来获得大规模、远期效果的税种。

在这方面，我们也必须区分出两种情况：当一些税种旨在劝阻消费者的某些消费行为或某些危险做法（烟、酒、含糖饮料）时，纳税人很容易理解此类税种的好处，因为它们在个人健康和幸福方面的回报是真实可见的。而另一类税种的情况则完全相反：当某一税种——这是一种真正的创新——被认为能促进某一公共物品（如气候）时，这方面的回报要更加漫长、复杂，因而纳税人自然会对此更加怀疑。

此外，环境税很难满足可持续标准在社会公平方面的要求。对家庭废弃物和自然资源消耗的征税将增加消费税的征收份额，而此类税种因其不公正性而被认为与进步相悖。为了消除这种与进步相悖的特性，这方面的税种——如碳排放税——都会同时伴有一些豁免机制，这会使此类税种变得十分复杂，从而令人难以理解。例如，2013 年 11 月 13 日的《论坛报》就这样写道："生态税：经济学家的梦想、税务专家的噩梦。"

经济手段方面的一个真正创新之举是汽车保险费增减机制的引入：它是根据新车二氧化碳的排放来设定的，具有兼顾生态激励和社会公平的双重优势。然而，由于标准制定不当，保险费所新增的收入从来就不足以抵消总体的奖励费用：据审计法院统计，在 2009~2011 年间，这一机制耗资近 20 亿欧元。通过收费标准的调整而进行的再平衡最终使该机制宣告终结——它实际上已成为一种国家为购车提供补贴的机制，而此时国家对公共交通的投资——尤其是在法兰西岛地区——严重滞后。不幸的是，机制的屡屡调整进一步强化了公民的不信任感。

总之，在所有的情况下，公权机构都应当把更多的时间放在评估、解释和公共辩论上，并应当在生态税种的引进和提升方面借鉴经合组织所提出的技术建议 [1]。最起码，我们应当用不同的政治方法来对待针对企业和针对家庭的税种。

一种环境税要想得到发展，就必须同时考虑到可持续发展的三大支柱。在这个问题上，法国一个名为"新世界"（Terra Nova）的智库在 2013 年 10 月 14 日的一份公文中提到了埃马纽埃尔·库尔贝（Emmanuel Courbet）的一篇论文：它认为能源税的上涨应当与税收的全面改革联系起来，以便"更好地解决（……）竞争力、生态转型和再分配等问题"。1990~1991 年期间，瑞典就采取了这样的做法：该国在提高能源税的同时，也下调了劳动税和个人所得税。然而，后者也会影响到税收的进步性，而且会导致收入的更加不平等。

鉴于传统的指挥和控制手段——包括税收手段在内——所存在的局限性，甚至可能产生一些不利的甚至是适得其反的作用，英美国家的一些研究人员开发出了一些新的、更灵活的方法：它们所基于的是一些被个人和社会心理学研究过的现实行为——这些个人和社会心理学把人当作敏感的对象，而不是只知道机械地响应宏观模型之刺激的、靠不住的经济人。

理查德·泰勒（Richard Thaler）和凯斯·桑斯坦（Cass Sunstein）——两位都是芝加哥大学教授，而后者则在奥巴马政府担任白宫信息管制事务办公室主任——开发出了一种强调个人自由和公民自愿联合的

---

① 经合组织，2010 年，《税收、创新与环境》（axation, Innovation and the Environment）。

自由主义派生理论。两人将此称为"自由家长制"：这个混合词所指的是通过各种柔性助推的方式帮助个人作出有利于集体的选择——这些助推方式将帮助各行为体在其自由允许的范围内作出选择。美国总统奥巴马和卡梅伦在各自的竞选过程中都大量使用了这种"柔性"方法[桑斯坦（Sunstein）和泰勒（Thaler），2008年]。

这种在自我抉择的基础上推广生态环保和负责任公民行为的方法可能会引起人们的兴趣。

相反，人们也可能很想知道桑斯坦和泰勒在《助推》（*Nudge*）一书中所倡导的"柔性助推正确选择的方法"和旺塞·帕卡尔（Vance Pakard）（1958年）所批评的"隐性劝说"——他希望人们更多地关注对民众进行精神操控的技术——之间存在的实际差距。这方面的差距看上去似乎很小。助推的良好愿望很可能会导致营销和广告所惯用的操控行为。

然而，人们依然应当开创出一些创新型的途径，使普通公众能更多地关注可持续发展的目标。从这个角度看，社会心理学和行为经济学能够作出很大的贡献。与此同时，我们绝对不能放弃那些已经过实践检验的管理手段，也不能在吸取了法国的相关教训之后而放弃生态税。

在成为经济手段之前，税收所指的首先是各类符合征税科学的税种。它并不是"生态技术官僚"手里的一个用来卖弄的玩具[古谢（Gauchet），2011年]。当旨在对公路运输进行监管的生态税告吹之后，对能源—气候税进行整合的"能源产品消费国内税"（TICPE）很顺利地在国会得到了通过。这种方法的可持续性仍有待评估，尤其是要看人们在计算"能源产品消费国内税"时所包含的碳份额的绝对值是不是有了大幅增加。对现有的税种进行"绿化"——这是一种十分简单、也容易被人们理解的做法——在收益方面可能比不上设立新的税种，但是它的可操作性将更强。这虽然无法真正解决社会公正的问题，但是它至少可以保证相关的税款能真正被征收上来。

《京都议定书》的创新

在公共政策工具领域，最令人感兴趣的创新可能来自国际层面，尤其是在《京都议定书》框架下建立起来的一些灵活机制，如国际碳交易市场的建立、碳金融的出现以及正在进行的对生态系统服务提供补偿的讨论等。

在此，我们不想对欧洲碳排放权交易进行讨论，因为它所涉及的主要是内部交易而不是真正意义上的国际机制。不过，它的建立给欧洲带来的创新仍然值得赞扬，尽管它还面临着许多困难、尽管经过八年的运作其成果依然十分有限，而且还受到了许多非政府组织的尖锐批评。因此，正如法国储蓄和信托银行气候研究中心（CDC Climat）的马塞尔·迪克雷（Marcel Ducret）和玛丽亚·斯科兰（Maria Scolan）所建议的那样，应该给它第二次机会[1]。

最具创新性的当属《京都议定书》所设立的"清洁发展机制"（MDP）。正如法国储蓄和信托银行气候研究中心（CDC Climat）所分析的那样[2]，它使得发达国家可以选择对发展中国家一些能大幅减少二氧化碳排放的项目进行投资，而出资国则可以获得碳信用作为回报。其中的想法在于：在发展中国家投入的每一美元，其在碳减排方面所产生的边际

① 《碳价格：试验的价值》（Le prix du carbone：la valeur d'une expérience），2013年秋，《真正可持续》杂志（*Revue Vraiment Durable*），第4期。
② 《气候研究》（*Étude climat*），第37期。

效益要高于发达国家，同时这一过程也能促进发展中国家的发展。

这一灵巧的机制在十余年间至少使 4500 个项目获得了投资，投资总额达 2150 美元，所减少的二氧化碳排放相当于 11 亿吨。

不过，这方面的批评同样存在，比如有人指责此类投资项目主要集中在中国和印度，而在非洲的投资寥寥无几，而且投资未来将增加始终只是一种假设。然而，它仍是国际环境和发展政策领域一种不可否认的创新。这种创新能否扩展到"减少毁林和森林退化所导致的碳排放"（REDD）和"减少毁林和森林退化以及其他林业活动所导致的碳排放"（REDD+）等机制中？生态系统服务付费国际体系是不是真的会出现？

结论：什么样的可持续发展政策组合？

可持续发展的出现已经毫无疑问地对公共政策带来了挑战。虽然包括联合国在内的各个机构在处理这个问题时已经表现出了足够的可塑性，但是真正的新要求——即把所有利益相关方、相关团体以及普通民众都联合在一起——仍然是个大问题。在消费、住房、交通、能源的使用等这些与每个人日常生活息息相关问题以及那些涉及对生活方式的看法的问题上，各类法规和经济手段的组合只有在个人以及集体都积极参与的情况下才能发挥作用。参与形式和民主方法的创新十分重要。在法国，有关能源过渡的讨论或许将是一个机会，但前提是应当打破专家、专业团体、非政府组织以及决策者的小圈子，从而让公众真正能参与其中。

参考文献

AUBERTIN C. et VIVIEN F.-D. (dir.), 2010, *Le Développement durable*, Paris, La Documentation française.

BLOCH-LAINE F., 1964, *À la recherche d'une économie concertée*, Paris, Éditions de l'Épargne, coll. « De quoi s'agit-il ? ».

BOURG D., 2011, *Pour une VIᵉ République écologique*, Paris, Odile Jacob.

BOY D., août 2010, « Le Grenelle de l'Environnement : une novation politique ? », *Revue française d'administration publique*.

KALAORA B. et VLASSOPOULOS C., 2013, *Pour une sociologie de l'environnement*, Paris, Champ Vallon.

MENY Y. et THOENIG J.-C., 1989, *Politiques publiques*, Paris, PUF.

MESSAC R., 2008, *Les Premières Utopies*, Paris, Éditions Ex Nihilo.

MORIN E., 2011, *La Voie. Pour l'avenir de l'humanité : une nouvelle voie*, Paris, Éditions Pluriel.

Mouvements, automne 2013, « La transition, une utopie concrète », n° 75. Disponible sur : www.mouvements.info/La-transition-une-utopie-concrete.html

PACKARD V., 1958, *La Persuasion clandestine*, Paris, Calmann-Lévy.

RICOEUR P., 1997, *L'Idéologie et l'utopie*, Paris, Le Seuil, coll. « Points ».

THALER R. et SUNSTEIN C., 2008, *Nudge: Improving Decisions about Wealth, Health and Happiness*, Yale, Yale University Press.

生物多样性融资的创新

伊雷娜·阿尔瓦雷斯（Irène ALvAREZ）
顾问

雷·维克图林（Ray Victurine）
野生动物保护协会（WCS），美国

朱利安·卡拉斯（Julien CALAS）
法国全球环境基金（FGEF），法国

生物多样性："融资不畅"的问题

《生物多样性公约》（CBD）建议到 2020 年底前，有效管理并保护至少 17% 的陆地与 10% 的海洋（在 2010 年 10 月通过的《生物多样性爱知目标》中列为第 20 个目标）。尽管在出资方的战略方面出现了明显的改进，但是生物多样性领域长期以来一直存在"融资不畅"的问题（见图 1），而且许多国家在对现有机构的管理方面遇到了越来越多的难题。在这种情况下，如何才能筹措到足够的资金来实现这样的目标？例如，海地受保护的区域只占全国领土总面积的 6%（且没有任何海洋保护区），而真正得到"保护的"土地面积只有 0.3% 左右[1]，其余的只能算是"纸面上的保护区"。生物多样性保护方面的公共预算长期以来一直不足，再加上近期的经济危机，这一切使得《生物多样性公约》的各缔约方制定了一条融资战略，以期实现公约所确定的目标。

保护领域的各行为体自然而然会将它们的努力集中在创新上，以期增加在生物多样性保护方面的融资。从围绕着保护区生态旅游而开发的一些新活动这样的简单创新，到自然保护信托基金以及生物多样性补偿等更复杂的创新，各类创新相继问世，并且相互促进。对这些机制的分析表明，这些创新除了提供资源来源之外，还能产生许多附带好处。这些新方法对有关生物多样性的传统看法和管理模式提出质疑，并使生物多样性这一重大问题变成了政府、出资方、私营合作伙伴以及公民社会的发展重点。此外，它们还使许多原本对生物多样性不太关注的行为体，尤其是一些地方行为体也参与了进来。

从传统的融资渠道挖掘更多的资金：公共资金与生态旅游

在生物多样性公共融资方面，迄今为止相关创新依然非常有限，因为它们所依赖的主要还是税收制度彻底而艰难的改革：这些改革旨在消除那些可能对生物多样性的退化起激励作用的措施，并将更多的资源重新分配给生物多样性保护领域。近期的国际危机为决策者提供了许多借口，使他们在这个困难时期拒绝对这一领域进行投资。

生物多样性融资领域有一种最传统、十分古老的方式，即生态旅游：这是一种"内生"式的资源来源，

---

[1] 见维克多·J.A.（Victor J.A.），1997 年 2 月，《海地保护区的法律和制度框架——海地在最后方阵》，收录于《海地保护区管理和生物多样性保护融资座谈会论文集》。

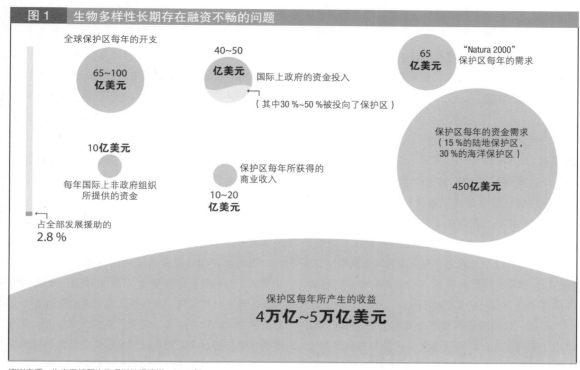

图 1　生物多样性长期存在融资不畅的问题

全球保护区每年的开支
65~100 亿美元

40~50 亿美元
国际上政府的资金投入
（其中30 %~50 %被投向了保护区）

"Natura 2000" 保护区每年的需求
65 亿美元

10亿美元
每年国际上非政府组织所提供的资金

保护区每年所获得的商业收入
10~20 亿美元

保护区每年的资金需求
（15 %的陆地保护区，30 %的海洋保护区）
450亿美元

占全部发展援助的 **2.8 %**

保护区每年所产生的收益
4万亿~5万亿美元

资料来源：生态系统和生物多样性经济学，2010 年。

说　明：帕万·苏克德夫（Pavan Sukhdev）的研究发现，保护区不但面临着融资需求得不到满足的问题，而且保护区所作出的贡献也被人们低估了。

资金由生物多样性领域自己产生，而且被重新用于生物多样性保护——尽管有时只是部分资金被返还。在许多国家，这是一种十分重要的融资手段，相关的收入主要来自门票。在某些情况下，比如南非的克鲁格国家公园（Kruger），相关的收入非常丰厚，远远超过了运营成本。因此，保护区的存在反而产生了一些不利影响，使人们懒得再去动脑筋开发新的旅游收入。负责本国保护区管理的肯尼亚野生动物保护局会在国家公园内定期举办一些很有影响力的体育赛事，如名为"野外奔跑"（Run in the Wild）的马拉松或"与犀牛同行"（Cycle with the Rhinos）山地车大赛等。这些赛事虽然都在旷野中举办，但距离野生动物经常出没的地方较远，因而并不会对它们造成干扰。因此，大多

数参赛者几乎碰不到一只野生动物。但这些赛事能产生收入（注册费以及一些大企业对赛事的赞助等），而媒体也会趁此机会大量报道国家公园所做的工作。因此，通过媒体的报道或广告宣传，一些原本没有这方面传统的公众也会来保护区参观。在海洋方面，阿尔及利亚塔扎国家海洋公园举行的水下摄影比赛因其十分独特而受到青睐：所有参赛摄影师必须在一天的时间内交出自己的最佳拍摄作品。

然而，我们必须明白这样一个事实：只有少数公园能吸引足够多的游客，并靠旅游来维持自身的运营。一些保护区地处偏远，是普通游客很难抵达的，它们所获得的旅游收入根本无法满足自身所需。即使在南非，大多数国家公园的情况无法与克鲁格相比。

即使是那些游客最多的国家公园，旅游收入也无法令其高枕无忧：经济危机导致相关投资出现剧烈波动，而国际旅行成本的增加使人们无法指望仅靠旅游开发来保护生物多样性。太多的保护区想开发生态旅游，这将使其很难如愿。

自然保护信托基金（FFC）：为创新而建立的工具

向这些保护区推荐的还有其他一些金融工具。自然保护信托基金是为了解决"融资不畅"问题而推出的首批措施。此类基金最早于 20 世纪 90 年代在拉丁美洲和加勒比地区出现，之后开始在非洲和东欧地区试行。这些工具之后在全球各地逐渐推广开来（图 2），目前全世界共有 60 多个自然保护信托基金，2012 年的总市值超过 8 亿美元[①]。

最初，这些基金有着三个雄心：①为自然保护筹措足够的资金；②使资金更具可预测性和持续性；③建立可靠的地方保护机构，打破自然保护融资领域被"外国"垄断的局面。

根据不同的情况，人们会组建成不同的自然保护信托基金以满足不同的目标。它们的共同使命是年复一年地为各国提供补充资金，以维护某一保护区[如伯利兹的自然保护区信托基金（PACT）或乌干达的布温迪（Bwindi）国家公园]，或一个国家或一个区域保护区网络（如中部非洲桑加地区的三国网络或马达加斯加）的运行。其他一些基金（也）可以为一些公民社会的保护项目提供资金（如马达加斯加的 TANY MEVA 基金以及中美洲的 MAR 基金）。无论如何，需要强调指出的是这些基金所提供的资金只能

作为政府预算的补充，而不是将其取而代之，尽管它们在危机时期也能保证继续提供资金——马达加斯加[马达加斯加保护区和生物多样性基金（FAPBM）和 TANY MEVA 基金]就属于这种情况。该工具可以充当一些新保护活动的催化剂，也可以作为新融资的杠杆：例如，巴西的 Funbio 基金最初只从全球环境基金和世界银行获得了 2000 万美元，最后它所调动的资金超过了 3.9 亿美元，为 180 个项目和 195 个保护区提供了资金支持。

从治理方面看，凡是高效的自然保护信托基金往往是一些独立的非政府机构，国家在其管理机构中只派驻了少数的代表。

自然保护信托基金的催化剂作用是基于这样一个事实：自然保护信托基金（FFC）本身并不是资金来源，而是一种工具，是各种资金来源的聚合处——它的使命就是以可持续、透明的方式对这些资金进行管理。这些资金来源的多样性恰恰象征着自然保护信托基金本身的创新能力。在马达加斯加、中部非洲或其他地方，它们的发起人经常是一些"传统"的出资方，如德国复兴信贷银行、世界银行和全球环境基金。它们还能从一些超级减债计划中获益，尤其是美国（如《热带森林保护法》给中美洲的减债）或法国（减债与发展合同）的减债计划。一些基金引起了某些大型非政府组织（它们所提供的不仅仅只是技术援助）、美国的基金会以及私营合作伙伴的兴趣。一些自然保护信托基金——当然数量很少——获得了某些固定的资金源，如伯利兹所征收的出境税或一部分豪华游轮的游客税。

凭借其灵活性和透明度，自然保护信托基金在筹措

[①] 它们一般由资本基金或捐赠资金（endowment）以及 / 或者投资基金或偿债基金（Sinking fund）所构成。在第一种情况下，只有资本在投资后所产生的收入才会被使用，因此原则上是可以永续的。在第二种情况下，资本会被"消耗"，但周期往往会比"传统"项目更长，尤其款项会根据自然保护信托基金所制定的规则和优先次序来拨付。这好比是一口"共同的锅"，无论新老出资方都可以不断往里续钱。

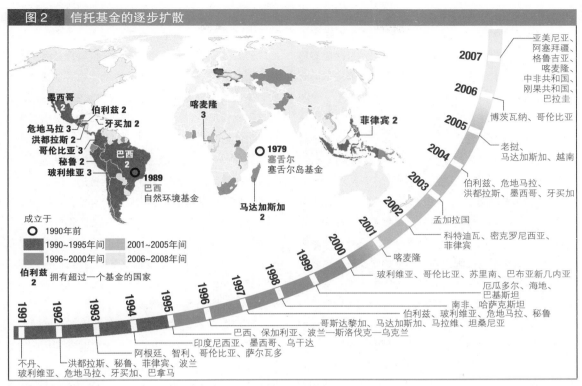

图2　信托基金的逐步扩散

2007　亚美尼亚、阿塞拜疆、格鲁吉亚、喀麦隆、

2006　中非共和国、刚果共和国、巴拉圭

2005　博茨瓦纳、哥伦比亚

2004　老挝、马达加斯加、越南

2003　伯利兹、危地马拉、洪都拉斯、墨西哥、牙买加

2002　孟加拉国

2001　科特迪瓦、密克罗尼西亚、菲律宾

喀麦隆

2000　玻利维亚、哥伦比亚、苏里南、巴布亚新几内亚、厄瓜多尔、海地、巴基斯坦

1999　南非、哈萨克斯坦

伯利兹、玻利维亚、危地马拉、秘鲁

1998　哥斯达黎加、马达加斯加、马拉维、坦桑尼亚

1997　巴西、保加利亚、波兰—斯洛伐克—乌克兰

1996　印度尼西亚、墨西哥、乌干达

1995　阿根廷、智利、哥伦比亚、萨尔瓦多

1994

1993

1992　洪都拉斯、秘鲁、菲律宾、波兰

1991　不丹、玻利维亚、危地马拉、牙买加、巴拿马

墨西哥　伯利兹2　牙买加2　喀麦隆3　菲律宾2

危地马拉3　洪都拉斯3　哥伦比亚3　秘鲁3　玻利维亚3　巴西2

1989　巴西　自然环境基金

1979　塞舌尔　塞舌尔岛基金

马达加斯加2

成立于

○　1990年前

■　1990~1995年间　　1996~2000年间

　　2001~2005年间　　2006~2008年间

伯利兹2　拥有超过一个基金的国家

资料来源：环保基金联盟，生物多样性保护信托基金经验之简评，2008年5月。

说　明：20世纪80年代后期在塞舌尔的试验获得成功之后，第一批自然保护信托基金于20世纪90年代在拉丁美洲相继建立，亚洲也有少量出现。此后，这种发展势头扩展到了非洲，过去十年间非洲出现了大量的自然保护信托基金。

资金方面展示出了很大的创新能力。此外，这种创新还延伸到了受益者（保护区、非政府组织，有时也包括私营伙伴）身上——基金会在资金安全以及生物多样性管理等方面向其提供建议。因此，除了最初的使命外，自然保护信托基金——尤其是在已经拥有了20多年经验的拉美地区——还承担了环保领域"路径探索者"的功能，同时也为许多地方项目的创新提供了便利。这些基金扎根于地方的特性也使它们逐渐拥有了对国家政策作出评判的合法地位，或者成了出资方一个不可或缺的对话伙伴。这种情况在墨西哥、哥伦比亚、巴西或马达加斯加尤为明显。

作为一种融资工具，自然保护信托基金也成了一种不可或缺的创新和协调工具，如在生物多样性丧失的补偿方面，自然保护信托基金就被作为一种新的融资渠道纳入到了多元化战略当中。

生物多样性丧失补偿：一种新兴的保护机制

在发展经济与保护自然资源——这是确保经济长期增长的关键因素——之间维持平衡的需要使得对生物多样性的丧失进行补偿的概念应运而生。它是指"针对一个投资计划或一项与生物多样性有关的活动所造成的残余影响而进行的补偿行动所取得的可衡量的保护结果"。

对生物多样性丧失进行补偿的主要动力是国家的法律：它要求任何企业的项目都不得造成生物多样性的净丧失。有些金融机构会要求借款人遵守国际金融公司（它是世界银行集团的一部分）的标准。参与此类行动的企业往往会得到一些内部战略的支持——这些政策就是为了管理和减轻生物多样性方面的风险而设计的。越来越多的企业甚至已经把国际金融公司6号标准（PS6）当成了自己的标准。

生物多样性丧失补偿机制所基于的是"谁污染谁付费"的原则：一个项目的开发者要为一些保护活动出资，以补偿该项目给生物多样性所造成的残余影响，从而确保不会出现生物多样性的净丧失。这就意味着一部分经济价值将被分配给生物多样性。生物多样性所受到的残余影响则通过一个名为"缓解层次"（la hiérarchie d'atténuation）的进程来评定。这一进程的基础是企业都必须承诺将执行最佳环境实践——即首先致力于避免和减少自己对生物多样性的影响。那些不能避免或减少的影响——也就是所说的"残余影响"——必须得到补偿，从而达到生物多样性的净丧失。这一补偿将通过让一些原本不在保护之列的地区获得自我修复、设立新的保护区并对其进行管理等方式来实现。这就是所谓的"增量"问题，也就是说要确保不会出现重复投资，即用于补偿的投资不会与由他人投资的现有保护行动重叠。

自然保护信托基金与补偿：工具与机制相结合为自然保护融资

为保护活动制订一个合理的预算是补偿进程在设计和实施过程中的重要一步。在补偿进程的整个实施过程中，保证充足资金的到位是最终能取得满意保护结果的关键。在某些情况下，企业会采用一种永续的注资方式，即建立一个永久的补偿管理基金。这个永久性基金可以是一开始就建立的，也可以通过长期支付来实现——即在项目完结或结束前将基金建立。在这两种情况下，企业所创造的是一种能提供长期补偿融资的金融机制。

通常情况下，企业在自然保护方面的经验十分有限——因为这超出了企业核心业务的范畴。找到合适的合作伙伴能帮助企业满足履行补偿义务所需的条件，并由一个负责任的、金融管理上透明的组织为其提供管理支持或许十分重要。在这方面，自然保护信托基金可以发挥作用，对企业提供的资金进行管理，并将其用于生态补偿行动。它们能提供交钥匙式的解决方案，并能确保长期的融资。

即使是最成功的补偿案例[①]也处于探索过程当中，许多自然保护信托基金——尤其是非洲地区的基金——并没有取得巴西生物多样性基金（Funbio）或墨西哥自然保护基金那样的成功。并不是所有的基金都像乌干达的布温迪（Bwindi T）信托那样拥有20多年的历史，也不是所有的基金都像马达加斯加保护区和生物多样性基金那样有一些短期的补偿行动。然而，只要某些障碍能消除，这方面的希望还是有的。

首先当然是要解决在这些工具设立过程中所面临的困难和经费问题，以便使其能长期运行、拥有足够的资金投入、拥有牢固的法律工具、免受地方政治危机和经济危机的冲击（对信托基金来说是金融危机，而对于补偿项目的私营业主来说主要是经济危机）。其次是要确保这些工具的所有权掌握在地方手里，也就是要由本地一些受过教育、自信心充足的参

---

① 指那些符合"企业和生物多样性补偿计划"（BBOP）（它由各类私营企业、政府和出资方所组成）所制定标准的案例。

与者来管理这些工具及其创新能力。再次，要抵消"负面外部效应"——例如在自然保护信托基金或某些私人介入之后，一些发展中国家政府就可能产生不再对生物多样性领域投资的想法（这些工具只能发挥增量的作用），或者一个私人开发商认为只要有了这些补偿行动，自己就可以逃避那些旨在避免和减少对生物多样性影响的活动或可以随意破坏某种不可替代的自然财富。最后，这些机制的环境和社会影响很难作出评估，这既因为没有合适的测评工具，也因为所进行的试验还未多到能成为撬动全球的杠杆。

从 2014 年起，企业与自然保护信托基金（FFC）之间的协议将开始出现，并可能出现一些试点案例。这些协议将以能够为自然保护筹措到足够的资金为基础，而且在某些情况下，还可能会寻求建立一些以长期融资为目的的捐赠基金。这将是自然保护创新融资历史的一个新发展。这一切值得人们加以密切关注，因为未来五年它们的数量预计将大幅增加。

融资创新及更多

有一点似乎已经清楚：类似补偿和自然保护信托基金等工具都是作为长效的解决方案来设计的，而此类解决方案决非仅仅局限于金融机制。它们可能同时提供：①资源来源；②自然资源管理以及将不同行为体——有时它们可能与自然保护相距甚远——同时融入其中的创新方式；③一种反思的力量，从而鼓励更多的地方行为体参与到自然保护中来——不管是通过国家还是公民社会来进行；④生物多样性治理规模的改变——无论是通过国家的自然保护信托基金还是跨生态区域的生态自然保护信托基金［如中部非洲地区的桑加（Sangha）基金、加勒比保护基金以及中美洲的 MAR 基金等跨国基金］，还是通过那些旨在探讨这些工具的国际论坛［如拉丁美洲和加勒比海环境基金（REDLAC）或全球层面的环保基金联盟（CFA）］。

今天，生物多样性的融资问题已成了一个更广网络的一部分，并已成了一个人们从区域、国家层面进行思考的问题，上面提到过的那些工具就证明了这一点。不过，这方面仍有很多的创新空间。在发达国家和新兴国家的消费行为方面，一切仍有待人们去探索，而这些消费行为会在生物多样性融资方面产生巨大影响。生物多样性既会对传统的国际贸易产生影响，也会对濒危物种的非法贩运产生影响：要想对这些流量产生影响，需要各类合作机构在使命、政策和干预方法上进行一场革命。不要忘了，限制负面影响很可能会对好的做法以及受损生物多样性"修复"等方面的融资带来一些始料未及的后果。

参考文献

Adams J. S. et Victurine R., 2011, *Permanent Conservation Trusts: A Study of Long-Term Benefits of Conservation Endowments*, Conservation Finance Alliance.

Business and biodiversity offsets programme (BBOP), 2012a, *To No Net Loss and Beyond: An Overview of the Business and Biodiversity Offsets Programme*, Washington, D.C., BBOP.

Business and biodiversity offsets programme (BBOP), 2012b, *Standard on Biodiversity Offsets*, Washington, D.C., BBOP.

Conservation finance alliance (CFA), 2008, *Rapid Review of Conservation Trust Funds*.

Société financière internationale (IFC), 2012, *Normes de performance en matière de durabilité environnementale et sociale*, Paris, IFC.

第十章

乔恩·马可·丘奇（Jon Marco Church）
兰斯大学，法国

可持续治理应有怎样的机制创新？

环境的恶化被认为是一个新问题，许多专家和决策者呼吁在可持续治理方面建立新机构。然而，在实践中，国际条约、专家委员会和公众辩论存在已久，而在笔者看来，它们都可以被划归到传统的治理形式。新技术只会使人们熟知的动态变化放大，甚至变形。

20世纪 90 年代初以来，人们经常能听到在可持续治理领域建立新机构的呼声。诸如 1986 年切尔诺贝利核事故之类的大灾难以及人们对气候变化等全球性问题关注度的日益加深，使得环境成了政治辩论的中心。环境恶化一直被视为一个新问题，因此，许多专家和决策者都在呼吁找到一些解决方案——这不仅应体现在前所未有的政策形式上，而且也应当体现在新的机构形式上，以便能在不同的水平和层面——既包括地方社群也包括全球层面——更好地应对可持续发展的挑战［扬（Young），2002 年］。现有的一些机构被认为反应不够灵敏、应对不够迅捷，同时也无力对自身作出调整、对未来作出预测。总之，其中的一个中心思想是新的问题需要新的解决方案。二十多年已经过去。有多少举措已经真正启动？其中，有多少真正对可持续治理的方式产生了影响？有多少新的治理方式在某一试验项目结束后幸存了下来？值此我们对自身发展模式的可持续性、对于我们社会适应变革的韧性提出疑问的时候，我们同样也应当对这些新体制机制与时俱进的方式提出质疑。

首先，这些制度安排真是新的吗？实际上，环境恶化不仅是一个长期存在的老问题，而且一些机构——如多边公约、区域环境协定、政府间专家小组、各利益相关方参加的论坛、部际委员会、技术机构、用户协会以及地方社群代表大会等，在政治理论方面没有任何新意，或者说几乎没有。在 20 世纪 90 年代前，这些机制就以不同的形式存在。例如，莱茵河委员会早在 1815 年就已建立，奠定了外交关系的威斯特伐利亚体系自 17 世纪就已存在，而内阁会议几个世纪以来早已把行业政策纳入了进来。其中的新意或许在于这些机构、机制的数量及其出现的频率。然而，这些现象本身是众所周知的。这方面的例子比比皆是。相关机构、机制出现的频率越来越高，但这并不会导致性质的改变。

国际条约、生态系统管理、专家委员会、独立机构、公开辩论等，这些东西实际上也早已有之。在笔者看来，它们都可以被划归到传统的治理形式，尤其可以被视为是直接民主与代议制民主的各种变种，当然其中有优点，也有缺点。"政府间气候变化专门委员会"（GIEC）是一个专家委员会，近几十年来所有的国际调查小组也是如此。长期以来，人们一直是能够获取到环境领域相关信息的，比如公民可以参加市政会议或议会的会议，可以向公务员和议员提出咨询，也可以个人亲自参与调查。毫无疑问，公众的参与非常重要，但是直接民主那些人所共知的局限也不容忽视。公众要求参与的愿望往往会被淡化，甚至被忽略，这丝毫都不奇怪。

新技术只会使人们熟知的动态变化放大，甚至变形。新技术给人的印象是所有信息在任何时候都可以被获取，每个人在任何一个问题上都可以尽自己的一份

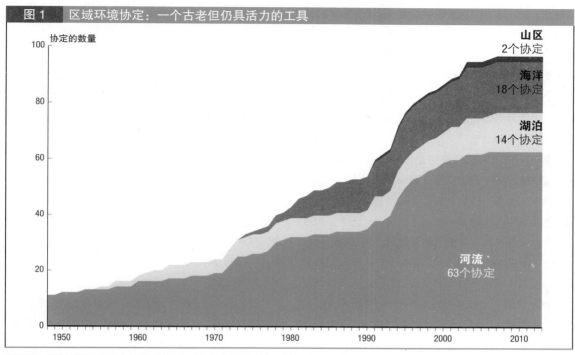

图1 │ 区域环境协定：一个古老但仍具活力的工具

协定的数量

山区
2个协定

海洋
18个协定

湖泊
14个协定

河流
63个协定

资料来源：联合国环境规划署（有关海洋部分）；国际河流组织资料库（有关河流和湖泊部分）；据作者（某些河流、湖泊以及山区的资料）。

说　　明：第二次世界大战刚刚结束，人们便开始签订各类区域性协议，以应对当时已觉察到的许多环境问题，尤其是河流领域的问题。自20世纪70年代以来，海洋领域的区域协议开始增加，到了20世纪90年代则开始覆盖到山区。

力。在一些国家，政治集体正是围绕着这一理念组织起来的。这是一些非常有趣的经验，但在现实中，一些在线信息平台和决策辅助工具是不能长期使用的。围绕着这些先进的在线平台产生了多少不会被任何人采纳的公关战略？它们的寿命都很短。新技术可能很有用，但它们所带来的实际结果却只是让电子邮件取代了普通的纸质信件，电子文档和电子数据表格取代了传统的文件和登记册，百科全书以及其他一些参考工具书变成了维基百科和其他在线工具，布告牌变成了网站。其结果是劳动生产率和实际产出的大幅增加，但并没有从根本上改变决策的方式，也就是说决策权仍掌握在赢得选举的多数派或那些最有权力的人手里。因此，最近发生在欧洲、北美和中东地区的示威活动所针对

的都是各国政府而不是针对那些被认为能确保21世纪可持续发展的所谓新机构也就丝毫不奇怪了。

环境问题不是新问题

在2003年法国和加拿大合拍影片《野蛮入侵》中，主角提醒我们：在征服美洲大陆的前50年间，有5000多万印第安人死于枪口、斧头和微生物。当然，核武器，在一定程度上还包括基因技术使人们看到了人类可能造成的伤害能到多大的程度，当然我们会说，过去虽然技术水平不高，但是人类还是给他人以及环境造成了巨大的伤害。在人类文明之初，美索不达米亚地区的灌溉以及由此造成的土壤盐碱化导致了曾经是世界上土地最肥沃的地区变成了沙漠。在罗

马帝国时代，地中海地区森林很大一部分消失了，这对整个文明的崩溃起到了推波助澜的作用。人类历史就是一部我们逐步学会适应环境变化的历史——无论这些变化是由自然周期引起的，还是由于人类干预而引发的。在这些行动中，有一些是非常有效的，例如荷兰通过围海造田以及意大利通过围沼泽地造城获得了数百万公顷的土地。

然而，情况并非总是如此。一个著名的例子就是复活节岛悲剧［戴蒙德（Diamond），1997 年］。在人类到来之前，该岛一直被森林覆盖，这里的生物多样性异常丰富。最早一批人大约是在公元 5 世纪进入该岛的。在基本生活需求得到满足之后，他们开始做一些别的事情，比如建造著名石像并开始养殖家禽。为使其他需求能得到满足，他们开始大量使用岛上的自然资源，生物多样性在 16 世纪急剧丧失。最终，岛上的居民达到了无法维持生计的地步。大多数树种消失了，水果和木材也随之消失。大部分海鸟、所有的陆地鸟类和大部分海鲜也遭受了同样的命运。木材的缺失使人们无法做饭、取暖、建造船只。极端天气事件造成了水土流失和土地的进一步退化。居民开始彼此争斗，甚至自相残杀，而船只的匮乏又使人们无法外迁到其他地方。

1722 年，当荷兰探险家雅各布·罗格文（Jacob Roggeveen）来到该岛时，岛上的人口已由 2 万人减少到了 155 人。当时岛上已没有多少植被，剩下的一些昆虫和居民的日子很难过。造成这一悲剧的原因是多方面的，但它们可以被概括为机构的无能：一方面，它不能理解岛上环境所出现的变化；另一方面，也无力采取适当措施来防止人们赖以为生的自然资源的枯竭。如今，由本地社群所组成的传统结构通常被视为是保护生存手段的关键因素，而各国政府和大公司往往被认为不能保护地方的环境，因为它们距离问题太远，因而不具备足够的合法性。而本地社群的规

模要足够小，这使得相关治理结构能看清所有的环境问题。这些机构必须不断变化，不断作出调整，以应对本地所特有的环境挑战。就复活节岛的情况而言，即使传统社群结构的团结再紧密也无法保住他们的环境。

然而，社会上有许多例子能证明环境问题是可以得到有效治理的。通常情况下，解决方案很大程度上将取决于合适机构的存在。意大利威尼斯共和国的林业就属于这种情况［莱恩（Lane）和钱德勒（Chandler），1973 年］。在罗马帝国时代，森林被一种集约的方式加以利用。在平原地区，它们被砍伐和焚烧以便将土地用于耕作；在山区，森林被砍伐用于建筑和家具制作。到了罗马帝国末期，人们又开始了造林的自然过程，这一进程随着中世纪农业的回归而终止。平原地区大部分森林被砍伐，成了取暖和做饭的木材，而山区的林木再次成了建筑用材。在威尼斯共和国于公元 9 世纪成立时，山区的森林资源极度恶化。由于当时的安全和经济繁荣都取决于海洋，因而木材这种造船材料便具有了战略意义。出于这个原因，共和国开始管理其森林，通过立法并采取了保护措施。其目的是维护森林的生态平衡，从而确保其可持续性。只有经授权的人才有权砍伐树木，而且还必须使用特殊的技术，只有达到一定树龄的树木才能被砍伐。违反规定者将受到严厉的惩罚。

到了 17 世纪中叶，威尼斯共和国的山林长势极好。这种情况在 18 世纪奥地利统治期间得到了保持，到 19 世纪意大利统一之后情况也可以说还算不错。那些现代国家的雏形机构在其中发挥了很大作用。威尼斯共和国实际上是一个寡头共和国，拥有一个选举产生的领袖（总督），几个与部长会议或议会相当的委员会［筹备委员会（COLLEGIO）、元老院（senato）和众议院（Maggior Consiglio）以及一些高效的法院体系（四十人法庭（quarantie）和社团（collegi）］。此外，它还保护人们的思想自由，欧洲

最早的大学之一帕多瓦大学（Padoue）就坐落在这里，威尼斯共和国的大部分领导人都在这里就读。在一个鼓励争论的制度背景下，新兴的自然科学——它们是从大学里发展起来的——与威尼斯共和国的政治精英之间的密切联系不仅促成了一套有效的森林保护方式，而且也催生了一些稳定的机构——它们不仅产生了经济效益，而且存在的时间超过了一千年。

如今应当特别关注体制结构——尤其是地方层面的体制结构，因为它们有效地解决了环境问题，并促进了一些可持续发展模式的形成［奥斯特罗姆（Ostrom），1990 年］。要重点关注这些体制结构能长期获得成功的特性，以便对其作出调整之后能在其他地方得到复制。其中的一个特征是在适应环境，尤其是气候变化方面的弹性和能力。在农场越来越少的情况下，农民协会还需要吗？规模是另一个十分重要的因素，因为一个机制规模的大小要与其所要解决的问题相适应。正所谓杀鸡不用宰牛刀。另一个重要特征是公平：所有的机制都必须表现出合法性和公平性，一旦出现决策不当或失误，必须提供给人们申诉的机会。如果一个市政府同意在你家的花园里建一个垃圾处理设施，你必须有办法提出申诉，所受的损失也能获得赔偿。

有人认为，现代国家——尤其是那些自由民主国家——已经表明并且还在继续表明它们的机制有着巨大的适应能力和应变能力。这些国家在努力推动科学，以及信息的自由流动和免费获取。这是自由和民主的辩论中的一个重要内容。这对环境保护同样也十分重要，因为最先发出危急情况的往往是科学家（比如臭氧层破洞）或生活在事发地的人们（如非法倾倒）。这一信息能在决策者之间传递至关重要，他们可以据此出台并实施一些政策和措施，而那些强有力的机构则能保证这些决策是正确的，并能受理可能出现的申诉。现代民主政体虽然称不上完美，但它们在

这方面已经表现出了自己的有效性——起码比任何一种替代方案都要强。正因为如此，民主通常被认为是最常见、最先进的治理形式，并且它往往相对较为稳定，人们很难轻易回到其他治理形式。现代民主也许是所有政府都想选择的一种模式，也是唯一能确保良好治理的模式。

不同利益相关方共同参与的进程早已有之

绝对国家从来就没有存在过。即使是在 17 世纪专制主义鼎盛时期，君主也从来没能完全控制政府结构。法国国王路易十四也有不同政见者，也有许多叛党。完全极权主义的政权从未存在过。即便是威望很高的希特勒和斯大林始终没能完全将整个社会控制在自己手里。在苏联时代，即使在斯大林式的镇压下，老奶奶们仍然会去教堂。因此，政府从来都必须考虑到社会的各个阶层。从这个角度来看，环境治理与其他任何部门的治理并没有什么不同。事实上，在所有领域，治理结构都应考虑到所有利益相关方的利益。这可能是一个度的问题。在环境政策领域，公民社会和科学界将发挥特别重要的作用［哈斯（Haas），1992 年］。然而，类似的情况在其他部门同样存在。例如，对劳工关系来说，工会和专家小组是至关重要的。政府也早就知道，如果想避免在选举中失利或社会动荡，它们就应当考虑到主要利益相关方的利益。

历史上，这一切曾发生过变化，变成了社会团体之间的对话机制。西班牙国会（Cortes）是此类机制的一个例子。与法国的三级会议相类似，这些会议由西班牙国王召集的，所讨论的是整个王国普遍关心的问题，主要是税收、战争和王位继承等。与会代表由三类人组成：贵族、神职人员和普通民众，也就是说大城市里的资产阶级。此类会议从 12 世纪一直持续到了 19 世纪初，并可以被认为是西班牙目前议会的前身。在法国大革命时期，旧制度的国会

中世纪：
西班牙国会

今天：
大型国际会议

说　　明：从人员安排、领导人的姿势和服饰来看，今天的大型国际会议会让人回想起西班牙早期的国会或中世纪类似的会议。

（Cortes）让位给了更现代的议会机构以及1812年的《加的斯宪法》（Cadix），西班牙也由此开始了向实行普选的君主立宪政体转型。由全体人民选举代表的想法战胜了从不同社会阶层指定代表所组成的机构。

事实上，随着时间的推移，那些曾经有效推动公共事务主要利益相关方参与的方式变得越来越低效。到了18世纪末，利益相关方所能关注的只剩下皇室继承问题。它们成了使君主显得高于其他贵族的一种手段，因为他在这些人中处于核心地位。那个时代的一些名画也反映了这一点。这在今天仍然是一个重要的因素。在由不同利益相关方参与的进程或会议中，人们通常既会注意让参与程度尽可能广泛，同时也会注意让政府的高层代表处于核心地

位。对于这一进程，无论是过去的媒体还是现在的媒体都有过形象的描述。随着财富和教育在社会的广泛散播，旧制度的国会失去了其合法性，民选代表的概念战胜了社会集团代表的概念。从某种角度来说，利益相关方集团的逻辑是一种不太具有普遍性的代表制，是一种倒退。

在外交关系领域，涉及不同利益相关方的进程显然不仅局限于环境问题，而且还有着较长的历史。国际劳工组织是在1919年第一次世界大战后成立的。各国的代表团由两名国家政府的代表、一名工会的代表和一名雇主方的代表组成，而且这些人从一开始就能代表自己的立场独立发言、独立投票。这种参与程度超过了非政府组织所参与的环境进程，如与《联合

国气候变化框架公约》(CCNUCC）和《生物多样性公约》(CDB）相关的会议。国际劳工组织创建于俄国革命之后——此次革命使人们意识到了保持社会对话以避免工人起义的重要性，因此它成了世界各地促进公平劳工标准的一个重要手段。国际劳工组织为维护战后和平与稳定作出了贡献，甚至因此获得了1969年的诺贝尔和平奖。

在全球环境政策领域与国际劳工组织最相近的组织是世界自然保护联盟（UICN）。该联盟成立于1947年，成员包括来自政府和非政府组织的代表以及一些科学家和专家。在其召开全会——也就是人们所熟知的世界自然保护大会——期间，政府代表团有三票，国际性的非政府组织有两票，而国家级的非政府组织有一票。它已经成为世界环保领域最有影响力的组织，它的主要活动是颁布世界自然保护联盟濒危物种红色名录。然而，尽管它的开放性和广泛的参与度，但人们的一个总体感觉是：在改善全球环境治理方面还应做得更多。为此，联合国环境规划署（PNUE）于1972年成立，而如今许多国家的政府和专家在要求成立一个新的世界环境组织。这方面的挑战并不在于提高环保人士和科学家的参与度，而是要改善与联合国系统之间的协调，使决策过程变得更加高效——而这往往需要增加大国以及出资方的权力［比尔曼（Biermann）等，2012年］。

在必须让不同利益相关方参与其中方面，人们很早就创建出了一套理论。例如，罗马在成为帝国之前曾被一个共和国统治了五个世纪。地方贵族在参议院拥有代表，甚至普通百姓在议会中也有自己的代表。他们在一定程度上抵消了贵族的权力，从而确保社会和政治团结。正如尤维纳利斯（Juvénal）

所说的那样，人们"所渴望只有两样东西：面包（panem）和马戏（circenses）"[①]。换句话说，如果当权者想得到人民的支持，就必须给他们想要的东西。在政策制定者与社会其他阶层之间的相互依赖关系方面，没有人会比意大利政治思想家尼可罗·马基雅维利（Nicolas Machiavel）的理论说得更清楚。他坚信共和制度的优越性，因为它们能够促进包容性的进程。他甚至就如何赢得公共舆论支持的各类技术向君主以及不同的决策者提出了建议[②]。想完全控制整个社会是永远不可能实现的，但必须让所有的利益相关方都参与到决策进程当中来。与他人一起追求共同利益将变得更加容易。

几个世纪以来，人们一直在寻找那些能更好体现社会代表性的体制结构。目前已有多种路径被采用：一种极端的形式是极权机制的理念，整个社会都将被其吞噬；另一种极端形式是自由机制完全自由的理念：各方在其中都有平等的代表，它是最主流的民主体现形式。介于这两者之间的是社团主义的理念：社会的不同组成部分、不同的利益集团在这些机制中都有自己的代表。许多环保机构就采用了这一路径：它们鼓励各种利益相关方——各国政府、国际组织、非政府组织、地方政府、高校和私营部门等——都能参与其中。此举使人觉得它们似乎在建立一些具有包容性的进程。然而，过去四十年环境领域的国际关系对这些进程的合法性和有效性提出了许多问题，尤其是当人们把它们与那些完全由民选合法代表所组成的机构相比之后。除了提供咨询和沟通思想的机会之外，它们还提供了一个展示的舞台：它向外界表明环境问题被各国政府摆在了核心位置。从某种意义上说，它们是我们这个时代的一个国会（cortes）。

---

① 《讽刺》(Satire）, 10.77-81。

② 马基雅维利，《君主论》，1532年。

各国政府重新回归

20 世纪出现了全球化和多层次治理的趋势，而过去十年间它们的疲态开始显现，尤其是在全球和区域性的环境进程方面。自 2000 年代中期以来，很少有新的机构出现，而现有的机构也很难达成重要的协议。虽然"政府间气候变化专门委员会"（GIEC）和联合国气候变化框架公约的会议已经产生了一些新的知识，并促进了全球层面有关气候变化的辩论，然而自 1997 年《京都议定书》签订以来便没有取得过多少实际成果。其中一个最明显的变化或许是各国政府的重新回归，它们已经重新成了可持续发展领域的一个关键行为体。尽管一些全球和区域性的环境协定已经签订并将得到实施，但显然各国政府仍将在其中发挥核心作用。此外，由于非政府组织的诚意越来越受到质疑，国际组织在能力上的确存在局限，而地方政府对环境问题的代表性也通常受到怀疑，因此各国政府似乎是唯一能表现出领袖风范的机构。

最能说明这一趋势的例子或许是格勒纳勒环境协商会议：这是一个 2007 年在法国启动的由各利益相关方参与的磋商进程，它使得许多堪称全世界最先进、最雄心勃勃的环境法规问世。首先，它是由中央政府启动的，中央政府想把自己的经济政策重点放在所谓的绿色增长上。来自中央政府、地方政府、工会、产业界、专业协会以及环境领域一些非政府组织的代表以平等的方式参与了这些会议。其次，这一进程产生出了一系列的建议，而这些建议被议会制定成了法律，而这些建议的实施过程则是受到了政府机构的监管。最后一点并非无关紧要，它所产生的许多建议被写进了 2008 年欧盟能源气候一揽子计划，尤其是到 2020 年可再生能源的比例要达到 20% 的目标。这是国家政策欧洲化——而不是相反——的一个明显的例子。

然而，格勒纳勒环境协商会议一个最令人惊讶的后果是：地方当局必须遵守的环境标准和法规越来越严格了，尤其是在城市规划方面。这些标准并不是本地制定的，而是国家确定的。不同参与方都提到过的，且也在其他国家得到证实的一个理由是：必须避免地方政府在环境保护方面形成"竞次"行为，因为环保常常会错误地认为是经济发展的一个障碍。反常的是，虽然许多人认为环保部门是对非传统行为体、对不同利益相关方最开放的部门之一，但实际上它却是各国政府的一个堡垒，甚至可以说是一个能让其保住核心地位的重要因素。对领土的控制是它们长期以来拥有的一个特权。

这种趋势的另一个例子是联合国围绕着 2012 年可持续发展会议——也被称为"里约 +20 峰会"——所展开的谈判进程。联合国及其在发展合作领域的许多其他合作伙伴都支持让最不发达国家以及公民社会的数以千计的代表参加其中。超过 45000 人参加了会议。几乎每一个在可持续发展中发挥过作用的人都想出席会议。人们组织了多方面的活动以确保所有这些人的有效参与：除了正式安排的常规活动外，在正式会议以及与其同时举行的伙伴关系论坛开幕之前，还专门组织了可持续发展对话日活动。所有这一切的目的是促进对话，为会议的准备工作作出贡献。然而，最重要的会议当属筹备委员会的三次会议、筹备小组办公室的工作、三次闭会期间举行的会议以及三轮所谓的"非正规与非正规"部门之间的谈判。此外，还组织了区域性的筹备会议。

尽管人们作了很大的努力，想把专家和公民社会的代表也纳入其中，但是筹备委员会及其办公室的成员只是来自各个成员国，尤其是各国派驻纽约的驻联合国代表。闭会期间的会议以及"非正规与非正规"部门之间的谈判从某种程度上来说已经实现了向公民社会代表的开放。然而，各国代表团的分量始终要超过其他人，尤其是会议的最后文件《我们期望的未来》最终是由它们审定的。人们同样展开了一个类似的进程，以便确定旨在取代千年发展目标的可持续发展未来目标：千年发展目标自 2000 年以来一直在指导着国际社会的发展计划，但它将于 2015 年到期。一方面，向公民社会开放以及包容性谈判的印象已经出现；另一方面，各类核心机构仍有能力控制结果。

结论

尽管有关民族国家在其他利益相关方——特别是跨国公司、公民社会以及那些能形成网络的个人——的面前日益失势的言论四起，但是在可持续发展治理领域，福柯（Foucault）（1977 年）所描述的国家进一步增加对现代社会控制的现象同样可以观察到。政府利用各类机构、司法系统和其他机制来加强对社会以及对自然的控制。可持续发展治理机制的最终目的都是对自然的控制。极端事件、气候变化和其他类型的环境变化很可能会扰乱人们的日常生活、我们社会和经济的组织方式和运作方式，从而带来巨大的痛苦和灾难。因此，行使这种控制权并非总是不道德的，但它要求人们对自然的动态变化有更好的了解——而实际情况并非总是如此。在这方面，现代科学和传统的知识技能将能发挥关键作用。行使这种控制权的本意往往是好的，但是当人们发现它被滥用时，人们很显然会迅速作出反应，采取多种抵抗战术和战略。

新技术大大增加了环境和民众可能受到的潜在损害。技术使博弈上升到了一个更高的层次，而其中的挑战也变得更大。这些新技术要求人们更好地了解自然和社会的动态变化。管理知识的能力是现代官僚体制的核心要素之一。如何协调强有力、高技能的机构与能够生产出高层次知识的强大社会之间的关系是许多政策的核心，尤其是欧盟 2000 年的《里斯本战略》以及此后的类似战略，如欧洲 2020 战略。然而，这并不能从根本上改变政府、个人与环境之间的关系。如果所有的参与方都采用同样的技术，那一切又将回到起点。政府继续使用自己的权力来生产公共物品，而民众却认为政府并没有这样做，因而会用不同的方式加以应对；人们继续过着自己的生活，而大部分生存资料是从它们赖以为生的环境中取得的；环境容量是有限的，一旦超过了其能承受的极限，生态系统就会发生改变——既可能变好，也可能变坏。

政府、个人和环境之间的正相关关系对于文明的延续至关重要；历史已经表明，此类负相关关系已导致多个文明的陨落。民主制度是我们文明的一个关键因素。它们能使政府和人民之间保持积极的关系。它们也能确保与环境之间的积极关系吗？正如布鲁诺·拉图尔（Bruno Latour）所说，自然进入政治领域是一个社会所面临的重大挑战之一，也是我们这个时代的重点研究课题之一（2004 年）。本章试图表明，到目前为止，对可持续发展的追求既没有从根本上改变我们的机制，也没有创造出任何新机制。正所谓"太阳底下无新事"。

参考文献

BIERMANN F., ABBOTT K., ANDRESEN S. *et al.*, 2012, "Navigating the Anthropocene: Improving Earth System Governance", *Science*, 335: 1306-1307.

DIAMOND J., 1997, *Guns, Germs and Steel the Fates of Human Societies*, New York, Norton.

FOUCAULT M., 1977, *Discipline and Punish: the Birth of the Prison*, New York, Pantheon Books.

HAAS P. M., 1992, "Introduction: Epistemic Communities and International Policy Coordination", *International Organization*, 46.

LANE F. C. et CHANDLER A. D., 1973, *Venice, a Maritime Republic*, Baltimore, Johns Hopkins University Press.

LATOUR B., 2004, *Politics of Nature: How to Bring the Sciences into Democracy*, Cambridge, MA, Harvard University Press.

OSTROM E., 1990, *Governing the Commons: the Evolution of Institutions for Collective Action*, Cambridge, Cambridge University Press.

YOUNG O. R., 2002, *The Institutional Dimensions of Environmental Change: Fit, Interplay and Scale*, Cambridge, MA, MIT Press.

新技术与公民咨询：能为可持续发展的
全球治理作哪些贡献？

卡罗尔—安妮·塞尼（Carole-Anne SéNIT）
可持续发展与国际关系研究所（IDDRI），法国

今天，全球化以及诸如金融危机或气候变化等跨国性问题的出现，使得国家的权威被转移到了国际治理体系身上，而这些机制经常被人们批评缺乏民主合法性。虽然说集体决策的做法正在全球化，但民主的规模似乎并没有出现改变。近年来，一些创新型的咨询实践把互联网等一些新的信息与通信技术放在了核心地位，并同时启动了多个与可持续发展有关的国际谈判进程。在后 2015 年发展议程谈判的框架下联合国所举行的公民在线咨询或许就是此类新型活动最典型的代表：这既体现在形式的创新上，也体现在民众参与的广度上（见图 1）。在此，我们想要探究的是这些在集体决策过程中使用了信息与通信技术的公民咨询是否会增加可持续发展国际治理的民主合法性。我们的文章所依据的既有源自于文献的理论论据，也包括几个与后 2015 年发展议程在线咨询有关的具体例子。我们首先将对合法性作出定义，然后简要地介绍一下它的不同形式，之后再分析那些通过互联网进行的公民咨询对于决策进程合法性的影响。

全球治理的合法性：它所指的究竟是什么？

在这里，合法性是指公民有可能通过自己、为了自己决定那些旨在组织和管理他们政治性结社的法律的内容［南兹（Nanz）和施特费克（Steffek），

2004 年］。通过由人民所组成的（即"民治"）政府和为人民着想的（即"民享"）政府这两个经典的区分产生出了两种不同的合法性：在"输入式合法性"中，凡是能代表民意的政治选择都是合法的；在"输出式合法性"中，凡是有利于集体共同利益的政治选择都是合法的［沙普夫（Scharpf），1999 年］。因此，前者所指的是决策过程、其参与者（代表性）及其程序（透明度和信息的获取），而后者所指的是在解决集体问题方面的政策选择能力（结果的有效性、监督和评估机制等）。

当合法性的概念被用于在线咨询时，它提出了两个问题：通过信息与通信技术让公众参与公开治理模式，这种做法能包含、代表不同利益相关方的利益吗？在线咨询能导致一些更雄心勃勃的国际协议——这些协议将拥有一个能对其进行评估的制度框架，而评估是达到更好政策结果的必要条件——的出现吗？有关后 2015 年发展议程的政府间谈判应当于 2014 年 9 月第 69 届联合国大会期间启动，因而我们在此无法就在线咨询对于这些谈判的影响作出分析。于是，我们把重点放在了分析此类咨询对于决策进程合法性的影响上。

信息与通信技术：包容机制还是排斥机制？

在公民参与机制对各国决策进程及其结果合法

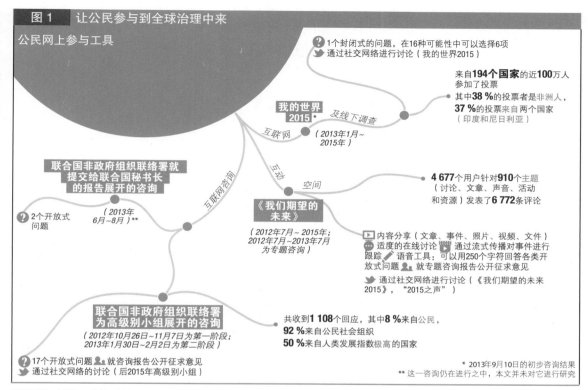

图 1　让公民参与到全球治理中来

公民网上参与工具

1个封闭式的问题，在16种可能性中可以选择6项
通过社交网络进行讨论（我的世界2015）

来自**194个国家**的近**100万人**参加了投票
其中**38 %**的投票者是非洲人，**37 %**的投票来自两个国家（印度和尼日利亚）

我的世界2015*

及线下调查

互联网

（2013年1月~2015年）

互联网咨询

联合国非政府组织联络署就提交给联合国秘书长的报告展开的咨询

互动

空间

4 677个用户针对910个主题（讨论、文章、声音、活动和资源）发表了6 772条评论

（2013年6月~8月）**

2个开放式问题

《我们期望的未来》

（2012年7月~2015年；2012年7月~2013年7月为专题咨询）

内容分享（文章、事件、照片、视频、文件）
适度的在线讨论　通过流式传播对事件进行跟踪　语音工具：可以用250个字符回答各类开放式问题　就专题咨询报告公开征求意见

通过社交网络进行讨论（《我们期望的未来2015》，"2015之声"）

联合国非政府组织联络署为高级别小组展开的咨询

（2012年10月26日~11月7日为第一阶段；2013年1月30日~2月2日为第二阶段）

共收到**1 108**个回应，其中**8 %**来自公民，**92 %**来自公民社会组织，**50 %**来自人类发展指数极高的国家

17个开放式问题　就咨询报告公开征求意见
通过社交网络的讨论（后2015年高级别小组）

* 2013年9月10日的初步咨询结果
** 这一咨询仍在进行之中，本文并未对它进行研究

资料来源：卡罗尔—安妮·塞尼。

性的影响方面，自 20 世纪 70 年代以来许多学者创建了理论，并进行了经验主义的分析。在国际层面，此类进程在 20 世纪 90 年代成了研究人员的关注重点。在这十年间，公民社会越来越多地参加国际可持续发展峰会，并逐步形成了制度化，尤其在第一次里约地球峰会上组成"主要群组"（Major Groups）之后［德雷泽克（Dryzek），2000、2011 年；德雷泽克（Dryzek）和史蒂文森（Stevenson），2011 年；德雷泽克（Dryzek）等，2011 年；拜克斯特兰德（Bäckstrand），2006 年］。然而，很少有学者分析过通过互联网进行的公民咨询

对可持续发展全球治理的合法性的影响。

更广泛的参与

当然，自 2000 年代中期以来，信息与通信技术一直发挥着催化剂的作用：它们为人们使用现有的参与方式提供了便利，并能提升它们的优势。事实上，从理论上看，通过互联网对公民进行咨询能使更多的行为体参加到国际政策的制定过程中来，从而提高其包容性。由于人们很容易用匿名的方式访问讨论和交流空间①，因此这些新的参与方法可以起到制衡压力集团的作用——在传统的参与方式中，压力集团通常

---

① 要想在互动论坛发言以及参与讨论虽然需要注册，而且也需要提供一些个人信息，如姓名、国籍、年龄、性别、职业等，但是论坛的成员可以通过使用"Voix"等聊天工具参加在线讨论并匿名发表评论。例如，全球性的调查"我的世界 2015"（My World 2015）的投票就是匿名的。

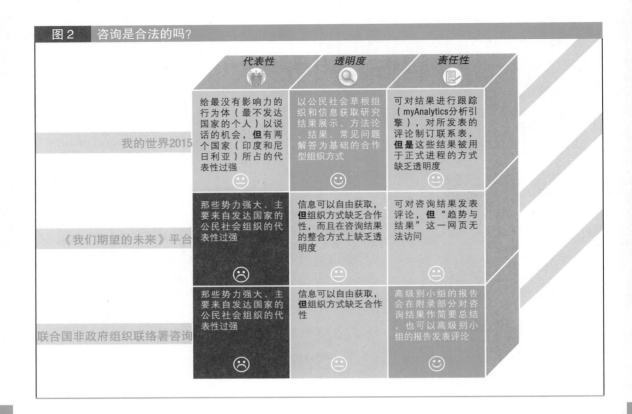

图2　咨询是合法的吗？

处于主导地位。信息与通信技术还能为信息的获取与共享提供便利，从而能提高透明度。例如，2012年11月至2013年5月针对环境的可持续性而进行的专题咨询，其综合浏览量达到5万次，网站主持的在线讨论11场，评论达到1100条，来自173个国家的公民社会组织和个人参与其中。因此，信息与通信技术通过它们在公民与决策进程之间建立起来的直接联系提高了公民的参与度。

公民社会不同利益相关方的代表性将提高？

然而，在可持续发展国际谈判的框架下利用信息与通信技术来举办公民咨询存在一定的局限性，而这些局限性可能影响到可持续发展全球治理的过程和结果的合法性。

一方面，数字鸿沟——它是指在计算机技术获取方面的不平等——已明显影响到了人们在参与咨询方面的平等。虽然全球性调查"我的世界2015"（My World 2015）使用了在线和离线的方法来提高那些受数字鸿沟影响最严重地区——如非洲[1]——的参与度，但是要想参加由联合国非政府组织联络署（SLNG）和《我们期望的未来》互动平台所组织的

---

① 在"我的世界"（My World）全球调查的参加者中，赞同把后2015年发展议程作为优先目标的投票者40%是非洲人。然而，这方面的动员程度很大程度上取决于负责信息传递工作的联合国在各国的工作团队，40%的投票来自两个国家——印度和尼日利亚。

咨询活动，上网仍是一个必不可缺的前提条件。联合国非政府组织联络署为"后 2015 年联合国发展议程高级别名人小组"举办的在线咨询收到了 1108 份回应意见，其中约 1000 份来自公民社会组织，来自个人的只有 92 份。此外，在联合国非政府组织联络署为"后 2015 年联合国发展议程高级别名人小组"举办的第二阶段在线咨询中（从 2013 年 1 月 30 日至 2 月 2 日），近 50% 回应意见来自公民社会组织以及那些人类发展指数非常高的（>0.9）国家的公民。如果将那些来自人类发展指数较高的国家（在 0.79 和 0.89 之间）的回答也纳入其中，那么这一比例将达到 60%。上网的限制，再加上这些互动平台的参与者往往是经过事先选择、对相关问题已有所了解的人，这一切都影响了更大范围公众的参与，尤其是那些门外汉、最能代表最弱势群体的民众的参与。

另一方面，互联网给人们带来的信息提供和获取方面的便利也可能会起反作用，因为用户不仅可能在咨询网页所包含的大量信息面前不知所措 [库特（Coote）和利纳恩（Lenaghan），1997 年；麦基弗（McIver），1998 年；利纳恩（Lenaghan），1999 年]，而且用联合国经济和社会事务部一位高级官员的话来说，他们也可能因为此类咨询数量太多而不知所措（2013 年 9 月 27 日的专访）。事实上，在《我们期望的未来》互动平台上，人们的参与机会很多，而且十分复杂，信息的分享也是无限的，但是加入这些平台的成本很高（例如，熟悉这些参与工具所需的时间成本和资源成本——只有熟悉了这一切之后才能读懂和理解这些重大问题并参与讨论），因而很可能会影响到发展中国家或不发达国家的普通民众或小型公民社会团体的参与。

因此，占据在线讨论和交流空间的大部分是那些拥有巨大财力和人力资源、拥有公关和社会动员战略的行为体 [唐斯（Downs），1957 年；奥尔森（Olson），1965；布雷耶（Breyer），1993 年；加斯蒂尔（Gastil）等，2005 年]：咨询进程所体现的首先是最强者的声音。此外，公民社会组织将自己的战略重点放在了传统的宣传活动上，而不是放在那些旨在促进成员之间交流的创新活动上：说到底，《我们期望的未来》互动平台并不是一个为了能就后 2015 年发展议程达成集体共识而展开磋商的空间。除了这些局限外，另一个问题是相关咨询机构如何将所搜集到的咨询意见进行综合整理——而这一过程往往是非常不透明的。

因此，就可持续发展全球治理的民主合法性而言，在后 2015 年国际谈判框架下所组织的在线公民咨询所取得的成果可以说是有好有坏。尽管公民社会组织有了更多的参与机会，但它们普遍对自己所作的贡献能对国际谈判结果产生多大的影响持怀疑态度（《主要群组和其他利益相关方每日简报》，联合国总部，2013 年 9 月 20~22 日）。在如何提高这些创新工具的成效方面，有许多路径值得人们加以进一步探讨。首先，关键是要将在线参与手段与线下工具系统地结合起来，如通过传统的问卷调查和短信调查等方式来确保发展中国家和不发达国家能有更多的小型公民社会组织、普通民众以及弱势群体参与其中。其次，联合国机关机构，尤其是那些咨询活动的主要组织方必须为公民社会的参与方设立一些反馈机制，以便使其能对自己所作贡献的影响进行跟踪和评估，从而打消公民社会对此类咨询活动有效性的怀疑。

除了对可持续发展国际治理的合法性产生影响外，信息与通信技术还有助于促进一些公民参与新方式的出现——这些新方式的组织和辩论知识的创造将具有更多的合作性，而且社交网络会被其广泛应用，以利于讨论范围的扩展和信息的传播。因此，在线咨询能帮助建立甚至加强公民以及公民社会的能力——它们将更有能力要求联合国机构和成员国承担更多的责任。

参考文献

BREYER S. G., 1993, *Breaking the Vicious Circle: Toward Effective Risk Regulation*, Cambridge, MA, Harvard University Press.

COOTE A. et LENAGHAN J., 1997, *Citizens' Juries: Theory Into Practice*, Institute for Public Policy Research.

DOWNS A., 1957, *An Economic Theory of Democracy*, New York, Harper & Row.

DRYZEK J. S. et STEVENSON H., 2011, "Global Democracy and Earth System Governance", *Ecological Economics*, 70, 11: 1865-1874.

DRYZEK J. S., BÄCHTIGER A. et MILEWICZ K., 2011, "Toward a Deliberative Global Citizens' Assembly", *Global Policy*, 2(1): 33-42.

DRYZEK J., 2011, "Global Democratization: Soup, Society, or System ?", *Ethics & International Affairs*, 25(2): 211-234.

DRYZEK J., 2000, *Deliberative Democracy and Beyond: Liberals, Critics, Contestations*, Oxford, Oxford University Press.

GASTIL J. et LEVINE P., 2005, *The Deliberative Democracy Handbook: Strategies for Effective Civic Engagement in the Twenty-First Century*, San Francisco, Jossey-Bass.

LENAGHAN J., octobre 1999, "Involving the Public in Rationing Decisions. The Experience of Citizens Juries", *Health Policy*, 49(1-2): 45-61.

MCIVER S., 1998, *Healthy Debate? An Independent Evaluation of Citizens' Juries in Health Settings*, Londres, King's Fund Publishing.

NANZ P. et JENS S., printemps 2004, "Global Governance, Participation and the Public Sphere", *Government & Opposition*, 39(2): 314-335.

OLSON M., 1965, *The Logic of Collective Action Public Goods and the Theory of Groups*, Cambridge, MA, Harvard University Press.

SCHARPF F. W., 1999, *Governing in Europe: Effective and Democratic?*, Oxford, Oxford University Press.

第十一章

贝尔纳·巴拉凯（Bernard BARRAQUÉ）
法国农业研究与发展国际合作中心（Cirad），法国

罗莎·弗尔米加—约翰松（Rosa FORMIGA-JOHNSSON）
里约热内卢联邦大学，巴西

大都市公共服务与供水服务之间的互动

城市的发展导致了一些特大城市的出现：它们对环境，尤其是水的数量和质量产生了巨大影响。这些城市所寻求的首先是一些本地的解决方案，之后才开始运用一些越来越昂贵的技术；这种范式的转变将非常困难，对南方国家的大都市来说尤其如此。

在欧洲，《欧盟水框架指令》要求从重建水生环境的质量入手构建水资源政策。这将涉及水以及环卫等方面的公共服务。然而，向供水服务和水资源的共同管理过渡势必要求出现范式的转变，而这将是一个困难的过程——对南方国家的大都市来说尤其如此：它们很难从民用环卫工程学范式转变到环境工程学范式。我们在这里要介绍的是巴西的圣保罗和里约热内卢所遇到的困难：这里的水电开发给城市用水的质量和数量造成了危机。应该由巴西人所说的"基本环卫设施"（saneamento básico）（如饮用水和下水道等）转变为"全面环境设施"（saneamento ambiental）（加上污水处理、固体废弃物管理以及雨水的控制等）。

圣保罗和里约热内卢的水力发电和调水

与欧洲的地中海地区一样，20世纪30年代和40年代［这一时期被称为"新国家"（Estado Novo）时期］，在专制和中央集权的氛围下基础设施获得了巨大发展，从而促进了巴西在联邦层面对能源生产和水资源的大规模管理。直到20世纪60年代水务仍归各市政府直接管辖，在公共投资的逻辑下，人们从来无须为用水付费，这就造成了大量浪费和流失。工程师们更喜欢通过开发水的供应来满足需求，他们受

民用工程学范式影响的程度比欧洲还要深［布里托（Britto），2001年；哥斯达（Costa），1994年］。

在1945年之后，各国政府对基础设施建设领域的投资得到了国际金融机构的支持。美国联邦政府对一些多功能水电项目（田纳西河流域管理局、密西西比、科罗拉多州）的投资为人们指明了道路，人们开始也想把城市供水纳入其中。此外，盎格鲁—撒克逊的专家们往往认为地方政府是没有能力提供公共服务的［如英国的情况，请见桑德斯（Saunders），1983年］。

在巴西，为了给圣保罗和里约热内卢地区生产电力，人们人为地改变了河水的流向，短期内曾造成城市供水的短缺［弗尔米加—约翰松（Formiga-Johnsson）和肯珀（Kemper），2005年］。瓜拉皮兰加水库（Guarapiranga）和比灵斯水库（Billings）分别建于20世纪20年代和30年代，通过人工开凿的水道将圣保罗所在的铁特河流域的河水引入海洋，从而形成了一座高落差的水电站。二战结束后，人们想把水重新引回来，以解决圣保罗的供水问题。然而，由于城市环卫设施的网络并未能随着城市规模和人口的扩张而扩张，从而使比灵斯水库受到了污染。事实上，为了增加电力生产，人们开始将更多的铁特河水引入水库当中，尽管此时的铁特河已成了一条污染严

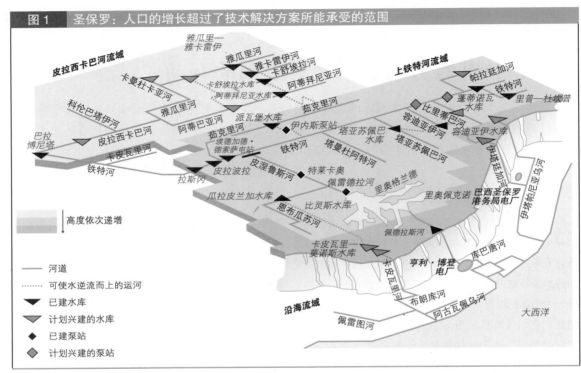

图 1 圣保罗：人口的增长超过了技术解决方案所能承受的范围

皮拉西卡巴河流域

雅瓜里—雅卡雷伊

雅瓜里河
雅卡雷伊河
卡舒埃拉伊河
卡曼杜卡亚河
卡舒埃拉水库
阿蒂拜尼亚河
科伦巴塔伊河
阿蒂拜尼亚水库
雅瓜里河
派瓦堡水库
巴拉博尼塔
皮拉西卡巴河
阿蒂拜河
茹克里河
卡皮瓦里河
茹克里水库
铁特河
埃德加德·德索萨电站
拉斯冈
皮拉波拉
皮涅鲁斯河
特莱卡奥
佩雷德拉达
瓜拉皮兰加水库
恩布瓜苏河
比灵斯水库
卡皮瓦里—莫诺斯水库

上铁特河流域

帕拉廷加河
铁特河
蓬蒂诺瓦水库
里普—杜坎普
比里蒂巴河
容迪亚伊河
容迪亚伊水库
塔亚苏佩巴水库
塔亚苏佩巴河
内斯泵站
塔曼杜阿特河
里奥格兰德
里奥佩克诺
伊塔廷加河
巴西圣保罗港务局电厂
伊塔帕尼亚乌河
佩德拉斯河
亨利·博登电厂
库巴唐河
卡皮瓦里河
布朗库河
阿古瓦佩乌河
佩雷图河
沿海流域
大西洋

高度依次递增

—— 河道
······ 可使水逆流而上的运河
▼ 已建水库
▽ 计划兴建的水库
◆ 已建泵站
◇ 计划兴建的泵站

资料来源：根据弗尔米加—约翰松提供的资料绘制，2001 年。

说　明：尽管人们一直在寻求技术解决方案，但是在圣保罗市，水电生产和饮用水供应之间正在逐步形成竞争关系。

重的城市河流［凯克（Keck），2002 年］。1992 年，在环保人士的努力下，人们终于同意不再向水库抽取受污染的河水，除非城市出现大的水患。然而，紧张关系并未因此而消失，因为电力公司仍想恢复抽水，即使此前必须对水进行处理。

相反，另一个水力发电的调水项目却为里约热内卢的供水提供了便利［弗尔米加—约翰松（Formiga-Johnsson）等，2007 年］：流向巴西东海岸的南帕拉伊巴河，其三分之二的流量通过一条距里约不远的小河被调到了地位更低的南方，最终流入了海洋。关杜河（Guandu）的流量因此增加了 7 倍，从而成为里约这个拥有 800 万人口的大都市的主要饮用

水和工业用水来源。相反，从南帕拉伊巴河在被分流之后的下游地区到其在里约州的入海口，沿河仍拥有大量的城市和工业开发，因此这段仅剩少量水流的河域受到了严重的污染。而且如果处于流域西部源头的圣保罗州也决定向圣保罗市调水，或者说南帕拉伊巴河北部大部分支流所流经的米纳斯吉拉斯州也要加大开发力度，那么情况可能会进一步恶化。

巴西的"基本环卫设施"与集中化管理的公共服务

20 世纪 50 年代中期出现了"基本环卫设施"（saneamento básico）的概念：它所指的是随着城市的

图2 南帕拉伊巴河的引水工程

资料来源：根据 www.daee.sp.gov.br 网站所提供的图绘制。

说　明：通过巴拉曼萨水电设施对南帕拉伊巴河进行调水历来有助于解决里约热内卢的饮用水问题。水污染和使用权之争如今正在威胁着这一技术
解决方案。

发展以及城市基础设施的整合——这是此前一个时期的管理特征，应当出现与之相对应的、独立的供水和环卫服务能力［雷森德（Rezende）和海勒（Heller），2002年］。尽管这两个网络在公共部门的控制之下，但它们应当由一些特别的机构来管理。它们的规划和管理应遵循一些现代的工程技术和商业经营模式，尤其应当按照水的实际用量来收费。因此，要想实现资金自给就必须设置一些财政上分开的市政管理机构（autarquias municipais）①，而垃圾收集和雨水管理工

作仍由财政负担的市政服务部门负责。

这些网络开始向城郊地区拓展。然而，一旦环卫情况有所改善，联邦政府和联邦各州都更愿意把公共资源投入那些生产性的基础设施领域（能源、交通），而不是本地的环卫设施。投资不足和城市的快速发展最终导致了城市中心地区和郊区地带的差异：在低收入人群聚集的郊区，大部分地区并未被此类网络覆盖。此外，在这些地区，城市化往往是在没有规划、没有任何监督的情况下进行的；这里的设施都不

① 在法国，它们所指的是一些独立的公共事业管理局，或是国家级政府工商业机构（EPIC），但它们都由国家直接管理，而不是归市政当局管辖。

是提前设计好的，甚至可能是不被允许的，因为这些土地都是被非法占用的。此外，在这些原本不适合城市化（很陡的坡地、湿地或容易出现水灾的地方）的地域，要铺设公共基础设施通常存在很大的技术难度[布里托（Britto），2001年]。

20世纪70年代，这个国家的工业获得了迅速发展，人口增长和城市化进一步加快。继1964年军事政变之后，独裁政权于1971年推出了"全国基本环卫设施计划"（PLANASA），以期实现投资合理化，使公共设施网络在未来10年间能获得巨大发展。从各州的层面进行集中化管理被认为至关重要，因为它能确保成本的均衡。每个州都有一个"基本环卫设施管理公司"（CESB）。创建于1975年的里约热内卢州"基本环卫设施管理公司"如今已经取代了该州几乎所有城市的供水公司。在圣保罗州，"基本环卫设施管理公司"于1973年成立，主要负责对各类管理机构进行整合。

尽管这些公共机构把重点放在了这些网络的扩展上，但它们都被认为应当按照私营企业的方式来运行。这容易使它们把巨额投资和快速收益当成优先目标。然而，尽管"基本环卫设施管理公司"在成立的头几年在改善服务方面初见成效，但随着利率的不断上升，它们仍无法避免陷入财政危机。

虽然1967年的联邦宪法赋予了它们在供水方面的法律责任，但新的公共政策把市政府的作用缩减为与国有企业签订特许经营合同。将供水服务掌握在手中是这些企业获得新型投资形式的唯一途径。此后的多年间，大多数城市政府并没有对这一新模式提出挑战。事实上，"基本环卫设施管理公司"的盛行是一些地方拒绝承担宪法所赋予的供水和环卫责任的后果之一，这种情况在北部最贫困的各州尤为常见［布拉加（Braga）等，1995年；法布里亚尼（Fabriani）和佩雷拉（Pereira），1987年]。

就基础设施的质量和城市环境而言，这种新方法的后果是灾难性的："基本环卫设施管理公司"很少考虑到地方的发展计划——除非这些计划与它们的发展计划是一致的。"基本环卫设施"是这样来定义优先顺序的：供水和环卫设施网络优先，排水和固体废物的收集被排除在外，而废水处理也被推迟——这种方法势必会在水灾和水资源污染方面带来严重的后果。

对资源管理和服务管理进行整合的需求已经出现。政府已经设立了一些环保机构对污染进行监管，大圣保罗市还通过了对水资源进行综合治理的方案。尽管实际成果还非常有限，但这些先驱性试验对于供水服务新范式的出现非常重要——这种新范式将把水资源的保护和水质的提高结合起来。

1986年，一场重大的制度危机导致了"全国基本环卫设施计划"的终结。最初，它在提高自来水普及率方面所取得的成功主要与1967~1980年巴西的经济腾飞有关。然而，当时的投资主要集中在自来水方面，而忽视了环卫设施，尤其是废水的处理。事实上，供水在成本方面要更加低廉，而且更容易得到用户的资金支持，也就比废水的收集和处理更容易获得投资回报。此外，真正能按照实际价格支付得起服务的民众比例太低，因而无法实现最初所计划的经费自给。因此，"全国基本环卫设施计划"主要是在富裕的城市地区投资，而在那些穷困的城市——尤其是非法占地的区域，自来水的接通率并没有太大的进展［巴拉凯（Barraqué）和布里托（Britto），2006年]。

国有企业一直沉浸在供给逻辑当中，始终相信资源是取之不尽、用之不竭的，而且技术是可以帮助解决供水问题的。无论如何，大圣保罗地区仍然面临着缺乏优质水的问题，也正因如此，该市从20世纪70年代起就从附近另一条河流——皮拉西卡巴河（Piracicaba）调水。十年后，正是这一调水活动与本地用户以及自然界的需求之间出现了冲突，而这场冲突成了引发 20 世纪 90 年代圣保罗州以及巴西联邦层面水资源管理改革的原因之一。

最后，在这两大都市中，饮用水的质量都不是很好，而且废水处理严重滞后。在环卫工作没有完成的情况下如何对水资源进行管理？

服务与资源之间的互动？

在巴西，环境工程学范式如今形成了规模，其中的主要原因是随着城市和工业的发展，供水和环卫服务已经成了重大的挑战。在上铁特（Alto-Tietê）河流域，如何平衡水的供给与生活在大圣保罗地区 1800 万民众之用水需求是一个相当大的挑战。这种城市化导致人们围绕水资源的行业政策、跨流域调水等问题产生了激烈的争论和复杂的利益交织［弗尔米加—约翰松（Formiga-Johnsson）和肯珀（Kemper），2005 年］。从某种程度上说，同样的问题也存在于里约热内卢都市圈（RMRJ）：关杜河（Guandu）的污染已十分严重，迫使水处理厂使用大量的化学品。自 20 世纪 90 年代初以来，人们开始将环境工程学用于水资源需求的管理、提高水资源分配的灵活性、水资源保护以及节水等领域。在卢拉总统执政期间，人们必须开始考虑用户的参与以及对雨水和城市废弃物管理的问题：它们成了"全面环境设施"（saneamento ambiental）的核心内容。

在大圣保罗地区，这一政策包括一个对土地使用进行管理的举措，防止无序的城市化影响到饮用水水源地：该州的水源地保护法重新启动了 20 世纪 70 年代中期的一条政策。这是最难解决的问题之一，因为城市化的控制更多地取决于各个城市［弗尔米加—约翰松（Formiga-Johnsson）和肯珀（Kemper），2005 年］。但它也要求建立多层次治理的新形式，因为大部分城市都把此类服务委托给了"基本环卫设施管理公司"。

此外，流域委员会的崛起使得过去被环卫工程学所分开的不同行业重新建立起了联系。例如，污水处理问题成了整个流域资源良好管理的关键因素，就如同法国当年成立水务局时的情况那样。但人们还必须就"什么是一个流域的水资源"达成共同的定义。

什么才是服务管理的合适规模？左派的上台引发了这样一场争论：是重新回归市政府管理还是对联邦各州的国有公司进行改造。2009 年以来，一个新的机遇终于显现：各个城市被准许彼此联合，组建城市间共同体（consorcios intermunicipais）。大城市的公共服务项目将被允许开展一些互助性融资，以期更好地应对城市化的挑战。然而，要想彻底解决城市碎片化的问题，就要求各个城市首先能超过党派之争，甚至要超越个人的私利以及城市间的竞争。从这个角度来看，ABC 共同体（圣保罗市郊区最大的市镇共同体）和上铁特河流域委员会都指明了未来可以采取的方向，它们都值得深入研究。

结论

在欧洲，供水和环卫领域的公共服务与水资源的管理早已分开，这一切主要得益于水净化厂和污水处理厂所使用的技术。今天，人们认识到这些解决方案是非常昂贵的，因此开始采用一些地方性的解决方案来提高此类服务的可持续性：这些做法也是《欧盟水框架指令》（2000/60/ CE）所鼓励的。此外，一些分散式技术的进步（尤其是生态环卫技术）使人们意识到集中化管理网络在农村地区，甚至在城郊地区的成本—效益比并不高。因此，人们完全可以用前者来取代后者；现在的问题是要找到一种方法，既要找到放弃"全网络"的手段，又不能完全摆脱公共服务的理念。例如在法国，人们创造了"非集体环卫公共服务"（SPANC），以更好地管理该国低人口密度地区

500 万人仍在使用的化粪池。

　　同样，在饮用水方面，可以用来替代自来水网络又不会造成重大卫生问题的方法在技术上是可行的，但需要适当的制度安排。它们将有助于供水网络在巴西的扩展。到目前为止，在这个幅员辽阔的国家，中产阶级始终未能成功地将一种由用户投资的、

社会成本可以接受的政策强加给其他社会阶层。建设大型水利工程的模式既导致了水的质量危机，又未能解决供水的数量问题，但新的可能性也随之打开。但是服务和资源之间更加可持续的关系、更加灵活的技术解决方案必须面对一个巨大的政治挑战：各级政府之间的合作。

参考文献

BARRAQUÉ B. et BRITTO A. L. N., 30 août-1er septembre 2006, "Urban Water Services: A Sustainability Issue at Both Ends?", Conférence internationale annuelle de la Société royale de Géographie, Londres.

BRAGA J. C., MEDICI A. C. et ARRETCHE M., 1995, "Novos Horizontes para a Regulação do Sistema de Saneamento no Brasil", *Revista de Administração Pública*, 29: 115-148.

BRITTO A. L. N., 28 mai-1er juin 2001, "A regulação dos serviços de saneamento no Brasil : perspectiva histórica, contexto atual e novas exigências de uma regulação pública", *Anais do IX Encontro Nacional da ANPUR*, 1080-1093.

COSTA A. M., 1994, *Análise histórica do saneamento no Brasil*, M. Sc. thesis, Rio de Janeiro ENSP, FIOCRUZ.

FABRIANI C. B. et PEREIRA V. M., 1987, "Tendências e Divergências sobre o Modelo de Intervenção Pública no Saneamento Básico", *Texto para Discussão*, 124.

FORMIGA-JOHNSSON R. M. et KEMPER K. E., 2005, "Institutional and Policy Analysis of River Basin Management in the Alto-Tietê River Basin", *Policy Research Working Paper 3650*, Washington, Banque mondiale.

FORMIGA-JOHNSSON R. M., KUMLER L. et LEMOS M. C., 2007, "The Politics of Bulk Water Pricing in Brazil: Lessons from the Paraíba do Sul Basin", *Water Policy*, 9: 87-104.

REZENDE S. C. et HELLER L. O, 2002, *Saneamento no Brasil*: *políticas e interfaces*, Belo Horizonte, Editora UFMG.

自然资源可持续管理模式如何使用？
——以原苏联中亚地区水资源保护为例

拉菲尔·若赞（Raphaël Jozan）
法国开发署（AFD），法国

建模和模拟已成了分析自然与社会之间关系必不可少的工具。电脑日益强大的计算能力已使一些能对多个数据库进行整合的协议和方法问世，从而使人们得以从多个维度（物理、生物、技术、经济和社会）来分析领土问题。监测和评估体系——它们是战略起草和决策辅助工具和方法的核心——几乎完全依赖计算机，这种情况在自然资源管理、农村发展和农业发展等领域都同样存在。这些工具已成了自然与社会之间关系的基本要素。它们能在多大程度上改变公共行动？它们能帮助人们提高对现实复杂性的认识，并把一些新因素（尤其是社会或环境因素）纳入决策当中吗？

本文将对咸海流域水资源管理过程中所使用的水文—经济模式——这些模式是在"拯救咸海"以及在1991年苏联解体后防止原苏联各加盟共和国出现"夺水大战"等行动中相继推出的——进行分析（见图1）。这个地区被认为是水资源管理最不合理、效率全球最低的地区，因而围绕环境问题而进行的国际动员在这里也最具代表性。从20世纪80年代至2000年代中期，这里成了一系列国际创新实验的试验地，以期对这里的环境形势作出评估并指导（或调整）其发展轨迹。在"后苏联过渡"的背景下，一些模式以及越来越强大的数字化模拟技术的使用，使人们看到了资源管理领域一些新原则将要问世的希望，自然与技术之间的关系也可能出现新形式。最后，我们的分析表明，虽然这些工具表面上看起来很先进，但它们并不能保证公共问题的解决，而且根据这些模式使用情况的不同，它们有时可能会导致不可持续发展轨迹的固化。

咸海流域的水资源管理或将变得更加有效

在中亚，第一次建模行动是20世纪80年代后期通过国际科技合作展开的。在切尔诺贝利灾难（1986年）之后，尤其是在改革的背景下，苏联政府选择了加快环境领域的国际合作。在国际上越来越重视水资源的背景下——它已经成为国际环境与发展谈判的核心，国际社会对咸海表现出了很大的兴趣：为了棉花种植的需要，这一地区竞相兴建各类大型水利项目（运河、水坝），大量水被用于灌溉最终导致了咸海的萎缩、干涸。在国际科技合作下，1988年《科学》杂志的一篇文章首次在国际层面对咸海干涸的危险提出了警告。这种合作此后得到了继续，为了筹备1992年的里约峰会，瑞典政府于1989年成立了斯德哥尔摩环境研究所（SEI），其中就有一个由美国和苏联的科学家组成的小组。该团队选择咸海作为"水资源评价和规划模型"（WEAP）的第一个试验应用

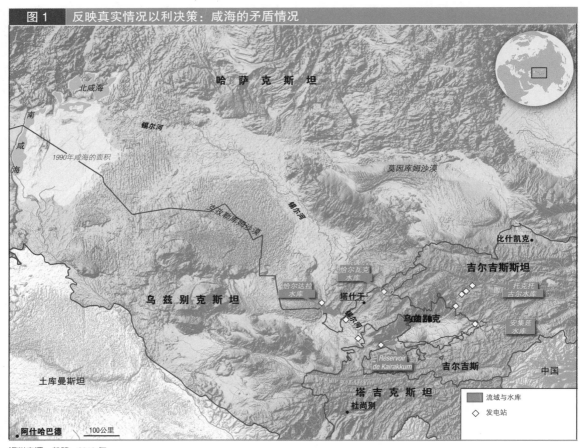

图 1　反映真实情况以利决策：咸海的矛盾情况

北咸海

哈萨克斯坦

南咸海

锡尔河

1990年咸海的面积

莫因库姆沙漠

锡尔河

克孜勒库姆沙漠

比什凯克

吉尔吉斯斯坦

哈尔瓦克水库

托克托古尔水库

乌兹别克斯坦

哈尔达拉水库

塔什干

安集延水库

纳伦河

乌鲁别克

吉尔吉斯

中国

Reservoir de Kairakkum

土库曼斯坦

塔吉克斯坦

杜尚别

阿什哈巴德　　100公里

流域与水库

◇ 发电站

资料来源：若赞，2012 年。

说　　明：中亚的水文地理网络并没有完全受到现有大型水坝的调节。然而，各式各样的建模把越来越多的元素——特别是水资源——排除在外，最后只有那些已得到控制的水资源才会被列入水资源分布图中。因此，乌兹别克斯坦成了一个脆弱的"上游国家"，而实际上无论邻国吉尔吉斯斯坦采取怎样的管理方式，它都能获取足够的水量。

地，并开发出了一些用来模拟大流域水资源管理的演算法。

　　之所以会选择这一地区以及这些方法，这与苏联内部局势的变化发展是一致的：从 20 世纪 70 年代末开始，咸海地区受到了越来越多的关注。一些以环境问题——这是当时的苏联唯一能展开批评的领域——为关注点的反对派运动将目标对向了"西伯利

亚—咸海调水工程"（Sibaral）：这个完全不合理的新水利项目计划将咸海的水调往数千公里以外的中亚地区。从 20 世纪 80 年代初开始，这一运动得到了苏联精英领导层——例如，那些在勃列日涅夫去世后上台的年轻经济学家们——的支持，这些人想对苏联的社会主义经济制度进行改革：推动经济的灵活（和创新）、改变过去的生产主义原则、确保财政资源管理

的合理化、结束那些围绕工业产业而形成的游说集团攫取国家预算的局面。虽然中亚地处苏联的边缘地带，但它却成了改革的一个重点试验区①。苏联政府提出要尝试新的管理原则，当时的苏联政府建议通过引进一些决策工具——它们是在信息技术进步以及一些节约、高效的水利技术（大型水利项目）出现之后而出现的——在这里开展一些新的资源管理原则试验：这些工具在苏联时代就已出现，并在 20 世纪 90 年代以及进入 21 世纪之后成了国际专业领域的基本术语。

"水资源评价和规划模型"（WEAP）很快取得了巨大成功。模拟的结果也在 1992 年里约峰会召开之前发表——或许是一种历史巧合，仅仅几个月过后，苏联解体了，这些结果（正式）证明了咸海正在出现干涸的趋势，同时也说明了作出改变的必要性。当时提出的口号是"拯救咸海"——这个口号成了人们实现多种愿望和需求的工具：中亚的精英想用它来切断与苏联的关系（苏联一直在努力想把这种关系保持到最后）；为水利项目而苦恼又得不到苏联政府资金支持的地方政府以及研究机构则把它当成了筹措国际资金的工具；国际组织把它当成了帮助这些新成立的共和国向市场经济转型的工具；面对咸海消失的威胁，环保主义者把它当成了施加压力的工具；而少数国际专家则想利用它提出一些新模式——这些模式所产生的行动计划将指导人们通过水的调节这一唯一变量走出社会主义。

此外，"水资源评价和规划模型"的优势还在于：它能在新方案中对一些技术上的解决方法（水渠浇筑混凝土以及滴灌等现代灌溉技术）和机制上的解决方法——这些方法是唯技术论的、彼此分散的——进行整合②。许多区域性机制相继出现，它们与咸海跨国委员会（ICAS）一起制订了行动计划，同时还成立了一个专门的融资机构——拯救咸海国际基金会（IFAS）：它们后来都被并入了得到世界银行、联合国环境规划署和联合国开发计划署支持的"咸海流域计划（ASBP）"。

从"拯救咸海"到"中亚的水资源战争"

那些通过国际合作制订的行动计划很快会被一些新元素淹没："水资源评价和规划模型"是在苏联解体前建成的，在对它进行模拟的时候，这些元素当时都未被列入问题当中。那些新独立的共和国（特别是乌兹别克斯坦和吉尔吉斯斯坦）之间的边界（见图1）日益明确，而流域内各个新共和国的政治和经济轨迹却出现了分化。在确定问题的过程中，人们往往会提到水的一种新用途，即水力发电问题——这些大坝大多建在高山密布的吉尔吉斯斯坦，咸海流域大部分降水集中这个国家，之后流向乌兹别克斯坦和哈萨克斯坦的灌溉地带，最后汇入咸海。乌兹别克斯坦一直延续着依赖种植灌溉农业——棉花种植——的发展轨迹（尤其是在 20 世纪 90 年代），而吉尔吉斯斯坦则希望通过这些水电设施 [其中包括该地区最大的托克托古尔（Toktogul）水电站，总库容达 195 亿立方米] 来确保自己的能源安全（尤其是冬季期间的能源安全），而这与夏季的灌溉是不能兼容的。我们必须明白这样一个事实：中亚地区水资源管理问题的解决

---

① 20 世纪 80 年代，中亚地区成了苏联政府的关注重点，这不仅因为中亚地区领导人所推动的"西伯利亚—咸海调水工程"（Sibaral）十分不合理，而且还因为围绕着农业水利工程和棉花产业形成的一些巨大贪腐网络在 20 世纪 80 年代初大白于天下。

② 例如，我们可以说对水资源的使用收费的行动，它往往被视为"能对灌溉技术的创新和投资起到激励作用"。事实上，在中亚，这些措施的出台确实导致了用水量的下降，但这一切只体现在统计数字上：在正式统计过程中，公务员会和农民达成一致，设法少报实际的消费量。

不能不考虑到能源问题。然而，通过国际合作而设立的机制对水电设施以及国际流域的河道都没有任何管辖权。管理着这些机构的官员主要是乌孜别克人，他们根据苏联时代所留下的行业格局——当时的指导思想是水利设施必须服务于灌溉——提出了水资源管理的水文农业方案。

能源问题的突然出现使当时国际上一种十分流行的观点得到了强化：（以灌溉农业生产为主）的"下游"国家和拥有水电站的"上游"国家之间可能出现夺水大战。这一论调使得水资源问题在20世纪90年代中亚地区定义发展过程中变得越来越重要：此前，人们一直以为咸海的水位是判断发展道路可持续性的关键因素，而最终所有的关注点都集中在了托克托古尔水电站上。与此同时，"拯救咸海"计划逐渐被推翻，各国当局在定义问题时也几乎见不到环境问题的踪迹。就在这个时候，美国一些科研中心的专家们开发了一些新的建模研究形式。他们建议使用功能比"水资源评价和规划模型"更加强大的"通用代数建模系统"（GAMS）：它能考虑到能源行业以外的情况（包括农业和环境等因素），能将各国的差异化战略付诸实施，同时还能在不同用途的水资源分配优化过程中考虑到经济核算。

这一工具再一次点燃了国际社会的强烈希望，因为它似乎能够考虑到这一问题的复杂性。新工具的实施得到了美国国际开发署（USAID）的大力支持：它通过参与该地区相关国家的能源改革，尤其是吉尔吉斯斯坦能源行业的私有化进程——一些美国公司出现在了这一市场当中——从而达到了插手水资源管理的目的。此时的模拟试验在"哈萨克斯坦、吉尔吉斯斯坦和乌兹别克斯坦跨国委员会"（ICKKU）这一新机构内进行：这个国家间经济合作委员会成立于1993年，是一个独立于"咸海流域计划"（ASBP）的机构，后者在农业水利专业技术方面的垄断地位

由此打破。1997年进行了多次模拟试验，并且也展示出了新国家加入这一合作机制所能获得的好处。否则，托克托古尔水电站就可能达到临界状态，从而危及电力生产和灌溉用水。

从1998年开始，这些新国家大张旗鼓地签订了一个由联合国以及一些双边出资方（如美国国际开发署）所推动的国际条约——这个条约在交易条件方面完全采用了模拟试验所得出的结论。这个条约最初被视是一个真正的成功，但很快受到各签署国的质疑，它们都拒绝执行条约的相关规定。虽然模拟结论认为乌兹别克斯坦"非常脆弱"、对吉尔吉斯大坝所拦截的水资源十分依赖，但直到21世纪初，这个国家一直没有加入该条约。21世纪初至2005年，世界银行开始介入，并且创造了自己的模拟工具，目的就是要劝说乌兹别克斯坦加入这一合作机制。尽管这一工具所得出的结论都与"通用代数建模系统"的结论一致，但乌兹别克斯坦始终没有坐到谈判桌前，这种态度令国际合作方颇为费解：在国际合作方看来，政府的这种态度是不负责任的，因为模拟试验所给出的建议应当是一种合理的路径。

使用建模的政治经济学

各国同意签订该条约，真的是因为它体现了真实的情况吗？要不要开发出一种更精确、能体现实情并能说服相关国家加入合作的新模型？我们对在"通用代数建模系统"基础上开发出来的模型进行了分析，结果惊异地发现这些模型大多只停留在对现实进行抽象性和理论性陈述的阶段。这些模拟试验所基于的是一些不完整的，甚至连它们自己都认为"非常不确定"信息：尽管这些美国专家在中亚有项目任务，但他们却无法得到相关水利工程管理机构所掌握的资料——这些机构并不赞同打破能源和农业两个主题之间的隔阂。无论如何，所有的模拟试验都离不开官方

的统计数据，而我们已经证明这些数据将很大一部分农业用水排除在外（尤其是该流域用水大户乌兹别克斯坦，30% 灌溉面积未纳入统计范畴！）。对这些模型的分析结果表明，他们高估了该地区的缺水程度，尤其是乌兹别克斯坦的脆弱程度。被它们纳入考量范畴的只有那些被大坝拦截的水资源，而实际上这只是农业用水的一部分。

事实上，要在模型内找到平衡这本身就是一个十分艰巨的任务：建模被迫把相关国家分成了两类（"上游国家"和"下游国家"），只有这样才能为建模找到一种数字化的解决方案——这一点有关博弈理论有过清楚的阐述[①]。然而，乌兹别克斯坦虽然在模型中被列为"下游国家"，但吉尔吉斯斯坦境内的许多河水最终都会流入这个国家，尽管上游建了许多大坝。该流域的水流量分析表明：这些模式把水资源的控制权只放在了水利工程这一个因素上。

事实上，专家、政治人物和外交官们所警告的"夺水大战"只有在这样的情况下才可能出现：人们不仅忽视了大部分的水资源以及水利设施的管理方式，同时还忽视了其他多种要素（电网的地域分布、能源市场的结构以及电力生产的技术设施等）。由于这些要素未被此类模型纳入考量范畴，因此在探讨公共行动问题时也不会把它们纳入考量范畴：它所关注的只有水坝系统。因此，有太多的因素都没有在这些模型的测试结果中得到体现（其中包括水的季节性或偶发性上涨）。反常的是，被这些模型排除在外的因素越多，专家们对新的因素就越排斥，因而模拟过程中所体现出来的现实就越不完整，尤其是世界银行在

2000 年代重新接手了建模工作之后（上面提到过的第三阶段建模工作）。因此，专家们不得不歪曲了对现实情况的陈述，以维持模型的均衡。

从现实的角度来看，在水文预测方面出现偏差是有悖常理的，因为在一般人看来，随着时间的推移，相关的建模将越来越精确，就好像知识的积累能使人们越来越接近真实的经济那样。时间越长，模拟结果却越走样，因为越来越多处于所提问题框架以外的因素将被排除在外。最后得出的陈述结果是各参与方之利益和价值的共同点，因而与各国所想选择的发展模式是一致的[②]。其中的一方是乌兹别克斯坦：这里的棉花地需要得到灌溉，因而能够以灌溉设施的现代化为由提出国际融资的需求；另一方则是吉尔吉斯斯坦：它成了一个能控制一切水资源的水电站，因而能够以兴建新的电站为由提出国际融资要求。现在问题是，由于这些模型所描述的只是一部分现实，因而它们使这种怪现象所产生的负面影响变得更加严重：它们构建出了"夺水大战"并为此提出了一套解决方法，因为它们引导各国去签订的协议最终会被那些未被其考虑到的因素——尤其是水的流量——而压塌。就中亚地区的具体情况而言，它们导致了一些违规行为的出现，从而引发各国间紧张的局势。

结论
中亚的经验使我们在各类使用计算机制时变得特别谨慎——计算机制在公共政策中的使用越来越普遍，尤其是涉及那些与可持续发展和自然资源有关的问题时。事实上，模型并不是用来描述世界的：模型

---

① 有关这一问题，请参阅以下报告：Rappoport A., 1966, *Two Person Game Theory*, *The Essential Ideas*, Ann Arbor, University of Michigan Press。
② 对现实的陈述不仅与谈判桌前各参与方有关，也与模拟结果所提出的建议有关。这些模型不仅最后考虑的只是各国的战略，而且所依据的只是一些局部的信息（官方管理部门的统计），而不会考虑到所有的用途。

是那些"忠实的行为体"[①]为采取行动、作出决定而进行的一种"象征性的叙事手法"。因此，真正的问题并不是模型是否能准确地描述这个世界，而是要看它们重新组织现实的能力。

在此，我们应当承认使用这些模式的好处：它能使人们更好地探索那些包含着多维度内容的复杂体系。然而，就中亚经验这一具体情况而言，我们发现它并未能在这里导致水资源管理范式的改变。这里反而出现了一种令人惊讶的局面：这一模型虽然在整个流域都被视为创新，但它的使用却导致了过去水资源管理范式——尽管它受到了模型开发者的批评——的继续，而且环境和社会最终都被排挤在外。随着时间的推移，这一工具将不再被用于探索现实世界的复杂性和不确定性，而是被视作一种虚幻的"圆形监狱"（圆形监狱理论由英国哲学家杰里米·边沁提出，意在做最便宜的监狱，只需要很少的管理人员就可以解决人事间的复杂关系。——译者注），而且模型还会将一些约束叠加到结果身上，这一模式本身也会成为其持有者想改变的现实的一部分。

---

① 布洛（Bouleau N.），1999 年，《数学和建模哲学：从研究人员到工程师》，巴黎，L'Harmattan 出版社。

第十二章

纳维·拉朱（Navi Radjou）
剑桥大学，英国

节俭创新：来自南方国家的开拓性战略

长期以来，人们一直认为北方国家创新，南方国家模仿。这个时期已经过去。每一天，非洲、中国、巴西和印度等新兴经济体里有成千上万的企业家和企业表现出了它们的聪明才智，在使用最少资源的情况下发明出了许多可持续的、能盈利的解决方案，以满足当地社群的社会和经济需求。他们是一种全新方法的开拓者：这种方法可以被称作是"节俭"创新，是西方国家应该好好效仿的一种颠覆性模式。

20世纪，北美和欧洲的经济蓬勃发展，西方企业的创新能力也开始制度化：它们创造了专门致力研究和开发（R&D）的部门并开始规范自己的业务流程以便能按照设计来销售产品[①]。从那时候开始，这些企业像管理其他商业活动一样来管理创新。创新流程的产业化导致了一种以巨额预算为基础的创新方法、标准化的流程以及知识获取的受控。虽然说这一策略一度曾取得了不错的成果——20世纪下半叶西方经济体的表现就证明了这一点，但是它已不再适应21世纪环境的典型波动或资源方面受到的制约，而这主要有以下三方面的原因。

第一，西方的创新过于昂贵，资源消耗过多。西方经济体已经开始相信：只要有更多的投入物（可运用的资源），它们的创新体系——像任何其他产业体系一样——将会更高产（指的是创新的数量）。于是就出现了这种资本密集型的创新结构：如果得不到巨大资金和资源投入——而它们正变得日益稀缺——的保障，一切就无法运行。一切都是按照"投入更多、产出更多"来设计的：企业需要人们用很多的钱来购买那些极为先进的产品和服务，因为它们的开发和制造成本也很高昂。仅在2011年，全球研发投入最多的1000家企业——其中大多数是西方企业——在研发方面的总投入高达6030亿美元！这一切换来什么样的结果呢？并没有什么。美国博斯管理咨询公司的一项研究显示：在西方企业研发投入最多的三个行业，即计算机/电子、医疗和汽车，尽管巨额的投资不断被注入，但是它们却无法源源不断地推出革命性的创新……因此，巨额的研发投入与获得有足够利润空间的设计产品和销售成果之间并没有必然联系。

说得更简单些，创新不是花钱就能买来的。西方的制药行业总是喜欢在研发领域"投入得更多"，但它显然已经精疲力竭。1995~2009年，该行业的一些主要制药集团（大部分是欧美企业）的研发投入由150亿美元跃升到450亿美元，但从1997年开始，每年上市的新药数量减少了44%。更令人不安的趋势是，许多专利将在2011~2016年到期，涉及的总额为1390亿美元。

西方创新方式的第二个局限是缺乏弹性。由于

[①] 本章有部分内容改编自拉朱（Radjou）、帕布（Prabhu）和阿胡加（Ahuja）的作品（2013年）。

研发方面的投资巨大，西方企业已经对创新项目的风险产生了厌恶情绪。为了管理和控制风险，它们推出了一些标准化的流程［如通过改善企业质量流程管理，"零缺陷"的完美商业追求，带动质量成本的大幅度降低的"六西格玛"（Six Sigma）技术］以及门径管理系统（stage gate）分析。它们希望依靠这种结构化来大幅降低整个创新过程的不确定性——甚至失败的风险，同时提高研发项目在实施过程中的可预测性及其效益。但是，这种方法与这个日益变化的世界所要求的灵活性和差异性是不兼容的。类似"六西格玛"这样的方法是围绕着一些稳定和可预见的程序而构建出来的，它不会允许出现任何快速的变化——企业也必须符合同样的要求，以便能为日益苛刻的客户提供多种多样的、可定制的产品和服务，同时又能使自己保持在技术发展的最前沿。

第三，西方的创新模式还存在着精英至上、狭隘和排他性等问题。西方企业相信知识就是力量，认为成功与否取决于对知识获取的控制，因此它们在整个 20 世纪里建立了庞大的研发实验室——每个研发实验室都雇用了数百名高水平的科学家和工程师。因此，它们把创新变成了只有少数精英分子才能从事的活动——那些工程师和科学家始终在离公司总部不太远的秘密房子里工作。研发部门成了企业最核心的要害部门，在这里工作的少数特权阶层能够利用提供给他们的各种资源，尽情去发挥自己的想象力。他们的一切研究都会受到严格的保护，他们不得与公司的其他员工发生任何关系——公司以外的人就更不用说了……人们的心里一直存在这样一种想法：要想通过创新来主宰市场，一个企业就必须依靠两个支柱，即先进的技术（通过知识产权）和优秀人才——而这一切都是有钱就能获得的。这一原则在工业化时代之初可能行得通，但如今已失去意义。由于人们认为只有少数高学历的科学家才能从事发明创新，由此而建立

起来的金字塔形研发体系往往接收不到来自一线的想法。然而，西方模式的精英主义表现并不止于此：由于所生产的商品和服务过于昂贵，只有西方国家的富裕阶层才能享用得起，因此它将大部分普通民众都排除在外。因此，精英主义的研发体系导致了普通民众的边缘化。

简而言之，支撑 20 世纪西方经济体所流行的结构化创新方法的流程、体系和思维如今已不再起作用。缺乏弹性、精英主义以及负担过重，它的发动机由此出现阻塞：它的能耗过高、噪声很大，但又裹足不前。尤其是，这场追求规模的竞赛与中产阶级数以百万计消费者的期望完全脱节：这些人是西方经济的基础，但他们的工资多年来没有上涨，购买力则逐步下降，对"价格"变得越来越敏感。例如，1980~2010 年，美国中产阶级家庭的收入仅增加了 11%（扣除通胀因素），而 5% 最富裕人群的收入同期增加了 42%。这 5% 最富美国人的产品消费占全美产品消费总量的 37%。而他们有 5000 万同胞没有医疗保险，大约有 6800 万人——这是一个天文数字——很少或根本没有享受银行服务或其他传统金融服务。鉴于美国经济复苏缓慢，这种情况短期内不太可能改善。因此，对于美国越来越多被边缘化的中产阶级来说，美国梦很可能只是一个梦想。

而长期的衰退已使越来越多人——尤其是那些作为消费引擎的中产阶级——陷入贫困的欧洲，情况又会怎么样？虽然说危机重创了西班牙和希腊，但比它们更加富裕的德国和法国也同样未能幸免。以德国为例，中产阶层在总人口中所占的比例已由 1997 年的 65% 下跌至 2012 年的 58%。在法国，2008~2012 年平均工资下降了 24%，而生活成本则上涨了 30%。这一切都说明了为什么美国和欧洲的消费者会变得更加节俭，他们如今更喜欢那些性价比更高的廉价产品和服务。例如，三分之一的欧洲消费者都准备购买低

价位的汽车，而不是高档车。这种节俭精神在衰退中成长起来的西方年轻一代身上尤为明显，这也同样解释了为什么18~34岁美国年轻人购买新车的数量更少了（2007~2011年减少了30%）。

西方消费者不仅对价格越来越敏感，而且环境意识也日益提高，他们更喜欢那些环境友好型和资源节约型的商品和服务。例如，如今71%的美国人在购物时会考虑到环境因素，而这一比例在2008年为66%。超过80%欧盟公民表示，环境因素会影响到他们的消费决策。

这一切都表明，西方企业需要重新考虑它们的方法：创新必须变得更快、更好、更便宜，要能够生产出价格实惠、耐用、符合西方消费者越来越节俭和环保需求的产品。要做到这一点，它们应当好好地向自己的同行学习……而且是南方国家的同行！

节俭创新：来自南方国家的革命性方法

从非洲到巴西，从印度到中国，发展中国家是这种节俭型创新的开拓者——这是与西方人所青睐的昂贵的、缺乏弹性的、精英主义的方法截然相反的范式。与"总是追求更多"和对资源的争夺相反，它所指的是用更少的投入做更多的事，也就是说，在最大限度地少使用金融资源和稀缺的自然资源的情况下，创造出尽可能多的社会价值。

在肯尼亚、印度、秘鲁或菲律宾，成千上万的企业家和企业竞相表现出了它们的聪明才智，在使用最少资源的情况下发明出廉价的、可持续的解决方案。这些节俭创新者并没有把所受到的各类严重约束——如缺水或缺电——看成一种障碍，而是把它看成一种创新、为本地社群创造更多价值的机遇。在印度，哈里什·汉德（Harish Hande）创建的"太阳能照明公司"（SELCO）以合理的价格为生活在偏远农村地区的12.5万个家庭提供太阳能，它所依托的是

本地一个由小微企业家组成的巨大网络：这些小企业主负责太阳能灯的销售和维护（这位企业家2011年获得了拉蒙·麦格赛赛奖）。在秘鲁，虽然那里空气潮湿，但降雨稀少，当地一些工程师制造出了一个能将空气中的湿气转化成可饮用水的广告牌（3个月里，他们成功地生产出了约10000升水）。

除了这些一线的企业家外，新兴市场的许多企业还利用节俭创新技术开发出了一些大规模的、质优价廉的、针对数以百万计低收入消费者的解决方案。世界上最便宜的汽车Nano（2000美元）就是这样诞生的，它是由印度塔塔集团生产的，该公司还设计了Swach净化器——这种一款使用稻壳等天然产品来过滤水的廉价净水设备。这两种节俭的解决方案的目标人群是生活在经济金字塔的底部数以亿计的印度人。在肯尼亚，电信运营商狩猎通信（Safaricom）开发出了"M-PESA系统"，借助它用户可以通过手机在没有银行账户的情况下进行资金的汇入汇出。如今，超过1500万肯尼亚人在使用这一系统——这一数字超过了拥有银行账户的人数！

发展中国家这些参与节俭创新的企业家和企业都体现着一种Jugaad精神——Jugaad是一个印度词，指的是"一种聪明和独创的解决方案、一种灵巧的即兴之作"。拥有Jugaad精神，就意味着能摆脱困境，在资源有限的不利条件下也能找到解决方案。Jugaad精神在不同国家有着不同的名称：在巴西，人们说的是jeitinho（诀窍）；在中国，叫"自主创新"（与之相对应的是山寨，即"模仿"）；在肯尼亚，人们称jua kali（非正规行业）。无论使用什么样的术语，Jugaad精神表明，发展中国家是有能力为本地的问题找到创造性解决方案的。

非洲、拉丁美洲和亚洲的发展中国家是节俭创新模式——推动这一模式的是有独创性的Jugaad精神——的先驱：它们不仅打破了"北方国家发明，

南方国家模仿"这样的观念，而且为西方的创新模式——这种资源消耗巨大的模式已充分显示出了它的局限性——提供了一个有盈利能力、可持续的替代方案。与西方模式完全不同的是，节俭创新可以用最少的资源来调动最多的资源、获得最大的灵活性，并促进社群内部的协作和参与。要理解这种创新形式的实际运作方式，不妨让我们停下来看看节俭创新的发明者所采用的具体做法。

节俭创新的操作方式

在发展中国家，普遍的稀缺和消费者的需求使当地一些发明家成了节俭创新大师。他们能在最小投入的情况下获得最多，在任何经济活动以及价值链的任何阶段都能保持节俭。在产品设计、制造、交付以及提供售后服务过程中，他们始终是节俭的。这不仅体现在资金和自然资源的谨慎使用上，还体现在对有限的时间和精力进行优化上：他们并不是所有的事情都亲力亲为，而是在许多操作过程中会依靠合作伙伴的力量，这样就可以节省时间和精力。他们会想尽一切方法以便在最小投入的情况下获得最多，哪怕需要他们重复使用或重新配置手里已有的东西。与西方的工程师不同，他们的创造并非从零开始。相反，他们的目标是为现有的技术以及资源找到新的使用方法，或新的组合使用方式，而后将这些独特的解决方案商业化。让我们以中兴医疗系统有限公司为例来加以说明。这一医疗器械制造商从其母公司——北京航天公司——借来的"直接数字化 X 线成像技术"（DDX）（该公司未能将这一技术优化利用），并开发出了一些能供日常使用的产品，如胸透机。它所生产的此类设备售价只有 2 万美元，而通用电气（GE）和飞利浦等公司同类设备的售价在 15 万美元左右（而且飞利浦只有在高端设备才会使用"直接数字化 X 线成像技术"）。通过将这一未充分利用的技

术实现低成本的应用，中兴医疗如今已占据了中国市场 50% 的份额，并迫使其竞争对手通用电气将价格降低了一半，而飞利浦更是因为价格原因而退出了这一市场。

为了能以低成本创造出更多的价值，节俭创新的发明者也会开发一些"令人满意"的解决方案：与那些特别先进、复杂和昂贵的产品相比，它们更容易使用或维护。这些功能性的、简约的解决方案所满足的是用户最基本的需求，而不是他们的欲望，因而也不会试图用最新的技术或最先进的功能来吸引消费者。当然，他们不一定一开始就能大获成功，但经过不断的实验、试错、探索，他们最终会把目光集中在那些能以最低的成本为消费者创造出最大价值的特征和商业模式上。这正是这个名为"拥抱"（Embrace）的公司所面临的挑战：这家由珍·陈（Jane Chen）、林纳斯·梁（Linus Liang）、纳加南·穆尔蒂（Naganand Murty）和拉胡尔·帕尼克尔（Rahul Panicker）共同成立的非营利企业，其目的是保障全世界每年 2000 万早产儿——他们大部分在发展中国家——的生存。公司所在地是印度的班加罗尔，主要负责便携式婴儿保温睡袋的设计和销售：这种睡袋有极小的绒毛，有了它，印度、中国以及非洲许多早产儿的母亲就会有更大的行动自由，同时又能与自己的孩子保持密切接触。睡袋用一种与蜡相类似的相变材料（PCM）（它是指一种能随温度变化而改变物理性质并能提供潜热的物质。——译者注）制成，孩子放进去之后能使其长达 6 个小时保持正常的人体体温。睡袋的使用和维护也十分简单：只要将其放在便携式电暖气上加热半小时即可。此外，它用来背婴儿也十分方便，母亲可以像袋鼠那样把孩子抱在怀里［公司"拥抱"（Embrace）的名字也由此而来］。最重要的，这种便携式睡袋的售价还不到西方传统早产儿恒温箱（它的售价至少在 2 万美元）的 2%。

节俭创新的发明者还有第三条策略来保证自己能以较低的投入来提供增值产品和服务：通过灵活的收费方式来锁定低收入消费者。让我们以2011年在肯尼亚首都内罗毕成立的一家名为M-KOPA的公司为例加以说明：该公司的目标是成为第一家使用移动支付的太阳能租赁公司（加上前面提到过的"M-PESA系统"，肯尼亚已成为该领域的全球先锋）。M-KOPA公司通过现购现付的方式向广大农村家庭提供太阳能发电。M-KOPA公司最初只收取极少的设施安装费（这些设施包括一块太阳能电池板、三只灯泡以及一个供手机用的充电器），剩余的款项将由用户通过M-PESA平台分期支持。只要能定期履约，他们就能用上电灯和其他电器。一旦他们全部偿清款项，那么M-KOPA公司所安装的一切设施就归他们所有，从此他们可以免费从太阳能中受益。得益于这种灵活的收费方式，M-KOPA公司已使4万多肯尼亚家庭放弃了价格昂贵、污染严重的煤油，并拥有了能提供清洁、廉价能源的设施。

投入少、产出高的第四条策略是解决"最后一公里"的问题——也就是说用偏远地区消费者能承受的价格来为其提供服务。生活在非洲、巴西、印度以及菲律宾的那些节俭创新的企业家们并没有去投资昂贵的物流网络，而是充分利用现有的网络，用一种能盈利的方式向偏远地区的客户提供自己的产品和服务。他们主要是依靠本地的合作伙伴，尽可能地服务于更多的用户，同时又能够提供个性化的产品和服务。这些合作伙伴本身往往也是一些小企业家。凭借着过去那些能激起信任感的社会网络，新兴市场这些节俭创新的发明家成功地弥补了本地区在基础设施方面存在的严重不足。尤其是在把自己产品和服务的销售和推广交给本地合作伙伴之后，他们不仅确保了自己的金融活力，而且为本地社群创造了新的机会。正是本着这样一种思维，巴姆·阿基诺（Bam Aquino）2006年在菲律宾与别人共同创立了"微型风投"（MicroVentures）公司。菲律宾前总统科拉松·阿基诺的这位侄子直接触及处于（社会经济）金字塔底部的消费者，为他们提供种类繁多的产品和服务。"微型风投"公司没有选择建立自己的销售网络——由于这里的市场十分分散，客户分散在数百个村庄，因此建立自己的营销网络不仅耗资巨大而且存在风险——而是依靠现有的，且根据它的需要作出了调整的一个物流网络，即80万个被称为"sari-sari"的家庭式商铺所组成的网络。这些家庭式小杂货店遍布菲律宾群岛7000多座岛屿上，主要由妇女经营，连接着千家万户。"微型风投"（MicroVentures）公司在这里采用了"转变型连锁加盟"的模式，即让各个独立的商店与一个有信誉的、拥有操作规则的网络——在这里是"快乐菲人"（Hapinoy）网络——相结合。通过转变和现代化，"sari-sari"家庭式商铺变成了"快乐菲人"（Hapinoy）旗下的商店，而"微型风投"（MicroVentures）公司也得以迅速扩大其分销网络：自2007年以来，已有1万家"sari-sari"商铺加入了这一计划——而据公司共同创始人介绍，这一数字在未来几年间有望达到10万。

西方面对节俭创新

节俭创新已经通过不同的渠道对西方经济体构成了竞争压力。首先，美国和欧洲新一代的企业家正在推翻现有的商业经营模式，也开始向西方消费者提供一些既便宜又耐用的替代型产品和服务。受到了内罗毕、班加罗尔和圣保罗同行一定程度的启发，硅谷、纽约、巴黎或伦敦的企业家也开始采纳这种创新形式的一些重要原则：设计出一些"令人满意的"产品和服务，并通过广泛的合作网络将其提供给西方消费者，同时也采取了灵活的定价体系。

让我们以欧洲的拼车服务公司BlaBlaCar为例来

加以说明，它已经迅速成为欧洲汽车共享方面的领头羊。该公司于 2004 年由三位年轻的企业家发起，旨在向人们提供比传统交通方式（如火车）更加便宜、更加灵活的替代型交通方式。如今 BlaBlaCar 在 10 个欧洲国家拥有业务，每个月的运送量超过 70 万人——也就是说超过了在伦敦、巴黎和布鲁塞尔之间运行的高速列车"欧洲之星"的载客量。据该公司估算，它们每年可以为驾车人节省 1.2 亿欧元，减少二氧化碳排放约 70 万吨。让我们再举一例，即法国杰出的工程师、节俭创新的发明人保罗·伯努瓦（Paul Benoît）——他同时也是 Qarnot 计算设备（Qarnot Computing）公司的创始人——所提出的生态解决方案。这个"新兴企业"所生产的数字化散热器安装了与互联网相连的处理器。这些网络处理器的计算速度比数据中心更快，成本也更低，因为数据中心不仅昂贵，而且耗能更多，因此它使普通公众也能使用这一具有强大计算能力的机器。更好的是，这些超级计算机所产生的能量能转换成免费的、生态的供热源，从而得以为安装了此类散热器的商业建筑和住宅供暖。法国政府已准备在未来建设社会住房时与 Qarnot 计算设备公司合作。

除了需要大量资金投入的能源和交通领域之外，西方的企业家也将这些节俭创新技术引入其他非常成熟的行业中，如医疗卫生、教育和金融服务等——这些行业积重难返，已无法向所有的西方公民都提供经济实惠的解决方案。以医疗卫生领域为例：埃里克·道格拉斯（Erik Douglas）和艾米·盛（Amy Sheng）2009 年在伯克利大学的丹·弗莱彻（Dan Fletcher）教授的生物工程实验室首次相遇。正是在这里，他们开发出了价格低廉的、与手机连接的显微

镜：人们可以用它对疟疾、肺结核以及其他一些传染病进行远程诊断。在印度、乌干达和越南进行的一些试点项目已经证实了这些低价工具的有效性。有了在发展中国家取得的成功，再加上意识到也应当为美国提供一些更廉价的服务，两位研究人员于是成立了"手机显微镜"（CellScope）公司，并从伯克利实验室分离了出来。这家总部设在旧金山的公司目前正在开发适合于智能手机的一整套光学附件（例如，耳镜或皮血管镜），以便为人们提供能在家中进行自我诊断的廉价工具——这既可以让患者安下心来，也可以免除看医生的费用，同时又能够节省时间。

另外一些西方企业家也参加到了节俭运动当中，为欧洲人和美国人提供了一些经济实惠的金融服务。在美国，丹尼·沙德尔（Danny Shader）创建了 PayNearMe 系统：它可以让你参与网上交易，然后到离你最近的某一店铺（比如全国 7000 多家 7-11 便利店）中用现金进行支付——要知道，美国 24% 家庭从来没有用信用卡购买过火车票、公共汽车票或通过网络支付账单或者到期的贷款。在法国，本着同样的思维，一位名叫休斯·勒布雷（Hughes Le Bret）的前银行家和一位名叫里亚德·布拉努阿尔（Ryad Boulanouar）的电脑天才联合创设了"镍钱账户"（Compte Nickel）：这是一种预先付费的信用卡，只需 5 分钟就可以在法国境内数千家烟店和咖啡馆中的任何一家将其激活，每年的收费仅为 20 欧元。"镍钱账户"对 250 万从未与传统银行打过交道的法国人来说是一个福音；对于那些受经济衰退之苦的小型零售商来说也是一种福音，因为它为其提供了一个额外的收入来源。在 2013 年出版的一本具有挑衅意味的书中[①]，作者勒布雷预测，未来十年，此类节俭型服务

---

① 勒布雷（Le Bret H.），2013 年，《没有银行——一位想引发银行革命的郊区企业家令人难以置信的故事》，巴黎，Les Arènes 出版社。

将占法国消费信贷市场 15%~20% 的份额。

这些企业家在美国和欧洲所取得的越来越大的成功及影响为西方企业敲响了警钟。这些企业的领导人开始意识到，如果不向节俭创新模式转型，它们在传统市场上可能会被竞争对手超越，因为后者更加警觉，更能为客户提供对成本更敏感、更注重环保、更低廉、更可持续的解决方案。结果，许多西方公司已开始开发节俭型的解决方案或已在这方面进行投资，以便能以更低的价格向西方消费者提供更高的价值。在 BlaBlaCar 迅猛增长势头（平均每天新增 4000 个成员）的震动下，法国国营铁路公司已决定围绕节俭出行的概念重新审视自己的经营模式。法国铁路公司已投资收购了与 BlaBlaCar 存在竞争关系的另一家拼车公司 Greencove。一些西方跨国公司也开始向美国和欧洲市场提供那些原本针对新兴经济体市场而设计和销售的廉价产品和服务。通用医疗集团也开始在美国市场销售 MAC400——这种廉价、生态的心电图机是由印度工程师专门为印度农村而设计的。其他一些跨国公司为处于衰退中的欧洲物流链引进了一些节俭的流程和技术，这为其在发展中国家赢得了市场份额。联合利华的洗发水和廉价的一次性袋装茶在印度获得了巨大的成功，在此基础上，它开始在西班牙销售五次洗涤用量的 SURF 牌洗衣粉，并在希腊销售小袋装的土豆泥蛋黄酱。而百事可乐则鼓励美国和欧洲供应链的负责任人向发展中国家，尤其是印度的同事学习，要少花钱多办事：百事公司印度工厂的能源有五分之二来自可再生能源（生物质能和风能）。

不过，这些集团是幸运的，因为它们能够招募到目前在西方大学接受培养的新一代工程师和管理人员，从而促进其在节俭创新方面的进步。事实上，像麻省理工学院或斯坦福大学等高校都计划推出一些培养未来领导人的计划——这些人将能在节俭创新方面为发展中国家和发达经济体设计和提供解决方案。在斯坦福大学，"为末端购买力设计"（Entrepreneurial Design for Extreme Affordability）课程将教导各类专业的学生（工程学、商业、医药、管理和法律等）学会开发和推广低成本的、可持续的解决方案——这些高质量的解决方案将能满足世界各地人们的迫切需求，包括健康、能源或运输等各方面的需求。本着同样的精神，麻省理工学院的塔塔技术和设计中心正在培养新一代的工程师和管理人员——他们将在资源有限的情况下为本地社群找到一些节俭的解决方案：最初是为了新兴经济体，但最终也可以用于发达国家——为什么不呢！在欧洲，英国剑桥大学和汉堡技术大学都设有一些针对商业领袖和西方决策者、旨在创造和传播节俭创新领域新知识的研发中心。

如果说新兴经济体已经消化吸收了节俭创新的原则，但西方社会还没有掌握少花钱多办事的艺术。在未来几年内，随着世界经济日益一体化，南北合作将进一步加深——彼此间的知识交流将进一步增加，从而创造出真正的协同效应——无论是发展中国家还是发达国家，它们在采用节俭创新技术方面将进一步加快和加深。未来十年间，节俭创新将成为促成南北之间合力的元素。让我们看看它是如何做到的。

节俭创新：南北合作的凝聚力

新兴市场的惊人崛起加速了向多极世界的过渡，西方统治天下的时代将渐行渐远。这自然而然会导致全球创新格局的变化：过去的单一中心将被放弃（所有的研发和创新中心都集中在北方国家），取而代之的是一个多中心的结构（创新将以分散的方式出现在世界各地）。所有这一切正开始改变全球的创新轨迹——即在创新思想的出现地、解决方法的形成地以及商业化市场所在地之间将形成一个环形路线。让我们用南方国家的视角来回顾一下这些变化的编年表。

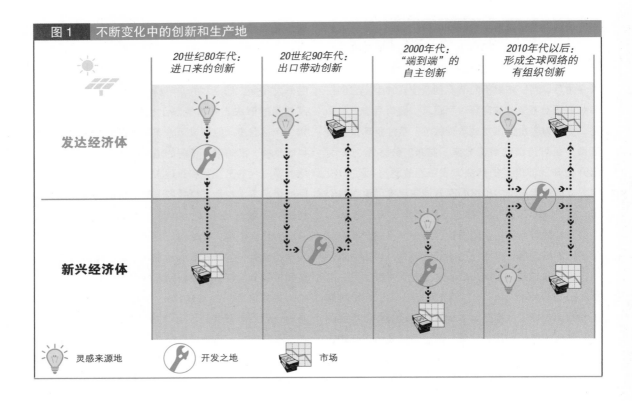

图 1　不断变化中的创新和生产地

	20世纪80年代：进口来的创新	20世纪90年代：出口带动创新	2000年代："端到端"的自主创新	2010年代以后：形成全球网络的有组织创新
发达经济体				
新兴经济体				

灵感来源地　　　开发之地　　　市场

20 世纪 80 年代：进口来的创新

直到 20 世纪 80 年代，创新一直被西方国家所独揽。跨国公司利用自己在美国和欧洲的大型研发实验室设计出了一些主要针对西方富裕消费者——他们一直在鼓励此类解决方案的实施——的产品和服务。这些跨国公司在发展中国家的子公司只需将此类产品进口，然后通过调整——增加或减少某些部件——使之适合低收入的消费者，并在本地市场销售。这一时期进一步强化了"北方国家创新，南方国家模仿"的神话。

20 世纪 90 年代：出口带动创新

20 世纪 90 年代后期，宝洁和通用电气等跨国公司在中国和印度设立了规模庞大的研发中心。它们的目标首先是用更少的钱来雇用发展中国家高水平的工程师和科学家，让他们开发从西方市场获得灵感、针对西方市场的产品。在这一时期，一些信息技术服务企业如印孚瑟斯技术（Infosys）和维布络（Wipro）等搬到了印度，并开始为跨国集团承担研发的外包服务，但它们所寻求的解决方案首先是针对西方市场的。南方国家终于证明了自己是有创新能力的，但此时的获益者主要是西方。

2000 年代："端到端"的自主创新

在发展中国家作为全球经济火车头的地位确立之后，跨国公司将他们的创新价值链——从研发到制造——转移到了非洲、巴西、中国和印度，以便更贴近当地的大众市场。诺基亚公司在中国和印度设计和生产低端手机，在这一过程中大量使用了本地的研发和生产能力。同样，通用医疗集团依靠其在中国和印度的研发人才开发出了一系列针对本地消费者的"端到端"的节俭医疗解决方案——如 MAC400 和 MAC i 心电图机。这些跨国公司还把新兴国家的一些企业家和企业当成了学习榜样：这些企业家和企业利用节俭创新技术，成功地开发一些普通民众能负担得起、可持续的解决方案，并实现了商业化运作——如印度塔塔公司开发的售价只有 2000 美元的 Nano 汽车，或肯尼亚的 M-PESA 手机支付服务。

2010 年以后：形成全球网络的有组织创新

西方陷入了长期的经济危机，再加上自然资源的枯竭，这一切使美国和欧洲的消费者对于节俭和生态变得更加敏感。结果，那些廉价、低能耗的解决方案对发达市场变得越来越有吸引力。联合利华、通用电气、西门子和百事可乐等跨国公司在中国和印度的研发中心如今都在试验一些节俭型的解决方法和模式，以便将其推广到目前正处于衰退中的西方经济体当中。这一现象被称为"反向创新"。例如，在中国和印度的西门子工程师目前正在开发一个名为 S.M.A.R.T[①] 的全新系列产品，它们将能为医疗卫生、能源和运输等一些蓬勃发展的行业寻找到一些廉价的、节能环保型的解决方案。该集团已开始向美国和欧洲等市场推出这些 SMART 产品。

然而，从长远来看，随着全球经济一体化和互联互通的增强，南方国家的创新者和北方国家的专家们将结合彼此的聪明才智、专业知识和特殊技能，共同创造出一些革命性的、单靠任何一个区域都无法独自开发出来的解决方案。到这个时候，我们才可以说有组织创新形成了全球性网络。

一些先锋型的西方跨国公司已开始组建——或者尝试协调——全球性的创新网络：这些网络将能把来自世界各地的研发人才、创意构想和资本进行整合，以便为世界各地的消费者提供低成本、高附加值的产品。通用公司已经利用来自中国、美国、法国和挪威的国际研发团队，开发出了一项专门针对印度穷困人群的 Vscan 便携式可视化诊断工具。如今，这款机器已同时在新兴市场和发达国家销售。然而，如果仅由北方国家或南方国家独立来开发，那么这款机器可能永远不会问世。在法国，雷诺公司继 2005 年推出的售价为 5000 欧元的 Logan 汽车获得成功后，目前正在印度钦奈的雷诺研发中心研制一个能生产不同车型的组装平台（CMF-A 模块化平台）。雷诺公司与其合作伙伴日产汽车共享这一基础平台，旨在共同开发一系列低价、节能的汽车，主要针对印度及其他新兴市场的首次购车者。该平台借助了雷诺—日产集团在法国、印度和日本的全球创新网络。具有多元文化背景的雷诺—日产联盟的首席执行官卡洛斯·戈恩（Carlos Ghosn）（他在 2006 年提出了"节俭工程学"的概念）试图将印度工程师的 Jugaad 精神、法国团队的项目管理能力以及日本团队的技术研发专长整合在一起，从而创造出适应国际市场需求的节俭型汽车。

南方国家的跨国公司并没有袖手旁观：他们也通过将本国的低成本人才与美国和欧洲现有的技术相互结合，建立起了全球的创新网络，以期提升档次水平。雷诺在印度的竞争对手塔塔汽车公司逐步在英国建成了具有世界等级的研发中心（位于英国华威大学的校园内）——它正逐步成为全球汽车节俭和低碳技术开发设计的一个聚集地。印度主要的风力机制造商苏士伦（Suzlon）也采取了同样的行动，在德国、丹麦和荷兰都设有先进的研发中心。公司所雇用的西方工程师正与他们的印度同行共同开发针对发达国家和

---

① S.M.A.R.T，即：简单（Simple）、维护方便（maintenance friendly）、经济（affordable）、可靠（reliable）和及时（timely to market）之意。

新兴经济体的生态解决方案。

世界是互相连接、相互依存的，美国的能源问题同样也是印度所面临的问题：既然我们生活在同一个星球上，相关的解决方案必须是全球性的，否则就不能称其为解决方案。健康领域的情况也同样如此：人口快速老龄化既是中国所面临的问题也是欧洲国家所面临的问题——因此，健康领域的挑战是全球性的挑战。无论是新兴经济体还是发达国家，它们都需要用廉价的、可行的解决方案来解决教育、能源、卫生、交通或金融服务等领域所出现的急迫

问题。传统的研发模式过于僵化、过于昂贵，因而无法取得成功。节俭创新能更好地提供一些高性价比、低能耗的解决方案。节俭创新已经在资源有限的新兴市场得到了检验，如今正在快速进入那些遭受衰退打击的西方经济体。

希望北方国家的企业领导人和决策者能很快全身心地加入南方同行的队伍当中，将彼此在创新方面的优势和技能整合在一起，形成共同的网络，从而为全世界所有国家都面临的一些重大社会和经济问题找到一些节俭型的解决方法。

参考文献

BORNSTEIN D., 2007, *How to Change the World: Social Entrepreneurs and the Power of New Ideas*, New York, Oxford University Press.

CONE COMMUNICATIONS, 2013, "Consumers Take Responsibility For 'Green' Actions But Aren't Following Through", Boston, MA, Cone Communications Green Gap Trend Tracker.

CRAINER S., 2013, "M-KOPA: Let There Be Light", *Business Strategy Review*, vol. 24, issue 1.

DARNALL N., C. PONTING et VAZQUEZ-BRUST D. A., 2012, "Why Consumers Buy Green", *in* VAZQUEZ-BRUST D. A. et SARKIS J. (dir.), *Green-Growth: Managing the Transition to Sustainable Capitalism*, New York, Springer: 287-308.

IFRC, 2013, *Think Differently: Humanitarian Impacts of The Economic Crisis in Europe*, Genève, Fédération internationale des Sociétés de la Croix-Rouge et du Croissant-Rouge.

IMMELT J. R., GOVINDARAJAN V. et TRIMBLE C., octobre 2009, "How GE is Disrupting Itself", *Harvard Business Review*.

MICHEL A., 7 octobre 2013, « L'improbable rencontre des créateurs de la "banque au café" », *Le Monde*.

PRAHALAD C. K., 2006, *The Fortune at the Bottom of the Pyramid*, Londres, Pearson Prentice Hall.

PRAHALAD C. K., MASHELKAR R. A., juillet-août 2010, "Innovation's Holy Grail", *Harvard Business Review*.

RADJOU N., mai 2011, "Polycentric Innovation: A New Paradigm for Global R&D", *Manufacturing Executive Leadership Journal*.

RADJOU N. et PRABHU J., 23 juillet 2013, "Renault-Nissan's Journey to Affordable Cars", *strategy+business*.

RADJOU N. et PRABHU J., 10 septembre 2013, "Siemens Gets SMART by Focusing on Simplicity", *strategy+business*.

RADJOU N., PRABHU J. et AHUJA S., 5 octobre 2012, "The CEO's Frugal Innovation Agenda", *Harvard Business Review*.

RADJOU N., PRABHU J. et AHUJA S., 2 juillet 2012, "Frugal Innovation: Lessons from Carlos Ghosn, CEO, Renault-Nissan", *Harvard Business Review*.

RADJOU N., PRABHU J. et AHUJA S., 2013, *Innovation jugaad : redevenons ingénieux*, Paris, Éditions Diateino.

THE GALLUP ORGANISATION, 2009, "Europeans' Attitudes Towards the Issue of Sustainable Consumption and Production", *Flash Eurobarometer Series*, 256.

WAGNER K., 12 mars 2013, "Carsharing Catches on with Millennials". Disponible sur : http://tech.fortune.cnn.com/2013/03/12/drive-my-porsche-please/

YUNUS M., 2010, *Building Social Business: The New Kind of Capitalism that Serves Humanity's Most Pressing Needs*, New York, PublicAffairs.

ZENG M. et WILLIAMSON P. J., 2007, *Dragons at Your Door: How Chinese Cost Innovation is Disrupting Global Competition*, Boston, MA, Harvard Business School Press.

开发银行，可持续发展创新的催化剂？

亨利·德卡佐特（Henry De Cazotte）
法国开发署，法国

穆斯塔法·克莱切（Mustapha KLEICHE）
法国开发署，法国

拉菲尔·若赞（Raphaël Jozan）
法国开发署，法国

发展领域的相关组织和金融机构一直是在国际层面强调可持续发展的先驱。无论是出于回应国际议程的需要，还是出于机会主义的考量，它们都已表现出了较强的创新能力，尤其是它们参与了国际层面众多实施工具的设计和实施。

在对环境和可持续发展问题如何纳入它们的路线图当中——在 20 多年前它们的路线图中丝毫不见这方面的踪迹，如今却成为它们的行动核心——这一历史进程介绍之后，我们将解释这些机构应如何根据金融和发展体系所出现的变化，继续对它们的行动框架进行调整。

环境：逐步成为各类发展机构的战略核心

在各类发展机构眼里，环境问题最早被视为对发展的约束，之后才完全被纳入了它们的战略当中，这是一种务实的做法，因为当时环境问题已经成了各类国际合作论坛中的核心议题。20 世纪 80 年代末，在美国一些非政府组织的压力下以及世界银行资助的一些项目所造成的生态破坏大白于天下的情况下，美国国会迫使多边开发银行设置适当的环境和社会风险管理体系。随着 20 世纪 80 年代相继发生的一些重大环境灾难事件，再加上陆续发表的科学证据表明，出资方所资助的发展模式是不可持续的，这一切使这方面的压力变得越来越大。同时，环境领域一些重大国际协定和公约的谈判已经启动，如《蒙特利尔议定书》、《华盛顿公约》（CITES）和《里约公约》等。

对于出资方来说，1992 年在巴西里约热内卢召开的联合国环境与发展大会是一个转折点，环境问题和发展问题从此开始相互接近 [雅凯（Jacquet）等，2009 年]。这种变化对各类发展机构来说是一场真正的文化革命：在此前不久，它们还把发展和环境看成两个截然相反的维度，环境忧虑一直被认为是经济增长的阻碍——这种观点也得到了大部分南方国家，尤其是被援助国的认同。最终，尽管内部存在强大的阻力，但各类发展组织和开发银行被迫弥合自己与他人之间的差距，最终把环境考量完全纳入它们的策略当中。

在 20 世纪 90 年代对援助结构进行重组的大背景下，这些机构在这方面表现出了极强的实用主义：冷战结束、债务危机，尤其是 20 世纪 80 年代国际金融的出现为各地（尤其是南亚地区）的经济发展提供了助力，这一切所产生的后果是出资方的干预能力受到了影响[1]。

---

[1]　例如，在世纪之交，世界银行在中国的投入大幅增加（1993~1997 年，由 5 亿美元增加到到了 30 亿美元）。

这些援助方——它们的数量非常有限（大约由 12 个多边银行、区域与双边大银行以及联合国机构组成）——从 1944 年布雷顿森林体系出现以来成了北方和南方之间几乎唯一的资金转移渠道，但它们突然之间面临了商业银行的竞争：越来越多的国家开始从它们那里获得低息贷款［布吉尼翁（Bourguignon），2011 年］。里约峰会后各类特殊的金融工具相继建立，这使得各类发展机构能够抓住机会，也为它们控制环境议题提供了便利。事实上，这些机制由此加快了对那些原本对它已没有吸引力——与金融市场相比——的国家的投入。在新兴国家，世界银行所资助的项目绝大多数带有"环境"印记。

事实上，在里约地球峰会后，全球环境基金在法德两国推动下在联合国框架下成立[①]，它是环境领域——如气候、生物多样性和荒漠化和土地退化防治——公共物品融资领域的一个开创性工具。其他机制随后相继出现，如"清洁发展机制"（MDP）以及其他一些与《气候公约》，尤其是与 1997 年签订、2005 年通过的《京都议定书》等相关的基金［科隆比耶（Colombier）等，2006 年］。碳金融的目的是将经济效益与环境效益结合起来，正是它导致了世界银行相关托管基金以及欧盟碳交易机制的建立，环境与发展相互协调的希望也由此出现。财政预算的支持是国际开发银行传统的干预工具，它如今也被用来为气候服务。当然，在 2002 年的约翰内斯堡峰会上，千年发展目标中的环境内容并没有像脱贫减贫目标那样进入实际操作的阶段。然而，这并没有影响到一些与环保主题密切相关的"绿色"活动大量涌现，甚至成了各类发展机构的主要活动之一。在这些活动所涉及的所有行业中，人们发现一些与"绿色增长"这一

标准概念有关的（"可持续城市""农业生态学"，以及"企业社会责任"等……）议题相继出现，它表明环境问题已被传统的出资方当成了自己战略和日常操作的核心。

在操作层面，具体的表现就是环境领域所获得投入明显增加，多边捐助方在这方面的投入占其年度投入资金的 30%，一些双边出资方甚至超过了一半（例如法国开发署）。金融工具为此类项目的实施创造出了一系列基础架构和联盟。环境领域研发投入的增加表明，人们需要在方法论问题上有所创新，以提高实际操作的效率。虽然说诸如性别、扶贫或教育等其他主题也从这种概念更新和科学努力过程中受益，但环境问题无疑是最大的获益者。例如，全球环境基金和法国全球环境基金都设立了科学委员会，各类发展机构也配备或加强了自己的科研和知识生产的能力，以便更好地为实际操作服务，同时也加强了在国际谈判中的影响力。具体的操作方式也发生了变化：例如，所有的项目都要进行碳足迹测算。出资方尤为关注全套评估和测量工具的建构，以便能将环境考量"纳入"项目的评估标准当中[②]。

2008 年的危机使这一基本趋势进一步强化。各国都在谈论"绿色增长"这一理念，并把它当成是经济复苏和增长的潜在发动机。无论是经合组织成员国，还是某些新兴国家，它们一致看好绿色科技所创造的机会（中国现在成了太阳能电池板的最大生产国，印度成了世界上最大的风电市场），而公民社会要求考虑环境因素的呼声越来越高。其他一些国家，如摩洛哥、南非或海湾国家正通过一些实施绿色技术的大项目对该领域进行投资，并希望借此帮助自己加

[①] 它在法国的"小兄弟"法国全球环境基金（FFEM）成立于 1994 年。

[②] 通过与学术界、非政府组织、基金会和智库的密切合作，出资方尤为关注全套评估和测量工具的建构［如生态系统服务付费（PES）系统；旨在弄清自然资源的流动及储量变化的绿色会计系统——"财富核算及生态系统服务价值评估"（WAVES）］。

入创新网络当中。在促进发展中国家，尤其是新兴国家加入这场运动方面，发展机构发挥了重要作用：它们所提供的金融工具为这些国家在这些新的、带有风险的领域——这些领域是商业银行不愿率先涉足的——的公共政策提供了支持。

2012 年，和其他一些双边出资方一样，世界银行也依据绿色增长的概念出台了新的干预战略，所有的迹象都表明这种趋势将进一步加快。与此同时，绿色气候基金正在创建：它将是为发展中国家应对气候变化及适应其后果提供资金的最大公共基金（每年 1000 亿美元）。

面对创新挑战的开发银行

环境这一主题一直是出资方大力提倡的，如今它在全球范围内受到重视反而对出资方的角色和工具提出了挑战。如今，围绕着环境主题已经形成了一个十分壮观的全球金融生态体系，发展机构只是参与其中的众多行为体之一。在气候变化领域，根据一个名为"气候政策倡议"（Climate Policy Initiative）的机构连续几年跟踪所描绘的图谱，全球金融生态系统每年在应对气候变化方面的投入目前为 3590 亿美元。目前，全球环境领域有数百个金融行为体：开发银行、公开和私人资金的提供者（慈善机构，同时也包括投资机构或商业银行）如今也越来越多地——即使程度各不相同——把这些问题纳入它们的干预策略和操作程序中（见图 1）。

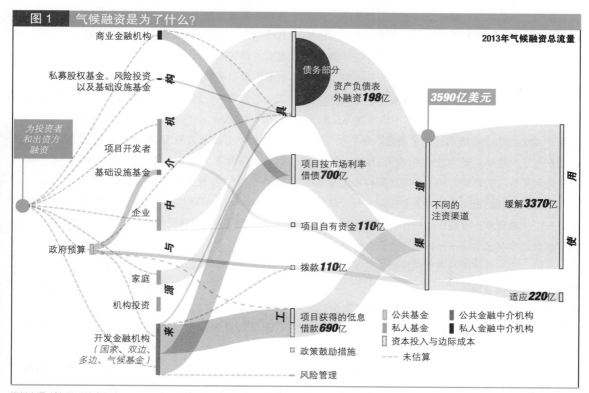

图 1　气候融资是为了什么？

资料来源：《气候政策中心（CPI）2013 年气候融资状况报告》及"气候政策倡议"（Climate Policy Initiative），2013 年 10 月。

说　明：目前，气候融资每年调动的资金达 3590 亿美元、金融领域数百个公共和私人行为体参与其中。

如今，发展机构所面临的主要问题是如何在多元而复杂的金融体系——支撑该体系的主要是私营的银行和企业——中给自己定位。首选路径当然是将不同的资金来源结合在一起：单单促进一个机构让它独立来承担金融风险显然是不合理的。建立绿色基金正符合这一思路，它所遵循的逻辑与本文第一部分所讨论的创建全球环境基金的原因相类似。

开发银行走在了前头，并通过诸如建立俱乐部等方式来协调彼此的立场：如2011年创建的"国际发展金融俱乐部"（IDFC）汇集了20多个南方国家的国家和区域性开发银行以及北方国家的双边银行。这个俱乐部的构成就特别有意思。首先，它汇集了来自发达国家和发展中国家的业内人士，因而可以克服南北之间的割裂。此外，这一俱乐部表明，开发银行想获得超过其所提供资金的"分量"，并在自身影响日益衰弱的背景下，最大限度地发挥在筹集其他资金及其影响方面的"杠杆"作用——与其他资金来源（尤其是私人资本）相比，开发银行的影响力日益衰弱。俱乐部成员没有忘记强调："国际发展金融俱乐部"成员的资金规模超过了各类多边银行的总和，而且在气候绿色基金运作方式的谈判过程中，俱乐部将积极利用自己的影响力——对发展机构，尤其是那些与官方发展援助相关机构的未来来说，气候绿色基金是一个关键变量。发展机构的作用问题已被明确地提了出来。公共资金——无论是多边资金还是双边资金——出资者在价值提升方面作用也许应该加以认真研究，并把它揭示出来。

第二个挑战当然是（传统）发展机构在全球工业生态系统中的定位问题。那些贴有"气候"标签的机制——如清洁发展机制——主要被新兴市场所吸纳，大大推动了能源效率的提高，因而也促进了新兴国家的经济增长和工业发展。随着国际援助传统出资国本身经济急剧下滑，这些结果便成为一个大问题。曾经有一段时间，人们认为（或者说希望？）那些通过援助渠道在可再生能源领域的投资，最终也可以使工业化国家的绿色产业受益。然而，工业和创新的地理图谱已被彻底打乱，一些新兴国家已成为绿色技术领域的国际领袖，比如中国在太阳能产业就是如此。

这些变化是各援助提供国所未曾预料到的，因而难免会引发一些外交和贸易上的紧张关系（有关这个问题，请参第15章的相关内容）。从传统出资国纳税人的角度来看，当发展机构的任务变成扶持竞争对手的产业和技术能力时，再要他们支持发展机构的工作将变得越来越困难。出资方（尤其是双边机构）在全球工业生态系统（尤其是在绿色技术领域）中的定位问题已经提了出来，而且需要人们加以澄清。近几个月来，我们注意到了这样一种趋势：在法国、加拿大、荷兰和澳大利亚等国家，出资方与一些负责贸易和出口事务的公共机构之间的关系得到了强化——在一些人看来，这种趋势与援助不附带条件的原则是相互矛盾的。

今天，出资方在环境和发展领域所肩负的使命正面临着巨大压力。首先，融资机制并未给最贫穷国家（尤其是非洲）带来多少好处[科隆比耶（Colombier），2006年]，对适应气候变化融资机制——它成了气候融资的弃儿——所作的贡献也有限（见图2）。此外，环境问题的整合通常是按照务实的方式进行的，出资方主要是围绕着这样一个形式上的推论来展开工作的："气候 = 减缓 = 能源 = 可再生能源"。

最终，人们把努力的重点集中在了能用来生产替代能源的绿色技术的推广上[德谢兹莱普雷特（Dechezleprêtre），2008年]，而很少会关注到能源需求和能源效率的管理机制——而这些问题的社会和

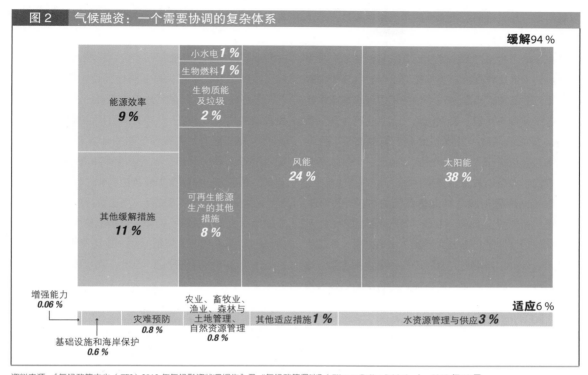

图 2　气候融资：一个需要协调的复杂体系

缓解 94 %

能源效率 9 %	小水电 1 %		
	生物燃料 1 %		
	生物质能及垃圾 2 %	风能 24 %	太阳能 38 %
其他缓解措施 11 %	可再生能源生产的其他措施 8 %		

增强能力 0.06 %

农业、畜牧业、渔业、森林与土地管理、自然资源管理 0.8 %

适应 6 %

灾难预防 0.8 %　　其他适应措施 1 %　　水资源管理与供应 3 %

基础设施和海岸保护 0.6 %

资料来源：《气候政策中心（CPI）2013 年气候融资状况报告》及 "气候政策倡议"（Climate Policy Initiative），2013 年 10 月。

说　　明：到目前为止，气候投资主要集中在南方国家的可再生能源开发这一领域，而没有被用于一种更全面的方法来缓解能源消费所产生的影响。

环境影响恰恰是最大的，它们的实施成本通常也是最高的。

印度是这方面一个典型的例子。在能源方面，政府正计划制订一个到 2030 年前使可再生能源的装机容量达到 90 吉瓦（GW）的雄心勃勃的计划（相当于意大利全国的装机容量）。然而，鉴于目前的趋势，煤炭在该国总能源中所占的比重将继续增加，由 2008 年的 52% 增加到 2013 年的 57%，到 2017~2018 年甚至将达到 67%，直到 2031~2032 年才有望回到 59% 左右的水平。在此期间（2008~2032 年），印度的装机容量将增加三倍，从 141 吉瓦提高到 609 吉瓦。印度政府已明确把开发放在了先于环境保护的位置。各类机构和项目动用了大量资源用于替代能源的开发，其主要目的是实现国家能源结构的多元化，并改善民众的能源获取。印度在可再生能源方面的立场还应当进一步加以明确，因为实施这些政策的昂贵工具——它们要由公共和私营部门来承担——并未能获得足够的支持，从而无法形成强大的产业链。过于复杂的体制结构本身就是不确定性的根源，也很难使各种行为体达成统一〔泽拉（Zérah）等，2013 年〕。

对发展机构来说，选择这些可轻易实现的目标可以用温室气体的本质——它是一种全球性的外部效应（无论在哪里都可以实现减排，但必须选择那些成本最低、最有效的方式）——来辩解，但我们还是可以提出这样一些疑问：在大量的本地资金被投资于产能在数以吉瓦计的常规电厂的情况下，投资于产能仅为几兆瓦的可再生能源，这样的做法是否合适。可再生能源通常要比常规能源更加昂贵，对它的投资会影响到家庭的开支，也就是说替代能源的开发成本最终要由各个家庭来承担。发展机构，尤其是那些开发银行所肩负的"环境—发展"使命之间很容易出现冲突：今天它们在新兴国家的投资活动已完全融入了其经济模式，并帮助其维持预算平衡。

除了国际框架和各种融资之间的协调外，此时还出现了另外一些问题，即对不同行为体的方法以及它们之间的博弈进行协调的问题。在这方面，发展机构必须表现出创新能力，以利于各种混合模式和合作模式的出现。经验表明，应当促进组合工具（混合技术机制）的开发，并鼓励建立一种"开放"的变化模式——出资方从 20 世纪 90 年代开始接受这一原则，并与非政府组织、私营部门、企业和地方当局等建立起了多种多样的伙伴关系和协作关系。后 2015 年时代，各种联盟和伙伴关系的建立应当加快——这些联盟和伙伴关系将专注于一些具体目标、可持续发展目标的实施，它们将在各种全新的模式和计划下把各类不同行为体（政府、公民社会和私营部门）聚拢起来。这种方法应当根据形势的变化、根据不同的经济、社会和环境背景而变化。各类异质行为体之间的中间组织将十分关键，例如，发展机构应该为建立场所——如技术和产业集群等——这类举措提供支持：这些产业集群将能把政府、企业、高校和实验室等联系起来。

参考文献

Bonnel A., 2014, « Les trois révolutions (potentielles) du fonds vert pour le climat », *in* Grosclaude J.-Y., Pachauri R. et Tubiana L. (dir.), *Regards sur la Terre 2014 : Les promesses de l'innovation durable*, Paris, Armand Colin.

Bourguignon F., 2011, « Le pouvoir des organisations internationales sur le développement : illusion ou réalité ? », *Tracés. Revue de Sciences humaines* [en ligne], 11/2011, mis en ligne le 1er décembre 2013. Disponible sur : http://traces.revues.org/5355

Climate Policy Initiative, 2003, *The Global Landscape of Climate Finance 2013*, CPI Report.

Colombier M., Kieken H. et Kleiche M., 2006, « Le développement dans les négociations climat », *in* Jacquet P., Pachauri R. et Tubiana L. (dir.), *Regards sur la Terre 2006 : Énergie et changements climatiques*, Paris, Presses de Sciences Po, p. 187-200.

Dechezleprêtre A., Glachant M. et Ménière Y., 2008, "The Clean Development Mechanism and The International Diffusion of Technologies: an Empirical Study", *Energy Policy*, 36(4): 1273-1283.

Dutz M. et Sharma S., 2012, *Green Growth, Technology and Innovation*, Washington, Banque mondiale.

Jacquet P. et Loup J., 2009, « Le développement durable, une nécessité pour les pays du Sud », *in* Jacquet P., Pachauri R. et Tubiana L. (dir.), *Regards sur la Terre 2009 : La gouvernance du développement durable*, Paris, Presses de Sciences Po.

Zérah M.-H. et Kohler G., 2013, « Le déploiement des énergies propres à Delhi aux prises avec la défiance de la société urbaine », *Flux,* n°93/94.

第十三章

若泽·爱德华多·卡西奥拉托（José Eduardo Cassiolato）
里约热内卢联邦大学，巴西

外国投资与国家创新体系：金砖国家的经验

欧盟委员会（2011 年）提供的数字显示，全球 2000 家最大的企业，其研发投入约占全球企业研发总收入的 80%。金砖集团各国政府[①]近年来加大了吸引跨国集团的力度，但这一切会给这些新兴大国真正的创新能力带来怎样的影响？

尽管生产和科研都出现了高度集中的趋势，但是一些学者已经注意到，发展中国家技术国际化的迹象越来越明显：这些国家从自己与外国企业及地方团体建立的伙伴关系中获益，尤其得益于跨国集团强大的科研能力[②]。

在这些观察家看来，通过对跨国公司的吸引，发展中国家可以打开获取发达国家技术的通道，并通过外国企业设在其境内的分公司来促进自己的技术创新。

本章的作者并不完全赞同这种观点，而且也不接受研发活动"注定"将国际化的观点。文章尤其强调了创新活动（如研发活动）的复杂性——这种复杂性将阻止技术全球化的自动实现，除非人们愿意为此作出巨大的投入。接下来，文章还指出，知识密集的活动正呈现一种向跨国集团原籍国集中的趋势。

金砖国家的外国直接投资：历史与国家政策

在 2000 年代，金砖国家集团采取了一系列有利于吸收外国直接投资的政策。最近 20 年来，中国是金砖集团中吸收外国直接投资最多的国家，2008 年所吸引的外国直接投资总额达到了创纪录的 1080 亿美元。在此期间，巴西几乎始终占据第二的位置。相反，多年来外国直接投资一直增长的俄罗斯，在 2008 年左右进入了一个平台期——约为 750 亿美元。类似的情况在印度也同样存在，但是程度略低：这一年印度所吸纳的外国直接投资总额为 420 亿美元。在这方面，南非在所有这些国家中排名最后，1990~2010 年间吸收的外国直接投资总额还不足 100 亿美元。2009 年，流入金砖国家的外国直接投资明显减少，到 2010 年，只有中国和巴西两个国家恢复到了 2008 年的水平。

20 世纪 90 年代中期，巴西经济结构的深刻变化导致了外国直接投资的大量涌入——这是该国历史上第三次出现类似情况。中央政府在这方面起到了决定性的作用：它批准通过了宪法修正案，终结了国家在电信、石油和天然气等行业的垄断，并对巴西国内资本所拥有的企业与外国的独资实体采取了一视同仁的待遇。外国直接投资的激增也使巴西的第三产业受益，特别是那些已实现私有化的基础设施领域（电信和电力）。这些资本还特别注重对本地企业的收购和并购行为。在全国 18 家产值最大的生产企业中，跨国企业的分公司所占的份额由 1996 年的 36% 升到

---

① 巴西、俄罗斯、印度、中国和南非。
② 本章是若泽·爱德华多·卡西奥拉托等人合著作品第 1 章的删节版（2013 年）。

2000 年的 52%。近年来，私有化活动接近尾声，更多的外国直接投资进入了第一产业（石油和天然气，以及金属矿石的开采）。

在俄罗斯，跨国公司的扩张也是俄罗斯政府一直鼓励的：俄政府一直在努力改善投资环境，并建立了许多有利于吸引外资的基础设施。在外国投资咨询委员会的帮助下，俄罗斯政府出台了一系列措施：这些措施的首要目的是建立一个对投资者有吸引力的环境。俄政府还通过了一项旨在保障投资者权利平等（不管公司的股东是谁）、保护其利益和财产的联邦法律。这一政策起到了吸引越来越多跨国公司的作用，外国直接投资由 2001 年的 27 亿美元增加到了 2008 年的 750 亿美元。然而，俄罗斯经济活动放开的过程并没有充分考虑到各地的实际情况，大部分集团并没有准备为俄罗斯生产基础设施的现代化投入巨资——该国的生产设备大多十分陈旧过时。

在印度，政策制定者从 20 世纪 90 年代便已明白吸引外国直接投资的重要性：它不仅可以弥补本国严重缺乏的资金，还有助于促进资本的形成、生产和就业，也能确保技术、管理经验和市场的获取。因此，外国直接投资已成为印度对外融资的一种重要形式。直到 1994 年，印度所吸纳的外国直接投资还不到 10 亿美元，到 90 年代中后期每年稳定在 26 亿美元左右，到 2000 至 2005 年平均每年的流入量达到 54 亿美元。2008 年，印度吸纳的外国直接投资达到了 420 亿美元的峰值，到 2010 年又下降到 246 亿美元。印度的政策也发生了变化：决策者如今所注重的不再是外国直接投资的数量，而是它的质量，并在基础设施获取、税收优惠或补贴等方面对高科技行业提供特殊待遇。与巴西一样，印度也同样给予了外国企业非歧视待遇。

在中国，在改革开放初期，政策限制影响了人们对合资企业和合作计划的投资。随着中国投资环境的改善，越来越多的外国直接投资项目以外国独资企业的形式出现。从 20 世纪 90 年代中期开始，非金融类的跨国企业开始投资资金密集或技术密集型的领域，并加强自己在中国的子公司在融入国际贸易方面的战略地位。但中国出口的高科技产品大部分是组装电子产品，其零部件是其他地方生产出来的。

如今，南非经济为外国投资者提供了极其有利的空间，尽管在正式文件中明确提到外国直接投资的地方还不多。该国签署了大多数与外国直接投资保护和知识产权保护有关的国际和 / 或多边协议。总体而言，除银行业之外，几乎没有任何行业会歧视外国投资者。除了这个有利于跨国公司的框架之外，该国还提供了多种针对国内投资者和外国投资者的优惠措施。然而，在吸纳外国直接投资方面，南非仍然是一个"小拇指"：进入南非的外国直接投资波动很大，而且主要集中在第一产业，尤其是采矿业。

研发与创新：跨国公司的作用

除了极少数特例之外，跨国公司在促进金砖国家的创新，尤其是创新能力的发展和变化方面的贡献微乎其微。

在巴西，一份针对本地大型企业（超过 500 名员工的企业）和跨国公司子公司在技术创新方面的对比研究结果显示，除了少数特例情况外，在制造业领域，本地企业的研发投入与净营业额之间的比率要高于跨国公司的子公司。这一结论同样适用于研发投入与创新的总投入之间的比率。因此，本地大型企业的创新成果要优于外国公司的子公司。平均而言，后者在技术方面所作的努力（研发投入 / 营业额，2005 年约 0.7%）要远远低于跨国公司自己的整体水平（2005 年为 5.0%）。需要强调指出的是，除了这些乏善可陈的结果外，跨国公司在巴西的研发还过于集中在极少数一些行业里：将近一半（48.6%）集中在汽车行业。

目前，除了极少数特殊情况外，跨国公司在俄罗斯参与建立的研发机构通常不会在高新技术产品的开发和推广方面给俄罗斯带来明显的好处。人们通常认为外资企业的创新能力还不如俄罗斯本国的企业。但是，合资企业在这方面显示出了一定的活力，因为它们的创新能力是其他企业的两倍。跨国公司在俄罗斯开展研发活动的主要吸引力在于：这里的科研人员水平较高，而工资待遇相对较低。

在印度，外国公司在研发方面的强度也比不上本土公司。后自由化时期的最大标志是跨国公司在这里建立了一些专门服从于母公司整体研发策略的研究中心。这种趋势在许多行业都存在，如软件开发、微处理器生产、生物信息学和农业生物技术。近年来，美国公司的直接投资项目明显增加，它们所从事的主要是设计、研发和技术支持等活动，所开发的产品主要针对国际市场。在印度，跨国公司的子公司并不重视技术消化，而是注重将母公司所在国的原产技术进行个性化处理。对合作模式和专利持有情况的分析表明，跨国公司在印度科技体系内引进了一些高度不平等的分工。除了兴建一些只开发针对国际市场的产品的子公司外，这些跨国集团还充分利用知识产权这一武器，防止这些创新的影响惠及当地的企业家。就目前而言，这些外资研发中心的溢出效应非常有限，跨国公司分公司与本地企业共同持有专利的情况也差不多。事实上，印孚瑟斯技术（Infosys）、维布络（Wipro）和 TCS 等信息技术服务企业都已经签订过这样的合同：本地研发中心开发的所有产品都必须将知识产权转让。但是通常情况下，跨国公司都会把创新流程的最后阶段交给合作伙伴，从而最大限度地降低不转让专利权的风险。

中国目前已成为跨国公司的一个重要研发基地，这不仅因为这里拥有大量高水平的工程师和技术人员，从而能够降低研发成本，还因为中国政府使用了多种杠杆，鼓励甚至强迫跨国企业在当地开展研发活动。尽管出现了如此强劲的势头，但是外资企业在中国的研发投入在这些跨国公司全部研发投入中所占的比例并不高。虽然支持性研发仍然是在华外企的主要口号，但是大多数跨国公司现在已经把自己的研发中心搬到了中国，而它们通常是母公司 100% 控股的子公司。这些跨国公司所设立的研发机构主要集中在信息与通信技术（软件、电信、半导体以及其他 IT 产品），但它们也开始关注生物技术、医药和汽车行业的一些设备及部件。北京和上海是这些投资首选的目的地，如今广东、江苏和天津也开始加入其中。

孙一飞（2010 年）对外国在中国制造业的研发投入进行的详细分析表明，无论是在动用人力资源的数量方面还是在研发投入在营业额中所占的比例方面，外国公司都不能与中国企业相比（例如，就后者而言，外国独资子公司的比例为 0.37%，而中国企业为 0.63%）。外国企业的研发主要集中在以下几个行业，如医疗产品和制药、运输设备、电子和电信、"仪器仪表及文化产品和办公室设备"（孙，2010 年）、电气设备和机械、机床、金属制品和化学纤维等。它们都会在自己拥有真正优势的行业展开研发。中国企业研发投入方面要高于外国企业，尤其在高技术领域。在电子和电信、办公设备和电气设备和机械等领域，双方的差距尤为明显。在电子和电信领域，中国企业将 3.49% 的营业额用于研发，而跨国企业分公司这一比例只有 0.64%。

最后，在外国公司已瞄准本地市场、中国企业与之存在激烈竞争的领域，它们被迫做一些研究投入，以期取得成功，因为正如孙一飞（2010 年）所指出的那样，"如果它们想在中国市场取得蓬勃发展，它们就必须调整自己的技术，而不能满足于借用在其

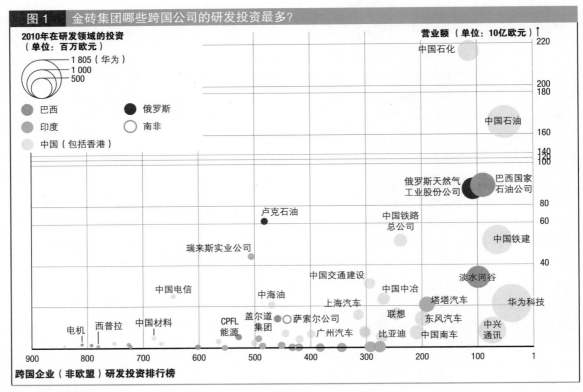

図 1　金砖集团哪些跨国公司的研发投资最多？

2010年在研发领域的投资
（单位：百万欧元）

营业额（单位：10亿欧元）

资料来源：欧洲联盟。

说　　明：金砖国家的跨国公司正越来越多地投资于研发。然而，这些投资高度集中在某些领域，而且难以对整个经济产生积极的连锁效应。

他地方的技术。"

这位作者得出结论认为，"中国政府和企业正在努力加强本地的创新能力：大多数外国企业只是在感觉到来自中国企业的竞争后才开始在研发领域进行投资。"

在南非，48% 的外国公司的分公司表示，自己在开展研发活动时与当地企业进行了合作。在这方面，它们重点关注的主要是两个行业：航天与健康。航天的发展主要得益于防务领域的一些大规模并购以及遥测领域悠久的历史［卡恩（Kahn），2007 年］。研发活动主要集中在两个省：包括约翰内斯堡和比勒陀利亚在内的豪滕省以及西开普省。

本国企业的溢出效应和挤出效应

一项关于跨国公司对金砖国家国内企业影响的分析表明，在一些国家和一些行业，跨国公司在生产效率方面可能产生垂直的溢出效应，而要想界定横向的或技术方面的溢出效应则困难得多。此外，在某些特殊情况下也可以看到挤出效应。

在巴西，这种横向效应只有在本国企业具有高水平创新能力的情况下才会显现。跨国公司开拓新市场的策略——尤其是在保护程度较高的情况下，将对本国企业产生负面影响——其中包括那些效率相对较高的企业［拉普拉内（Laplane）等，2004 年］。

在俄罗斯，跨国公司建立了一些培训中心，以

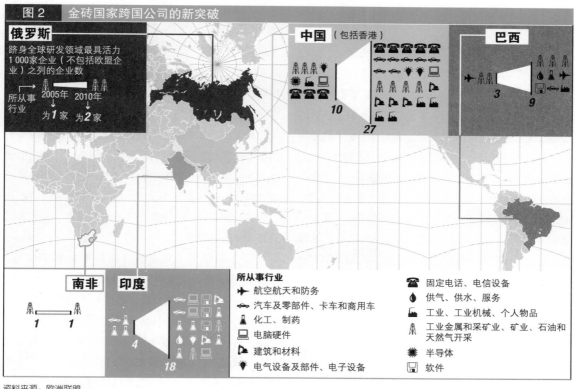

图2　金砖国家跨国公司的新突破

俄罗斯

跻身全球研发领域最具活力1 000家企业（不包括欧盟企业）之列的企业数

所从事行业　2005年 → 为**1**家　2010年 → 为**2**家

中国（包括香港）

10　**27**

巴西

3　**9**

南非

1　**1**

印度

4　**18**

所从事行业

✈ 航空航天和防务
🚗 汽车及零部件、卡车和商用车
⚗ 化工、制药
💻 电脑硬件
🏗 建筑和材料
💡 电气设备及部件、电子设备

☎ 固定电话、电信设备
🛢 供气、供水、服务
🏭 工业、工业机械、个人物品
⛏ 工业金属和采矿业、矿业、石油和天然气开采
▦ 半导体
💾 软件

资料来源：欧洲联盟。

说　　明：在外国直接投资增加、庞大的国内市场以及各国积极支持经济增长等因素的共同推动下，从2005年开始，金砖国家的跨国公司正式跻身全球研发领域最具活力的1000家企业（不包括欧盟企业）之列。2005~2010年，此类公司的数量增加了2倍，由19家增至57家。此外，这些企业所涉足的行业也出现了多元化趋势。

确保本地员工的技能能达到标准所要求的水平，确保知识的转移能达到预期数量，从而使一些特殊的技术解决方案能得到利用或实施。IT界几乎所有的公司都出资开设了培训课程，以推广业务解决方案的企业标准。在印度，外国公司在促进本国创新体系现代化方面的贡献微乎其微。最主要的受益者是跨国公司及其子公司，因为它们更容易获取相关技术以及其他无形资产。至于印度企业，只有那些选择了技术进口而不是选择参股或支付专利费的企业才有所斩获。那些没有组建成网络或缔结战略联盟——允许彼此参股——的企业，它们的日子就没有那么好过。此外，只有那些在技术和劳动生产率上与跨国公司差距不大的本国企业才能在国家经济自由化过程中获益。

本国企业在制药和汽车等领域所取得的进步不能归因于那些旨在吸引外国直接投资或鼓励第三代创新的政策，而是恰恰相反。国内企业能够利用创新体系的最佳成果，恰恰是由于政府推迟了这些行业的对外开放。不过，印度的情况表明，在规定严格的义务和限制的情况下，在本国的科研和创新体制与新兴的全球性机构之间建立起联系还是有可能的。本国的企业以及国家级的科研机构应当积极主动去学习，以便利用这种关系及其溢出效应，更好地为自主创新服务。但实际情况是，以吸收外国技术、利用溢出效应为目的的自主研发并没有取得明显的进步。

中国的例子表明，外国投资并不能切实改善本地企业的创新能力。由于对本土的运营商缺乏明显的溢出效应，跨国公司的作用在这个国家引起了许多争议。研究人员发现，对那些为外国企业供货的本地上游企业来说，提高生产效率方面的正面溢出效应是存在的，但是在对本地企业技术创新能力的影响方面，相关的结论就没有那么乐观了，溢出效应并不是十分明显。造成这一结果的并非只是缘于跨国公司的策略：它也可以归因为本地企业吸收能力弱以及国家的产业结构。

在南非，相关的结论则显得好坏不一：在钢铁、电信、制药、运输设备和消费品等行业，跨国公司被指利用自己的强势地位侵害了竞争对手和消费者的利益，因而也阻碍了地方的发展。然而，在汽车等另外一些行业，与跨国公司建立起来的关系发挥出了明显的积极作用，比如提高了本地企业的生产效率。

来自金砖国家的跨国公司

金砖集团也受益于全球范围内外国直接投资的增长。最近几年来，它们的企业也知道在国际范围内经营，并在全球经济中赢得了一定的市场份额。

联合国贸易与发展会议（CNUCED）2012 年公布的数据显示，巴西企业的对外直接投资近年来大幅增长，到 2010 年达到了 1800 亿美元。许多企业增加了在外国的投资，以期分散将业务全部集中在本国所带来的风险。这种扩张主要是出于寻找新市场的需要[例如马可波罗（Marcopolo）客车和巴西航空工业公司（Embraer）]。另外一些公司[巴西国家石油公司（Petrobras）或淡水河谷公司（VALE）]在海外投资

是为了确保自然资源的获取，而其他一些公司[盖尔道（Gerdau）、农业巨头 Cutrale]对外投资则是为了规避贸易壁垒或改善出口物流的基础设施。在巴西国家经济社会发展银行（BNDES）建立了相关扶持机制后，巴西大企业国际化步伐进一步加快。巴西国家经济社会发展银行对外国现行的融资体制进行了评估，并保留了其中一些最合适的条款，将其中最有利的条件应用到感兴趣的巴西跨国公司身上，包括很长的期限和非常低的利率差。两年来，巴西国家经济社会发展银行通过其负责投资的机构——国家经济社会发展银行控股公司——提升了自己的实力，并成功对这些集团进行参股。

联合国贸发会议（2010 年）的数据还显示，2005 年俄罗斯是全球第 15 大外国直接投资来源国。自 2000 年代以来，俄罗斯流出的外国直接投资逐年增加，由 2000 年的 201 亿美元增至 2010 年的 4330 亿美元——这种现象在一定程度上可以归结为俄罗斯跨国公司在石油和能源领域的兴起。但是，俄罗斯电信运营商也对外进行了大量直接投资。这场国际化运动得到了公权机构的大力支持，因为那些对外投资的俄罗斯跨国公司大约 30% 是国有企业。不过，近年来该国的对外投资主要来自私营企业。

印度自 20 世纪 90 年代初以来一直鼓励企业去拓展国际业务。最初是为了寻找新市场，而后来动机出现了变化，一些企业希望获得国外的战略资产和技能，通过建立支持贸易的基础设施来加强自己在非关税领域的全球竞争力，通过参与其中的方式来回避那些正在形成的区域贸易集团的影响。印度的跨国公司从长期的生产经验、从那些为本地市场而进口的技术所产生的利润、它们生产差异化产品的能力中获得了好处，形成了自己的优势。自对外自由化进程启动以来，不断学习的动力、能力建设和创新成了印度跨国公司活动的必然组成部分。但对它们结盟、收购和合

作新模式的分析清楚地表明，在为国家技术积累进程的现代化创造资源方面，这种基于外国直接投资的关系的效果并不是很好。总体而言，印度跨国公司的努力尚未体现为新产品开发能力的显著增加。在印度社会技术转型所必不可少的产品和制度设计方面，以外国直接投资为基础的经营活动能发挥的激励作用微乎其微。各层级创新目标的扭曲——包括公共研究机构内部的扭曲——给国家创新体系带来了不利影响。

在对外直接投资方面，中国在金砖国家中占主导地位：2010 年的投资额为 2976 亿美元，其中大部分是对发展中或转型中经济体——它们是中国跨国公司最喜欢的目的地——的投资。第一代跨国公司主要掌握在大型国企手里。第二代跨国企业出现在 20 世纪 90 年代初，它们有着不同的所有权结构——尤其私营和外资股权，所从事的行业主要是与电子和信息与通信技术相关的一些竞争性产业。从第一代跨国公司开始，香港（中国）通常是国际化的第一步，这里一直是"对外"经营的主战场。中国投资者最喜欢经济活动、贸易和自然资源。近年来，制造业和采矿业领域的对外直接投资增长尤为迅速，2005 年占中国对外直接投资总额的 60%。由于没有掌握核心技术，中国大多数企业主要定位于低附加值产品市场。

2010 年，南非的对外直接投资超过 810 亿美元。这种扩张始于 1997 ~ 1998 年（在 1994 年建立了新的民主秩序之后），种族隔离结束导致的市场开放，南非公司得以在过去出于政治原因对其关闭的市场进行投资。南非跨国公司大多数集中在以下五大行业：矿产和能源、交通运输（公路和航空）、零售业、电信和金融服务。在工业部门，占主导地位的是矿产和能源行业的跨国公司，包括过去的国有企业萨索尔（化学品和石化产品）和许多矿业巨头。尽管地域分布很广，但大多数南非跨国公司的投资主要集中在非洲。

源自金砖国家的跨国企业不仅数量越来越多，而且它们在创新和技术研发方面也变得更加积极。需要强调指出的是，越来越多的金砖国家跨国公司跻身全球研发领域最具活力的 1000 家企业（不包括欧盟企业）之列：2005 年，只有 19 家金砖集团的企业进入这一排行榜 [3 家巴西企业、10 家中国企业（包括香港的企业）、4 家印度公司、俄罗斯公司和南非分别只有 1 家]，但没有一家进入前 100 强。到了 2010 年，进入前 1000 家排行榜（不包括欧盟企业）的有 57 家（巴西 9 家、中国 27 家、印度 18 家、俄罗斯 2 家和南非 1 家），其中 6 家（中国 4 家，巴西 2 家）进入了前 100 强。

值得注意的是，除了巴西航空工业公司（Embraer）（2005 年的排名是第 457 位，2010 年排名是第 714 位）之外，金砖国家所有跨国公司在 1000 家企业排行榜中的排位都有所上升。它似乎证明 2007~2008 年危机影响的大部分是西方跨国公司，但对金砖集团的跨国企业却没有产生类似影响——只有巴西航空工业公司是例外：它高度依赖欧洲、北美和日本市场的活力。

金砖国家内部的专业化格局正开始显现：一方面，两家俄罗斯跨国公司和一家南非跨国公司专门从事石油和天然气行业——这表明它们完全依赖此类资源密集型活动；另一方面，中国及其 27 家跨国公司涵盖了众多行业，但最多的还是信息与通信技术（尤其是电信设备）：2010 年，在前 1000 家企业排行榜（不包括欧盟企业）中，华为和中兴通讯分别排在第 39 位和第 74 位。中国的跨国公司还大量投资于其他一些行业的研发：汽车（7 家）、工业机械（3 家）、石油和天然气（中石油和中石化分别排在第 51 位和第 114 位）、采矿业和电力设备等。印度则在制药、汽车及零部件、计算机服务和软件等行业确认了预期的专业化分工。至于巴西，它则可以依靠巴西国家石油公司（石油和天然气）、淡水河谷（采矿）、巴西航空工业公司（飞机）、一家软件业的巨头以及工业金属、农业设备、电气设备和化学产品领域的一些大企业。

对创新政策的影响

在准全球化时期，各国政府在市场准入、本地化和出口方面规定的各种义务与限制使得外国投资者参与到了工业化滞后国家的创新、技术改造和结构调整的进程当中。

一些学者专门研究了外国直接投资与其他传播渠道相比，在知识和技术转移方面所起的作用。在亚洲，后藤（Goto）和小田切（Odagiri）（2003 年）证明，日本通过调动外国直接投资以外的所有传播渠道获得了先进的外国技术——亚洲其他一些国家和地区（如韩国和中国台湾）也效仿日本，在弥补自身差距方面也采取了这一典型的策略。

从某种程度上说，这一因素的重要性也得到了金砖国家经验的证实：印度在医药行业的成功以及中国在电信和电子领域的成功都表明，这些国家的政府仍需要一定的行动空间来推动技术积累的内部流程。

以技术现代化为目的的创新始终取决于本国企业在技术积累和改善国家创新体制方面所付出的努力。它需要在人力资源开发和强化国家科研机构与地方企业之间的关系方面增加投资。为这种因地制宜的独特创新进程提供支持和保护、利用国际知识产权保护体制来保护自主创新和国内市场，这一切都非常重要。然而，今天发展中国家的政策更愿意向跨国公司倾斜而不是向本土公司倾斜。各国提供给跨国公司的好处不是均衡的，而且不同新兴经济体的情况也不尽相同。如今，技术现代化进程的成果及局限将更多地取决于本国公司遵守行为准则的程度以及一个国家在以下方面所取得的成功：包括成功地建立和协调旨在打造国家科技能力的政策、成功地激发起自主创新需求、成功地保护了国内市场［奇幕利（Cimoli）等，2009 年］。

外国直接投资的渠道并不是知识和技术转移的一个主要来源。能力建设的责任很大程度上应落在国家科技机构身上。

金砖国家经验的分析还表明，各国政府应当强迫本国企业以有条件的方式来获取外国的知识和技术，并为受益企业规定行为准则，以利开发本国企业的消化能力。

但是，人们发现这些国家受人们所说的"外国直接投资第三代促进政策"的影响越来越大。这一机制涵盖了一些非常不同的政策，能给予那些愿意投资移民的私营投资者充分的行动自由。这些投资者可以充分利用当地的经济和技术空间，而不会受到任何限制或担负任何责任。虽然说提供给跨国公司的好处不可能到处都平衡，但是这些新举措显然能使其获得一个国家的知识库及其市场。今天，国外的子公司差不多已经能享受到过去只有本国企业才能享受的条件。

决策者决定鼓励他们的企业和科技机构去积极投身到全球生产和创新网络中去。他们所看重的首先是与那些已决定进入某一地区的外国企业——其目的是获取廉价的、高水平的人才和技能——建立密切的关系。近来，美国和欧洲跨国公司要素寻求型的投资主要集中在知识密集型的活动上，这种倾向是新兴经济体推出的外国直接投资和创新促进政策所导致的结果。就连金砖国家那些鼓励对外直接投资的政策也试图挖掘这种反向流动（从东道国流向国外子公司）的投资类型所带来的可能性。但这些投资显然并未能使金砖国家的跨国公司享受到反向流动带来的好处。

金砖国家的经验也不能证实美欧跨国公司投资

的溢出效应。例如，大多数金砖国家似乎始终难以筹措到启动和利用这些溢出效应所需的足够资金。私募股权和风险投资公司并没有看到支持此类公司创新进程所能带来的好处。即使在金砖国家开始对外直接投资的情况下，从欧洲和美国进入金砖集团的反向流动并没有出现，因为新兴经济体的跨国公司在资源和能力方面似乎已达到了极限。只有在极少数情况下，相关战略可以使这些跨国公司从东道国的国家体制中获益，并对原籍国的创新和技术能力建设产生积极作用。企业间的协作和投资，其主要目的是控制生产设备，建立营销和销售网络。金砖集团跨国公司在投资过程中所面临的竞争极大地考验着它们的能力，耗尽了它们的资源。结果，金砖国家新出现的实体大部分被发达国家的集团吞并。

金砖国家的决策者正在慢慢对这些经验进行评估，但他们显然还没有准备好切换成另一个体系：这一个新体系里，创新政策将以一种非中立的方式为自主创新提供特别支持。在这些国家，对高增长率的追求仍是政府团队最主要的口号，它们仍想使自己的国家沿着传统的轨迹融入日益全球化的经济当中。金砖国家在外国直接投资的流入和流出方面还会继续展开竞争。它们当中的大多数如今用这种方式来衡量自己在吸纳外国直接投资方面所取得的成功：有多少投资被引向了知识密集的活动。它们正在争取将更多的外国直接投资吸引到研发、设计、开发、产品测试、技术支持中心以及教育和培训等领域。高科技领域的一些外国直接投资能在基础设施获取、税收和补贴等方面享受到一定的优惠待遇。面对那些与IT技术、软件设计、生物技术和医药等行业有关的外国直接投资，各国政府都表现得非常慷慨大方。

这些新政策组合往往围绕着以下一些重点措施展开：①加强对知识产权的保护，并通过建立经济特区的方式为技术和实体基础设施的获取提供优惠；②由国家资助的科研机构提供更加便宜的研发服务；③为科学和工程学研究提供更便宜的专门知识或技能；④建立一些能培养出训练有素、非常熟悉国际管理惯例和会计学的专业人员的教育机构；⑤为国内市场准入提供便利；⑥取消出口和技术转让的义务；⑦取消了对垄断和限制性贸易的控制；⑧放宽在环保等方面的管制等。

鉴于各跨国公司如今开始提供一些新的生产基础设施、管理实践并开始向东道国转移技术的新前景，政策制定者必须制定出外国直接投资和创新的促进政策，以便切实加强本国的能力。全球金融危机之后，发达国家和发展中国家比以往任何时候都意识到了着手解决金融自由化对本国经济影响的必要性。在新兴经济体，政策制定者已开始重新思考那些可能使本国经济被全球危机"传染"的政策。在此背景下，私募股权和风险投资公司的作用必须重新审视，从而避免危机的负面影响会通过这些金融工具波及新兴经济体的创新。

新的方向

目前正在实施的新措施也属于创新政策的范畴，一段时间以来，专家学者们正在积极研究外国直接投资促进政策的变化对于各国创新体系的影响这一问题。吉蒙（Guimón）和菲利波夫（Filippov）[2010年]认为，全球化的挑战需要人们制定出一套比大部分国家现行规则——这些规则所注重的只是外国直接投资的数量——更为复杂的规则。这或许需要人们作出观念的改变，放弃对全新项目进行的投资，而是要像中国那样采取用市场准入来换取跨国公司子公司一部分成果的战略。

本章所引用的研究表明，本国公司以及科研机构所做的努力更多的是集中在那些在创新方面极具活力的行业。在为那些商业性和非商业性行为体打造了指向同一目标的机构和激励措施后，这些狭义的增长路径将会对能力建设和创新进程形成阻碍，使其很难从外包和出口业务转变到某些细分产品的规范市场上来。从需求领域传递出来的信号——即商业性和非商业性行为体应更多地参与创新活动——并不会为自主创新努力提供支持。因此，跨国公司的技术活动与金砖国家国家创新体系之间的关系更多地依赖于对本地科技基础设施的开发利用，而不是集中在本地行为体对重大创新活动的支持。中国是金砖国家中唯一一个针对此类行为采取了补偿和缓解措施的国家：它制定了雄心勃勃的创新政策，重点是加强本地企业的力量并对本国市场准入加以控制。

任何类型的政策协调都会设法在各种国际和国内矛盾因素之间协调好平衡。政策制定者应该记住这样一个事实：从总体上看，外资将在国际分工中处于更加有利的位置，而外国直接投资将成为其消化各国科技基础设施——它们既可能是私人投资的，也可能是国家资助的——最有利的工具。在创新政策方面，人们似乎也应采取一些协调行动，将关注点放在政府的干预领域，以便为国家科技机构、初创企业和本国企业提供更多的出路，帮助它们在本地更好地利用溢出效应、竞争和示范效应来为自主创新服务。很显然，在现行制度框架下一个国家的机构设置及其国际关系的那些基本政策，最终将决定这个国家参与自主创新进程的倾向。

外国直接投资并不能承担起网络组织者的作用——这一网络组织者既能为了能力建设进程提供支持，也能为了本地生产结构所需的创新提供支持。政策协调要关注外国直接投资的引导和促进这一领域所需的变化。各国在决定投资政策、竞争政策、政府采购、需求的整合、研发的补贴以及标准的制定等方面拥有真正的政策空间。制定一个国家创新体制的发展目标是政府的责任所在。所有工业化滞后的国家在政策协调方面的具体目标都源于本国民众的发展要求以及现代化的要求——这种现代化要求是为国家创新体制消除在技术转型管理过程中所面临的障碍而产生的。分析表明，国内市场仍然是吸引外国公司的主要因素。

参考文献

Aw B.Y., 2003, "Technology Acquisition and Development in Taiwan", in LALL S. et URATA S. (dir.), *Competitiveness, FDI and Technological Activity in East Asia*, Cheltenham, Edward Elgar: 168-190.

CASSIOLATO J. E., ZUCOLOTO G., ABROL D. et LIU X. (dir.), 2013, *BRICS National Systems of Innovation: Transnational Corporarations and Local Development*, New Delhi, Routledge.

CHESNAIS F. et SAUVIAT C., 2003, "The Financing of Innovation-related Investment in the Contemporary Global Finance-dominated Accumulation Regime", in CASSIOLATO J. E., LASTRES H. M. M. et MACIEL M. L. (dir.), *Systems of Innovation and Development: Evidence from Brazil*, Cheltenham, Edward Elgar: 61-118.

CIMOLI M., DOSI G. et STIGLITZ J. E, 2009, "The Political Economy of Capabilities Accumulation: The Past and Future of Policies for Industrial Development", in CIMOLI M., DOSI G. et STIGLITZ J (dir.), *Industrial Policy and Development: The Political Economy of Capabilities Accumulation*, Oxford, Oxford University Press: 1-16.

CNUCED, 2010, *UNCTAD Handbook of Statistics 2010*, Genève, Conférence des Nations unies pour le commerce et le développement.

CNUCED, 2012, *World Investment Report 2012: Towards a New Generation of Investment Policies*, Genève, Conférence des Nations unies pour le commerce et le développement.

COMMISSION EUROPÉENNE, 2006, *Tableau de bord 2006 de l'Union européenne sur les investissements en R&D industrielle*, Luxembourg, office des publications de l'Union européenne.

COMMISSION EUROPÉENNE, 2011, *Tableau de bord 2011 de l'Union européenne sur les investissements en R&D industrielle*, Luxembourg, Office des publications de l'Union européenne.

COSTA I. et FILIPPOV S., 2008, "Foreign-owned Subsidiaries: A Neglected Nexus between Foreign Direct Investment, Industrial and Innovation Policies", *Science and Public Policy*, 35(6): 379-390.

FAGERBERG J. et SRHOLEC M., 2007, "National Innovation Systems, Capabilities and Economic Development", *Working Paper 20071024*, TIK Working Papers on Innovation Studies, Centre for Technology, Innovation and Culture, Oslo, université d'Oslo.

FILIPPOV S., juin-juillet 2008, "Nurturing the Seeds of Investment", *FDI Magazine*: 84-85.

FILIPPOV S., 2009, *Multinational Subsidiary Evolution: Corporate Change in New EU Member States*, thèse de doctorat, Maastricht, université de Maastricht.

FILIPPOV S. et GUIMÓN J., 2009, "From Quantity to Quality: Challenges for Investment Promotion Agencies", *Working Paper 2009-057*, UNU-MERIT Working Paper Series, université des Nations unies, Maastricht.

FILIPPOV S. et KALOTAY K., 2009, "New Europe's Promise for Life Sciences", *in* DOLFSMA W., DUYSTERS G. et COSTA I. (dir.), *Multinationals and Emerging Economies : The Quest for Innovation and Sustainability*, Cheltenham, Edward Elgar: 41-57.

GOTO A. et ODAGIRI H., 2003, "Building Technological Capabilities with or without Inward Direct Investment: The Case of Japan", *in* LALL S. et URATA S. (dir.), *Competitiveness, FDI and Technological Activity in East Asia*, Cheltenham, Edward Elgar: 83-102.

GUIMÓN J., 2009, "Government Strategies to Attract R&D-intensive FDI", *Journal of Technology Transfer*, 34(4): 364-379.

GUIMÓN J. et FILIPPOV S., 2010, "Competing for High-quality FDI: Management Challenges for Investment Promotion Agencies", *Institutions and Economies*, 4(2): 25-44.

HYMER S. H., 1960, *The International Operations of National Firms: A Study of Direct Foreign Investment*, Cambridge, MA, MIT Press.

HYMER S. H. et ROWTHORN R., 1970, "Multinational Corporations and International Oligopoly: The Non-American Challenge", *in* KINDLEBERGER C. P. (dir.), *The International Corporation: A Symposium*, Cambridge, MA, MIT Press: 57-91.

KAHN M., 2007, "Internationalization of R&D: Where Does South Africa Stand?", *Science Policy*, 103: 7-12.

KIM L., 1997, *Imitation to Innovation: The Dynamics of Korea's Technological Learning*, Boston, Harvard Business School Press.

KIM L., 2003, "The Dynamics of Technology Development: Lessons from the Korea Experience", *in* LALL S. et URATA S. (dir.), *Competitiveness, FDI and Technological Activity in East Asia*, Cheltenham, Edward Elgar: 143-167.

LAPLANE M., GONÇALVES J. P. ET ARAUJO R., 2004, "Efeitos de Transbordamento de Empresas Estrangeiras na Indústria Brasileira (1997-2000)", document non publié, Instituto de Economia, UNICAMP, Campinas.

NARULA R., 2009, "Attracting and Embedding R&D by Multinational Firms: Policy Recommendations for EU New Member States", *Working Paper 2009-033*, UNU-MERIT Working Paper Series, université des Nations unies, Maastricht.

REDDY P., 2000, *Globalization of Corporate R&D: Implications for Innovation Systems in Host Countries*, Londres et New York, Routledge.

REDDY P., 2011, *Global Innovation in Emerging Economies*, Londres et New York, Routledge.

SERFATI C., 28-30 octobre 2011, "Transnational Corporations as Financial Groups", exposé lors de la conférence 2010 de l'European Association for Evolutionary Political Economy, université de Bordeaux IV, Bordeaux.

SUN Y., 2010, "Foreign Research and Development in China: A Sectoral Approach", *International Journal of Technology Management*, 51(2/3/4): 342-363.

The Economist, 11 octobre 2007, "The Love-in: The Move toward Open Innovation is Beginning to Transform Entire Industries".

各国政府在创新生成与推广中的作用：印度的经验

苏尼尔·马尼（Sunil Mani）
发展研究中心，印度

国家和区域（地方）管理当局在创新的生成与推广中能发挥怎样的作用？开发何种类型、何种性质的技术，这样的决定是在多边企业的会议室里作出的还是由一个国家的科技部作出的？本文所关注的是值此外国实体在印度研发领域所占的比重越来越大的时刻，印度融入全球创新进程的问题。自印度在研发领域进入国际劳动分工以来，印度当局不断鼓励企业增加研发领域的投入，为它们提供了大量的工具和机制来支持本地的技术和创新。这方面的公共政策能在印度开花结果吗？它们存在哪些不足？印度能成为创新型国家吗？

本文分析了印度想要增强本国创新潜力所必须克服的三大难题。首先，有关促进创新的公共政策通常会被缩减成仅用来促进研发的公共政策。然而，创新通常也可以通过研发以外的其他途径来实现，尤其是需要新一代设备的获取。其次，印度当局应当采取措施，让跨国公司和国外研发中心对印度的国家创新体系产生积极的溢出效应。这是一个问题，因为这些中心与国家创新体系之间目前似乎没有多少联系，甚至没有任何联系。最后，创新必须源自更广泛行业。

事实上，今天的创新主要只集中在三个工业部门。除了这些难题外，还包括创新文献中提到的其他一些挑战，如提高创新的质量和数量。

在全球化的印度促进创新

直到 1991 年，印度经济相对封闭，原材料和资本都需要进口，并在服务（包括技术服务）领域有着诸多严格的限制。高关税和数量上的限制多多少少使它与世界其他地区割裂开来。在那个时候，印度是国际化程度最低的国家之一[①]。1991 年，随着经济自由化逐步扩展到所有的经济领域，一切都发生了改变。此后的 20 年间，印度不断持续融入全球经济，虽然融入的方式是松散的、零星的，但是有些行业出现了惊人的增长，如与 IT 技术相关的服务。事实上，印度在 2005 年便成为世界上最大的 IT 服务出口商。

经济自由化也改变了印度的国家创新体系。如今，企业已经成为国家创新体系的主体，而在 1990 年和 1991 年，创新几乎被公共实体独揽。目前，企业占了印度研发总投入的 30%。跨国集团的投入比例也越来越大：2011 年跨国集团的研发投入占了企业总投入

---

① 印度经济不断实现全球化，有两个指标可以证明这一点：贸易一体化比例（出口和进口额在国内生产总值中所占的百分比）由 1998~1999 年的 19.6% 提高到 2010~2011 年的 37%；金融一体化比例（日常流入和资本的总和在国内生产总值中所占的百分比）同期由 44% 上升到了 109%［拉奥（Rao），2011 年］。

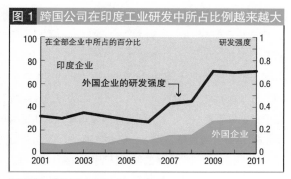

图 1 跨国公司在印度工业研发中所占比例越来越大

在全部企业中所占的百分比　　　　研发强度

印度企业

外国企业的研发强度

外国企业

资料来源：科技部以及马尼（2013C）。

说　明：过去十年间，在印度研发领域十分活跃的外国跨国公司的数量越来越多。

的近 30%（图 1），这一数字在 2001 年还不到 9%。这一趋势证实了印度作为跨国公司创新之地的重要地位。在过去十年间（2000~2010 年），印度许多通过知识创造出来的资产来自跨国公司的分公司或子公司。在此期间，许多印度公司成了跨国公司（塔塔集团就是一个最好的例子）：它们在海外进行投资以期获得先进的技术、市场，甚至包括重要的自然资源。自 2000 年以来，印度通过对外直接投资开始投资海外工业资产，它们大约相当于流入印度的外国直接投资总量的 60%。对外直接投资的增长使印度企业获得自然资源和知识的同时，又为自己的产品和服务开辟了国外市场。此外，国外知识的获取还使一些企业提升了技术实力。

外国公司在印度创新生产过程中的重要性日益增加，这将会对印度带来积极的影响。例如，印度已经成为"节俭创新"的一个平台（参见第 12 章），此类创新如今在医疗器械领域已十分盛行。一批高精尖设备——如心电图仪和扫描仪等——都是在国外的研发中心开发出来的。这些设备将可以大大缩减印度的医疗诊断和服务费用，而这个国家大部分医疗开支都要由患者本人直接承担。跨国公司向印度本国独立企业转让技术的传统渠道如今已几乎全部消失，本国跨国公司的发展能对印度产生积极影响，因为它们可以

被视为印度经济的技术之源。最后，本地企业也可以从溢出效应中受益。汽车是这种效应最明显的一个行业。由于国外公司的到来，本土公司在相互竞争的过程中提高了自己的技术实能并提升了价值链。

在印度，工业领域的大部分研发投入仍主要来自本地企业（占总数的 72%），但这一比例正在迅速下降，而且随着外国公司在该国的发展，这一比例还在进一步下降。2009 年金融危机爆发之后，外国企业在印度研发中所占的份额出现了明显的增长。或许正是因为受到了金融危机的影响，越来越多的跨国公司将更多的研发业务转移到了印度。大多数跨国公司将自己的研发活动分散在多个国家，它们选择落户地时的第一个考虑因素是这里有没有可用的人力资源及其成本如何。另外一些因素就是存在不存在其他一些便利条件，如这个国家的知识产权保护制度如何、对于研发活动有没有税收优惠等。

在推动创新以及促进本国创新体制改变方面，印度当局一直十分积极。慷慨的税收优惠是鼓励人们加大研发投入的主要工具（见图 2）。印度工业领域近四分之一的研发投入享受到了此类优惠，而且在技术创新日益全球化的今天，这一补贴率仍在不断上升。此外，印度当局还针对整体经济采取一系列目标措施，比如 2003 年的科学技术政策，或者 2013 年的科学、技术与创新政策。公权机关既想增加产业界所需的科学家和工程技术人员的数量，也想提高他们的水平，并采取措施加大了对科研领域的投入。它们推出了针对某些特定行业的行业政策：汽车、生物技术、电气设备、电子、IT 服务、医药、电信和半导体等。

印度的创新活动主要集中在几个行业和地区

自由化进程以及印度当局采取一系列措施，使这个国家的创新活动大增。企业在研发领域的投入也稳步增长，名义上的年增长率超过了 15%（马尼，

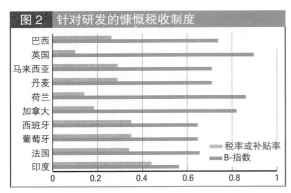

图2　针对研发的慷慨税收制度

巴西
英国
马来西亚
丹麦
荷兰
加拿大
西班牙
葡萄牙
法国
印度

税率或补贴率
B-指数

0　　0.2　　0.4　　0.6　　0.8　　1

资料来源：据斯图尔特（Stewart）、瓦尔达（Warda）和阿特金森（Atkinson）（2012年）。

说　明：在激励研发方面，印度的税收制度可以称得上是最慷慨的之一：印度工业领域近四分之一的研发投入享受到了此类优惠。政府通过研发税收优惠为企业商业研发支出提供的补贴率由2006~2007年15%增加到2011~2012年的26%。

2013c），国内企业的平均研发强度也由1996年的0.65%提高到了2010年的0.82%。

然而，企业的研发投入大约有三分之二来自三个行业：医药、计算机和汽车；并不是所有的行业都在做研发。在现实中，研发经费十分集中，这意味着相关补贴并未能在制造行业起到传播研发文化的作用。而且，即使这三个行业中，相关的创新努力主要集中在少数企业里。换句话说，大多数行业和它们的企业对研发并不重视，也没有将足够的资金投入研发当中。

跨国公司被认为是印度经济的技术来源，本地企业有可能从中获得溢出效应。然而，在这种美好景象的背后，实际上并不是所有的行业都像汽车业那样收获丰厚。印度并没有成为创新大国，而是成了创新活动的一个重要中心。溢出效应的实际成果很小。就拿专利权来说，近年来外国公司在其中所占的比重明显增加。印度企业在美国申请专利的数量明显增加，但这一切主要得归功于外国企业设在印度的研发中心（马尼，2009年）。在信息与通信技术领域，在印度提出专利申请的公司几乎全部来自美国。在医药行业，已经为研究成果申请专利的唯一一家印度公司是兰巴克西（Ranbaxy）公司；这家公司最早是印度的，但自2008年以来便被并入了日本的跨国制药企业第一三共株式会社（Daiichi Sankyo）。即使印度完全遵守了世贸组织自2005年1月1日开始实施的《与贸易有关的知识产权协议》，但是跨国公司外包给印度的专利实用研发项目依然不多。当然，有些国际制药企业会把一些大型研发项目的部分环节外包给印度企业，但它们通常外包给印度的只是临床试验阶段的研发。

地理位置上的过度集中是本文所分析的印度在创新方面所面临的第三个难题。尽管印度的制造业和工业活动分布在全国各地，但它往往只集中在几个特定的区域（见图3）。这意味着全国的大部分地区并不能真正参与创新。尽管中央政府在分散产业布局方面做了很大的努力——尤其是通过发放工业牌照等多种手段来扶持落后地区，但是这种情况仍然存在。这种相对集中的格局是由基础设施和人力资源的分布决定的。

事实上，印度各邦都在通过各种税收优惠或其他手段争相吸引投资。外国直接投资流入量和专利数量之间有着很强的关联性，因为在印度大部分专利申请是由跨国公司提出的。在对相关数据进行研究后，我们惊讶地注意到古吉拉特邦尽管在制造业的增加值方面排名第二，但是它所吸纳的外国直接投资却很少。古吉拉特邦通常被看作一个投资的理想之地，但不知什么原因，跨国公司一直不愿意进驻这里。事实上，工业生产和创新活动高度集中的状态表明，虽然从国家的层面来看已经在这方面采取了许多措施，但是这些措施的落实还得依靠地方层面，因此地方当局或各个邦的意愿和能力才是决定性因素。

然而，推动创新方面的权力很大程度上仍掌握在联邦政府手里。虽然这方面明确的权力下放行动早已展开——如各邦在1971年就成立了科学技术委员会，但是只有少数几个邦真正建立起了能正常工作的委员会。大

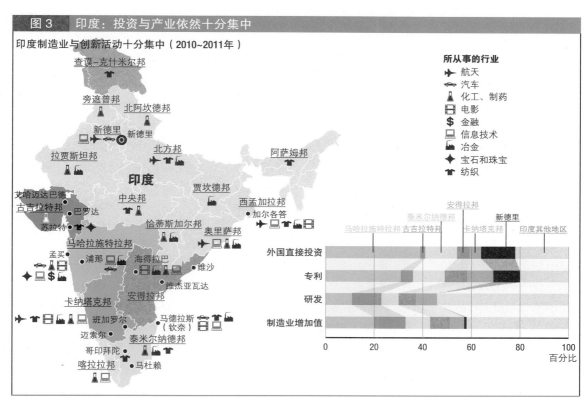

图 3　印度：投资与产业依然十分集中

印度制造业与创新活动十分集中（2010~2011年）

所从事的行业
- ✈ 航天
- 🚗 汽车
- ⚗ 化工、制药
- 📽 电影
- $ 金融
- 💻 信息技术
- ⬛ 冶金
- ◆ 宝石和珠宝
- 👜 纺织

资料来源：《年度工业调查》（2010~2011年），印度中央统计局；《研发统计资料》，2011~2012年，印度科技部；外国直接投资统计资料，2013年，印度工业政策与促进部。

部分委员会把工作重点放在了促进公共部门的科研活动上，很少会和私营企业展开直接合作，然而正如我们前面所分析的那样，私营企业正在成为国家创新体制的核心。总之，创新政策在很大程度上仍然由国家在集中管理。人们也已作出努力，试图将更多的权力下放到各邦或各个城市，但真正取得实质性进展的领域只有一个，那就是专利文化的传播，或许还可以包括一部分基础研究的推广，比如在各邦设立了公共研究机构。

印度创新政策似乎与该国的其他重大经济发展战略——如气候变化国家行动计划——之间是脱节的。国家出台了许多鼓励电力生产的可再生能源计划，如太阳能、风能、生物质能、小水电站等各类计划。它们推出了一系列财政和金融激励措施，同时还包括其他一些措施，如旨在吸引私人投资者的管理规定等[①]。同样，所有这些举措都是在中央政府的层面出台的（只有三个邦——古吉拉特邦、拉贾斯坦邦和

① 这方面可举的例子包括本金和利息补贴、加速折旧以及消费税或关税优惠或免税。2003年的《电力法》要求各邦的电力监管机构根据本地的实际情况，分别设立购买可再生能源的最低比例标准。根据2005年国家电力政策以及2006年国家税则政策的相关规定，大多数邦都给予了那些接入电网的可再生电力生产商最大程度的优惠。

卡纳塔克邦——拥有自己的太阳能政策），而且与产业发展之间并没有太大的关系。

印度将出现新的创新战略？

近年来，特别是自 2010 年以来，人们注意到印度在促进创新方面的范式出现了变化。许多迹象表明这里出现了一种想用创新来促进经济增长的新意愿：把 2010~2020 年定为"创新十年"，2013 年出台了新的科技与创新政策，在第十二个五年计划里将科技预算增加到了 280 亿美元。此外，还建议在现有的公共和私立大学设立 50 个卓越中心，并推出了促进创新的一些新措施，如代表了这一方向的"激励研究科学创新计划程序"（INSPIRE）。然而，最大的新颖之处还在于一些专门针对某些行业的特殊政策的实施——它们是在当前所实行的普适型政策引发不满后推出的。因此，印度如今拥有了专门针对不同行业的创新政策：汽车、生物技术、化工、电气设备、电子、信息与通信技术、医药产品、半导体和电信等。

2011 年底公布的印度《国家制造业政策》明确提到，在专利持有者要求支付过于昂贵的专利费或不符合国家需求的情况下，相关绿色技术必须得到管理机构颁发的强制许可证。此外，印度可持续能源基金——这是同类基金中唯一的风险投资基金——将重点投资于可持续能源领域的初创企业，并为其提供帮助。

显然，政府在促进印度创新方面发挥着越来越重要的作用：当这个国家的技术生产日益全球化的时候，这种作用正越来越清楚地表现出来。然而，创新促进政策的实施工作并未完全下放。各个邦的政府在其中所占的位置很小，只有在推广那些以新技术——如 IT 技术和生物技术——为基础的产业时除外。一些邦的政府已经学会了更好地保护新发明创造的知识产权，而且已经初见成效，因为各邦所提交的专利申请明显增加了。

结论

本文揭示了管理当局在推动创新方面所面临的三大难题。第一个困难在于，它们需要人们更好地了解创新需要怎样的途径才能实现。印度出现的一种新思潮认为，不必通过研发也可以促进创新。然而，通过对近期的创新政策，尤其是 2013 年的科技和创新政策的回顾表明，研发仍然被认为是创新的正道。几乎所有的公共政策工具都是用来鼓励研发的。第二个困难在于，没有任何措施能保证让跨国公司的溢出效应惠及本地企业。人们所采取的只是一些鼓励外国直接投资的措施，而且各邦在这方面还在彼此竞争。不过，在那些专门针对某些行业的有效政策形成后，第三个困难似乎就迎刃而解了。这些政策将会刺激相关行业的创新，而且每一个行业都有一定数量的技术企业。因而，管理当局要做的就是在前面提到的两个难题之间建立起明确的联系。

参考文献

MANI S., 2013a, "Evolution of the Sectoral System of Innovation of India's Aeronautical Industry", *International Journal of Technology and Globalization*, vol. 7 (1-2): 92-117.

MANI S. *et al.*, 2013b, "TRIPS Compliance of National Patent Regimes and Domestic Innovative Activity, The Indian experience", *in* MANI S. et NELSON R. (eds.), *TRIPS Compliance, National Patent Regimes And Innovation*, Cheltenham, Edward Elgar Publishing.

MANI S., 2013c, "Policy Spree or Policy Paralysis, An Evaluation of India's Efforts at Encouraging Innovations at the Firm Level", presentation à venir lors de la Conférence *India's industrialization: How to overcome the stagnation*, 19-21 décembre 2014, New Delhi, Institute for Studies in Industrial Development.

MRINALINI N. *et al.*, 2010, *Impact of FDI in R&D on Indian R&D and Production System*, rapport préparé pour le TIFAC, département de Science et Technologie, gouvernement indien.

RAO SUBBA D., 23 juin 2011, "India and the Global Financial Crisis: What Have We Learnt ?", K.R. Narayanan Oration, South Asia Research Centre of the Australian National University, Canberra.

第十四章

赵巍
法国圣艾蒂安高等商学院，中山大学珠三角改革发展研究院

若埃尔·吕埃（Joël Ruet）
可持续发展与国际关系研究所（IDDRI），法国

中国：经济转型如何重塑创新

中国特色经济模式是一台功能强大的创新机器吗？本章介绍了中国三十年来在该领域所做的努力，对中国相关机制以及目前正在实施的旨在使模仿大国变成"自主"创新大国的转型战略所存在的弱点进行分析。

经济学家威廉·杰克·鲍莫尔在 2002 年出版的《资本主义的增长奇迹——自由市场创新机器》书中对创新成为资本主义增长发动机的因素作了分析：市场定价机制、基于自由放任的竞争以及一系列保护私有产权的规章（专利权、版权以及更普遍意义上的知识产权法）。2012 年，《商业周刊》杂志称，特色经济模式（最起码）与创造力和创新是可以兼容的。

中国已经成为全球拥有研发专业人员最多的国家（320 万人），自 2010 年以来研发领域的投入额一直居全球第三。一些最具创新力的中国企业，如华为、中兴通讯、海尔、联想和比亚迪等已经在国际市场确立了自己的地位。这些企业都在不同程度上得到了政府的支持（如中兴通讯是一家国有企业，联想隶属于中国科学院，而华为和比亚迪的主要客户都是国有企业，并得到了中国银行体系的支持）。中国的创新似乎始终与国家和新兴经济模式有着密切的联系。

中国特色经济模式是一台创新机器吗？

中国特色经济模式的创新要求政府在国家创新体系中发挥积极作用，在技术开发过程中强力干预并且要制定全面的科学研究政策，30 多年来中国的实践正体现了这一点。从 1985 年开始，政府便采取措施对研发体系进行重组，减少了机构的数量、压缩了留在科研机构的人员，并鼓励其从事一些利润空间更大的项目。20 世纪 90 年代，在政府的支持下，沿海各省相继建立起了各类技术开发区和工业园区。2013 年，全国共有国家级经济技术开发区 192 家，而地方的开发区不计其数——包括大城市的经济技术开发区。在国家的资助下，全国各地、各个学科都建立起了各类国家和地方的实验室。国家通常直接管理全国各主要科学实验室、高校和技术中心，并控制着军工以及其他一些战略部门。20 世纪 90 年代前半期，在国家产业政策的配合下，中国政府试图仿效日本和韩国的"国家冠军企业"模式，在高科技和研究领域创造了自己的冠军。这些公司——包括电信、石油化工和交通运输行业的巨头——往往（但不是全部）是国家所有的。1997 年金融危机彻底改变了中国政府的理念。从那时候起，中央政府允许各省探索自己的模式：上海和苏州遵循了新加坡的发展道路，而广东则借鉴了台湾模式。刚刚回到中国怀抱的香港则被纳入了珠三角经济区。但是，北京并没有放弃控制这些冠军的愿望。

从 1999 年开始，随着国家创新理论这一概念以及相关框架的通过，中国的科研结构在创新政策的作用下发生了变化，研发领域的投资大幅回升。2000~2012 年，中国研发投入的年增长率超过 20%，

研发投入强度（研发投入/国内生产总值）逐步增加：从 2000 年的 1% 增加到 2012 年的 1.97%——而在 2008 年，欧洲、美国和日本的这一比率分别为 1.86%、2.77% 和 3.5%。虽然说中国的这一比率与经合组织国家不相上下，但是该国于 2009 年成为仅次于美国的世界第二大经济体这一事实，也使中国在研发支出方面的绝对值跃居世界第二的位置。今天，中国研发领域的从业人员超过 320 万。全国各地在研发方面都采取了积极主动的措施，这往往意味着一些量化目标的确定。例如，1997~2007 年，27 个省市出台了申请专利补贴，以促进人们对知识产权的利用，并导致国家和各省专利数量的增加。这一政策使得专利申请数量大增，2012 年增加了 41.3%，总数达到了 526412 件，中国也由此成为全球专利申请数量最多的国家。但这一切对于生产率增长方面的影响十分有限，中国在科研质量以及产品的商业针对性方面仍存在问题。

2006 年通过的《国家中长期科学和技术发展规划纲要》终于明确了中国的创新战略，并规定了到 2020 年需要实现的七大目标：

——全社会研究开发投入达到 9000 亿元左右[1]；

——研究开发投入占国内生产总值的比例达到 2.5% 以上；

——建立"创新型国家"；

——增加研发投入（每年增加 10%）；

——加大科技对经济的贡献（70% 以上）；

——加强地方创新能力（对外技术依存度要由 60% 降低到 30% 以下）；

——提高科学和技术的产出，如发明专利年度授权量等。

在《国家中长期科学和技术发展规划纲要》公布后不久，政府便公布了 99 条配套扶持政策，以利于该战略的实施。其中的每一条政策都有一个政府机构在负责。被列入重点发展的技术包括节能、水资源、环境保护、生物技术、航天航空、掌握关键技术和重要产品的自主知识产权、让制造业加深对知识产权原则的了解、加强基础性研究和战略性研究。除了对未来的科研活动确定明确的重点领域之外，这一计划还确定了 16 个重点项目（或大型项目），其中包括将中国宇航员送上月球或发展下一代大型客机。2010 年，中国政府已确定了 7 个战略性新兴产业，并重申了加强这些领域研发的必要性：①节能环保；②新一代信息技术；③生物技术；④高端装备制造；⑤新能源；⑥新材料；⑦新能源汽车。

自 2006 年以来，中国的创新政策被描述为"自主创新"：根据这一计划，有多种方法可以达到自主创新的目标（包括通过设立新工具和新方法而进行的原始创新；对各类技术进行整合的集成创新以及在引进国外先进技术的基础上充分进行消化吸收和再创新等）。"自主"这一术语揭示了中国政府在捍卫创新战略上的意图：它要求国家对高校、科研机构和国有企业的科研活动进行协调并投入巨资，从而使那些被确定为战略性的行业能获得独立自主的发展。此类科学政策的实施与工业生产的技术研发有着本质区别：高校和科研机构会积极参与其中一些下游的工业项目，而企业只负责完成固定生产的额度。与其他发达国家——在这些国家，企业是一个重要的创新来源——相比，中国创新计划的最重要特点体现在政府对公共产业研发的全面参与上。结果，研究和发明之间的互动往往是单向的，知识只从高校流向产业界，

---

① 2008 年前，人民币与欧元的汇率是 10 元兑换 1 欧元。2009~2011 年期间上升到 9 元兑换 1 欧元。

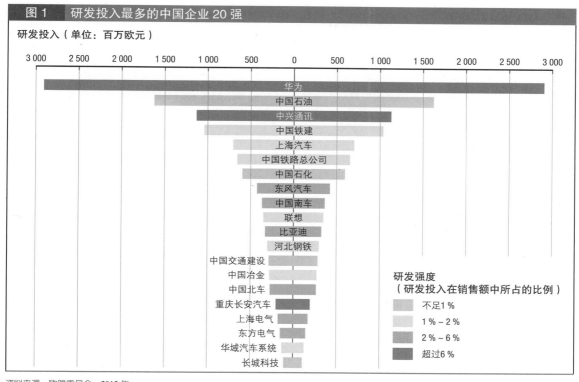

图 1　研发投入最多的中国企业 20 强

研发投入（单位：百万欧元）

研发强度
（研发投入在销售额中所占的比例）
- 不足 1 %
- 1 % ~ 2 %
- 2 % ~ 6 %
- 超过 6 %

资料来源：欧盟委员会，2012 年。

说　　明：中国政府为大企业、高校以及技术中心开展研发提供了大力支持。这些努力并不总是能换来更多的自主技术创新进入市场。

这意味着相关的项目都是以这样的方式来组织的：高校首先发明出一样东西，然后再将这一发明应用到工业生产。几乎所有的高校都设立了"技术转让中心"，并试图从这里将自己的新技术出售给企业家。但在大多数情况下，企业家都不会来购买这些技术，于是高校只得自己创办企业，让这些校办企业来使用这些技术。高校所开发的研究项目很少是为了满足企业家需求的。

自改革开始，中国政府便把汽车作为本国经济活动的支柱之一。成立合资公司的目的是引进先进的制造技术和国外的管理经验，在思想和政治上都坚信共产主义的中国政府要确保它能继续拥有和控制这一行业（因此，提出了"发展本国汽车工业"的口号）。尽管有外国和私人投资的参与，但中国的汽车业至今仍掌握在国家手里。中国政府一直试图提高本国企业在这方面的能力，但很多中国企业仅仅满足于通过自己和外国合作方成立的合资企业来提高劳动生产率。

从 1997 年开始，中国政府就已认识到提升产业能力的重要性，要把中国变成一台能自主创新的机器。但是，直到最近政府才承认非国有和私营部门在国家创新体系的地位过弱。中国在研发领域十分活跃的企业大部分是国有企业，而且所涉及的都是一些没有竞争的市场——垄断或寡头垄断行业，如石油、铁路、汽车、电信设备和钢材等。为了解决这一问题，政府出台了税收政策以及其他一些鼓励措施，使企业增加研发投入，增强自身的创新能力。2013 年初，中央政府号召企业在自身现代化和创新方面加大力度，目标是在 2015 年左右建立起集研究、开发和生产于一体的"技术创新体系"。为此，中央政府直接设立了专门针对工业企业的研发机构，为中小型企业提供支持，培训一批有前途的经营者，并改善了相关金融政策。政府还希望其他公共机构——尤其是高校和研究中心——加强与企业的合作，包括非国有企业和私营企业。现在的问题是看这些扶持政策能不能真正鼓励中国企业家增加研发投入，能不能激励他们放弃简单的模仿转而开发以创新为目的的技术能力。

弥补技术差距：卡在模仿和创新之间的企业

东亚地区经济——尤其是日本和韩国——20 世纪工业化的经验表明，加强本国的研发投入对于企业由模仿转向创新至关重要，即使研发活动非常昂贵，而且也不一定都能带来回报。就日本企业而言，它们似乎已成功地找到了一种持续投资研发的特殊形式："逆向工程"（又称"反向工程"或"反向设计"）。它是指对一项目标产品进行拆解，对其功能特性进行深入分析，从而制作出具有同样功能又不抄袭原产品的新工具或程序。在此过程中，日本企业往往能对进口产品进行调整，通过新增功能或特性使之适应本地的需求。这个过程要求人们完全熟悉原产品或体制的技术和科学机制，而且通常情况下会导致更多研发形式的出现。20 世纪 50 年代至 70 年代间，中国也开始使用"逆向工程"来获取技术。不过，由于参与者都是国有企业，因而它在研发投入方面并未产生多少激励作用。因此，尽管政府希望促进这种必不可少的做法，但在强调自主技术开发的时代，它们并未能获得蓬勃发展，也从来没有成为流行做法。中国企业

的内部研发与外国技术的转让和引进之间的潜在联系由此切断。对研发兴趣的下降导致中国企业选择了从发达经济体引进新技术或新产品的做法，或者在有合资企业的情况下，就依靠它们的合作伙伴来获取新技术。结果，技术进口始终在中国发挥着重要作用，中国企业在这方面的支出始终保持很高的比例。与日本和韩国企业相比，中国企业长期以来一直不重视对引进技术的消化吸收，这方面的投入直到最近才开始有了明显的增加。

2000 年后，企业在研发领域的投入占了全国研发总投入 60% 以上——而且这一比例仍在持续增加。一些行业的研发获得了蓬勃发展。例如在 2010 年，全国前 100 家电子和信息技术公司都将 3% 以上的营业额用在了研发领域。华为、大唐和中兴通讯等公司的表现尤为突出：它们将 10% 以上的利润用在了研发领域。从全国范围来看，电子和信息技术领域的中小企业在全国共有 1000 多万家，其中有 15 万家将自己收入的 5% 用在了技术研发领域。尽管研发投入显著增加，但是中国企业的专利申请、高新技术出口以及总体的技术能力仍不尽如人意。对它们来说，研发方面巨额投入并没有转变成为研发领域有效的优质投资。2011 年，只有 11.5% 的工业企业参与了研发活动，而大中型企业在其中只占了 30.5%。尽管中国企业的研发投入自 2000 年以来一直呈上升趋势，但是在全部工业企业中，研发强度（即研发投入在销售额中所占的百分比）大约维持在 0.71%，而大中型企业的这一平均值为 0.96%——远低于发达国家的平均水平（3%~5%）。此外，中国企业的研发主要集中在国有企业：虽然国有企业的研发投入在所有企业的研发预算中只占了 14.6%，但是参与研发的企业 81% 是国有机构，而且 66% 的专业研发人员在国有企业任职。

中国企业在研发领域扩展方面存在的局限也与

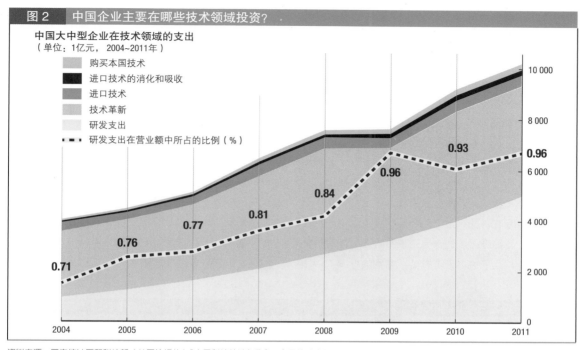

图 2　中国企业主要在哪些技术领域投资？

中国大中型企业在技术领域的支出
（单位：1亿元，2004~2011年）

- 购买本国技术
- 进口技术的消化和吸收
- 进口技术
- 技术革新
- 研发支出
- ······研发支出在营业额中所占的比例（%）

资料来源：国家统计局和科技部（共同编辑的）《中国科技统计年鉴》，中国统计出版社，北京。

说　　明：中国企业的研发投入中用于基础研究或新技术开发的份额并不多。许多中国大型企业是以技术组装者和分销商的身份，而不是以发明者的身份参与全球竞争的。这和情况的改变非常缓慢。

研发投入的结构和研发活动效率等因素有关。在基础研究和应用技术方面的研发投入比例仍然很低：1995 年为 32%，2008 年为 17%，2009 年和 2010 年为 17.3%，2011 年为 16.5%。中国工业企业的研发中，基础研究、应用技术研究、试验和开发所占的比例分别为 0.1%、2% 和 97.9%。2000~2009 年，中国企业的研发强度由 0.71% 上升到了 0.96%，而新产品在营业额中所占的比例从 11.1% 上升到了 12.1%，其中的放大效应并不明显。企业的发明专利在全国专利注册总量中所占的比例在 2000 年达到了 30.4%，2004 年下跌至 25.9%，2008 年更是跌至 22.7%。在政府政策的推动下，企业发明专利的比例在 2009 年跃升至 34.8%，2011 年再度下跌到 27.3%。目前，中国大约

有四分之一的专利申请来自企业。即使是这方面最为活跃的企业仍然更加偏爱实用型专利和外观设计专利，而不是发明专利。对 2011 年申请专利最多的 20 家企业的分析表明，只有 5 家企业的发明专利多于其他形式专利，也就是非发明型专利，包括实用型专利和外观设计专利等。中国的研发停滞不前，它更多的只是在外观设计方面取得了一些小进步，而未能在关键技术的开发上取得创新。除了华为和海尔——这些公司由于拥有强大的整合能力，已经成功地实现了研发成果的商品化——等少数公司外，大多数中国企业在进行研发投资后会很快发现，它们在深化研发领域、提高项目的效率以及提高质量方面存在很大困难。它们发现自己被卡在了模仿和创新之间。2012

年对珠江三角洲地区（广东省）1201家工业企业进行的一项调查发现，有44%的企业自2008年以来参与到了研发活动当中，以期更好应对危机，然而即便如此，仍有55%的企业表示它们仍在模仿一些国外技术（邱和赵等，2012年）。

十多年来，中国政府加强了专利立法和对技术的法律保护，以激励创新。一些企业已经对此政策作出了回应，大幅度增加了在研发领域的投入，各种形式的专利申请也大大增加，对相关宏观统计数据的分析就可以证实这一点。那么，为什么我们几乎看不到中国企业的深度研发？为什么中国的企业会继续走模仿的道路，而始终无法进入自主创新阶段？其中的答案多多少少与以下这一事实有关：通常情况下，中国

企业在研发方面的"消化吸收能力"还很弱。对中国新兴跨国企业来说，利用代加工业务在跨国公司中打响自己的知名度是其开拓市场的一个重要手段。全球化和供应链崩解所产生的副作用降低了中国企业等一些新成员所面临的壁垒：如今它们在国际价值链上承担起了很大一部分生产和制造任务。一旦这些企业把制造活动当成"滩头阵地"后，它们就会利用自己成本的优势以及学习能力强等特点来从事另一些更高附加值的活动，如经销和研发。"消化吸收能力"这个词所指的就是企业在研发活动方面的一个特性：一家公司在启动了一个内部研发项目后，它会同时试图去查寻、吸收和利用其他地方已有的知识（如基础研究的结果），而不会在不与外界有任何互动的情况下闭

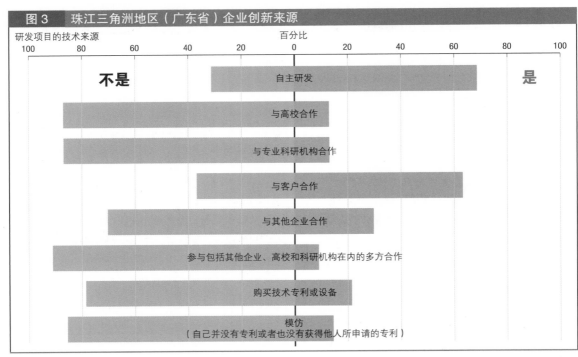

图3　珠江三角洲地区（广东省）企业创新来源

资料来源：邱与赵等，2012年。

说　明：中国的民营企业是根据客户的反馈、员工的想法以及竞争对手所选择的方向来确定自己的研发项目的。它们并没有很好地利用众多公共机构——高校、研究机构、科技园区、企业孵化器，以及国有企业的研发中心——所可能提供的支持。

门造车。这一"开放式"的研发策略会使更多的研发投入用于一些未来的选项上，也决定着现行项目的成败。如果不选择这一方式，企业就不太可能吸收源自于本地高校和科研院所的知识，而它自己在内部所开展的研发也将缺乏所需的某些火花。创新就像是一辆车，而自主创新能力和消化吸收能力就是这辆车的两个轮子。如果其中一个出现故障，这辆车就无法前进。

虽然中国企业已开始增加在研发领域的投入，但它们往往是在实验室里秘密进行着此类活动，很少会与他人合作。2010年对42家中国中部企业进行的一项调查表明，企业的研发项目主要有三个来源：终端用户、企业自身和竞争对手。对于这些企业来说，供应商、高校和科研院所并不是重要的技术来源地［任（Ren）、曾（Zeng）和克拉本达姆（Krabbendam），2010年］。2012年在珠江三角洲进行的调查也得出了类似的结论：与致力于提升自身独立的自主研发能力（如果把满分按10分计，这方面努力的得分在6.17分）相比，企业并不太愿意加强与高校、科研院所或其他企业在研发领域展开合作（这方面的得分为3.26）。该调查还显示，独立研发以及与客户的合作——这些客户通常是外国公司——通常是该地区企业研发项目的主要来源。只有不到14%的企业正在通过与高校和科研院所的合作来寻求研发项目，不到10%企业参与了和其他企业、高校和研究机构联合展开的合作研发项目。在研究和吸收外部知识用于研发项目方面，中国企业与世界其他地区所产生的大量科技知识仍然是隔离的。

由于未去尝试开发这一令人难以置信的富矿，中国企业的研发能力可能会进一步下降。

中国的创新链缺乏可靠的连接

企业的消化吸收能力取决于两个因素：公司本身所做的努力，包括其研发项目的方向，以及合适的外部条件——它能使企业与外部实体建立起联系。2009年中国科学研究与试验发展（R&D）资源清查（这是国家统计局在2002年第一次清查之后所展开的第二次清查行动）揭示研发开支的分布情况：企业独立完成的项目经费占69.4%，与国内高校合作项目占10.3%，与国内独立研究机构合作项目占5.6%，与境内其他企业合作项目占4.5%，与境外机构合作项目占3.8%，其他合作形式项目占6.4%。2011年，中国共签订产学研合作项目81615项。虽然这些项目中有30%的预算被用于研发领域的对外合作，但是中国企业并未能提升这些国内合作伙伴——尤其是大专院校和科研机构——在创新方面的作用。2012年在珠江三角洲地区进行的调查显示，在创新服务的增值方面，1201家受访企业与高等院校和科研院所的合作（总分为9的情况下，平均得分为4.77）还比不上与地方政府技术平台的合作（平均得分为4.87），或者与本地其他企业的合作（5.29分）。在与各类地方组织的接触和信任方面，高等院校和国家科研院所的得分也不理想（无论在接触频率方面还是在信任度方面，都排名倒数的位置）。

在研发领域，中国企业未能加强与高校和科研院所的合作。2009年，企业的研发预算只有不到16%用在了与高校和科研院所合作的项目上——而且此类项目之所以能展开，要么是因为它是由政府组织实施的（国有企业），要么是因为政府为相关参与企业提供了补贴（非国有企业）。企业之所以不愿意与高等院校和科研院所合作，这多多少少与这些科技机构的地位有关。由政府资助或协调的大型研发项目明确规定国有企业必须和高校和国家科研院所合作。然而，除了这种强迫的合作形式外，高校和地方科研院所对企业研发活动的贡献非常有限，唯一的例外是它们能够提供工程师，尤其是为那些非国有企业和私

表 1 珠江三角洲地区企业的对外关系		
组织类型	平均接触的频率 （得分范围在 1 至 9）	平均信任度 （得分范围在 1 至 9）
同行业竞争者	4.80	4.82
本地供应商、支持供应商、分包商	6.89	6.43
本地销售商、中国的经销商和零售商	5.50	5.54
国外客户	5.93	5.81
本地管理部门	6.07	6.71
专业协会和商会	5.55	6.18
本地技术中心	4.17	5.07
中国高校及科研院所	3.62	4.87
本地教育、培训和招聘机构	5.12	5.52
金融服务机构	6.04	6.39
本地管理咨询机构	5.01	5.53
本地劳资纠纷解决机构	5.12	6.16
媒体	3.22	4.66
本地展览和营销机构	4.62	5.39

营企业提供工程师。20 世纪 80 年代中期以来的科技体制改革一定程度上激发起了这些机构研究人员的热情，但企业仍然认为与这些人合作要比与其他企业的谈判复杂得多。当科研机构意识到企业想要从它们这里获取技术之后，它们便选择了对利润的追求，力求使自己的知识能最大限度地升值。

除了研发活动与经济严重脱节以及因企业和科研机构僵化的体制所带来的困难外，还存在另一个问题：这就是科研人员与企业家的合作向自由市场经济转化的问题。这或许是由于中国特色经济模式所造成的：在这里，国家是一个特殊的利益集团，它通过制定一些对自己有利的规则来与其他非国家行为体争夺资源。如果说国有企业必须与政府官员和政治人物建立起纵向的关系，以便获得补贴和其他好处，而在国有部门以外地方，整个中国社会就像是一个自由放任

的市场：在其中，所有的非国有经营者必须依靠人际网络以及传统的信任（关系网）来缔结与科研机构、金融机构、合作伙伴、供应商和客户的关系，从而使知识、资本、产品和人才为创新服务。在自己牢牢把控的领域之外，这个国家建立起了一个自由市场：还需要完善法律框架以保证合同得到切实履行。虽然说中国的经济模式通过对生产体系和研发体系、知识体系之间互动的协调，使中国极大程度地弥补了与他国的差距，但是对于那些在这一圈子以外、一切需要靠关系的人来说，他们要想搞创新就会困难得多，因为要在那些以制度化信任为基础的机构之间建立关系是十分困难的。

中国与非熊彼特式的资本主义
在基于"公平计价原则"的市场机制不再可行

的情况下，各个企业和组织只好选择将交易内化，而不愿与外界建立关系。到目前为止，大多数中国企业都十分看重与客户关系，认为它是创新的第一来源，因为它们并未和科研机构建立起密切的关系。销售业务与市场这一反馈回路对于创新流程、市场开拓、产品设计及开发来说具有至关重要的意义。许多中小企业都依靠自己的国外客户——美国、韩国、欧洲和日本企业——来向其展示如何利用技术。在创新方面，各行业内的领军企业主要采取了以市场为取向的产品多元化以及引进外部技术（购买其他人的创新）的战略。这种技术可以来自世界任何地方，许多关键技术的拥有者往往来自美国南部、日本、欧洲和韩国。中国最知名的跨国公司——如华为、联想和海尔——的发展所依靠的并不是自身强大的技术能力，而是由于在竞争激烈的市场中生存的能力——它们已经懂得如何回应市场的一些特殊需求。换句话说，它们的成功与企业的技术创新能力——这正是国家所想要发展的——没有关系，而是与它们在中国和世界其他地区获得的新机遇有关。

华为

华为 1988 年在深圳成立，当时的注册资金只有 20000 元。最初它只是从香港进口电话交换机，然后将其销往中国内地。之后，这家企业开始自己生产交换机：它所生产的交换机虽然质量比不上进口产品，但却比当时中国国内的产品好得多。此外，华为还在全国各地建立了营销体系和售后服务网络。1990 年，华为的销售额超过了 1 亿元。公司自成立以来，华为员工中技术研究及开发人员占 40%，市场营销和服务人员占 35%，生产人员占不到 10%。1994 年，在中央政府的大力支持下，华为公司与 40 多家电信局共同出资组建新华为技术公司。这个电信领域专业共同体的建成为新公司提供了一个巨大的销售网络。在随后的几年间，170 多个地方电信局加入华为电子，

成为其新股东，这些电信局当然也成了集团最大的客户。华为一如既往地重视研发，先后在北京、上海和美国的硅谷设立了研发机构，同时与中国的公共研究机构保持密切关系，与高校和科研院所展开研发项目合作。在向国际化发展过程中，华为把发展中国家市场作为目标：西方跨国公司往往不愿意在这里做大的投入，打造真正意义上的营销和销售网络。华为集团很懂得满足这一客户群体的需求，并通过"逆向工程"来开发自己的产品，使其价格能适应当地市场的水平。在许多跨国公司退出俄罗斯电信市场时，华为始终没有放弃这一市场。因此，当俄罗斯经济恢复活力之后，华为公司赢得了它的第一个订单。在美国，华为公司明显缺乏知名度，因此它将自己美国分公司改名为"Futurewei"，并将重点放在那些功能简单、价格便宜的产品上（如路由器），以期打开进入美国市场的通道。

联想

联想集团成立于 1984 年，由中科院计算所 11 名科技人员创办。在其成立后，中科院计算所给了它三项特权：独立的总经理、财务自主权和人事招聘权。通过设立奖惩机制，并且可以把不合适的员工退回中科院计算所的方法，联想找到了一种方法来处理那些不愿干活的人——这是中国国有企业普遍存在的一个问题。鉴于其创始成员的专长，联想最初的业务并不是生产，而是提供维修服务和咨询。成立一年后，联想通过用户培训和对中科院各研究所 500 台电脑的维护，获得了 70 万元的收入。1988 年，联想成了美国 AST 微型计算机在中国的独家销售代理。这些产品的销售使联想建立了一个覆盖全国的销售网络以及十多家分公司，同时也对客户在计算机方面的需求有了一定的了解。1990 年，联想网络拥有了 2500 个分销商、经销商和零售商，销售了 80% 的 AST 电脑。于是，东芝也要求联想帮助其销售笔记本电脑。在

联想的帮助下，东芝的市场份额由不到 1% 上升到了 30%。

与此同时，联想已经掌握了计算机的内部结构，也弄清了微处理器和各类元器件之间的连接，并培养出了许多工程师。1988 年，联想在香港成立了一家组装笔记本电脑的公司，使用的是北京总公司所购买的零部件。之后，联想通过代理 AST 和东芝产品时所建立起来的销售网络来出售自己的产品。1991 年，一家生产主板的工厂在深圳开工建设。1992 年它开始投产，每个月能生产 25 万块主板。同年，联想在北京设立一个包括两条生产线的电脑组装厂，每条生产线每年生产 50 万台电脑。在生产能力扩大的同时，联想还加强了自身的销售能力。

1990~1997 年，电脑产品的需求以每年 50% 的幅度增长，来自外国公司的竞争也越来越激烈。为了应对这一形势，联想扩大了自己的销售网络，并在 1994 年放弃了以代理为基础的分销网络。1996 年，联想打造了一个由北京、沈阳、上海、广州和成都五大平台组成的销售系统，20 家子公司和 1500 个代理商。此外，联想进一步扩大了产能，增加了零部件和电脑的出口。1994 年，联想在惠州（广东）建立了三个工厂，分别生产主板、电路板和电脑。当联想在惠州的生产基地于 1998 年建成后，联想所生产的电脑已经达到了一百万台。就像家电业所出现的情况一样，在销售和生产之间互动过程中，联想构建起了自己的技术专长。自 1996 年以来，联想的笔记本电脑一直是中国的销售冠军。

联想开始不断投资，以加大新产品的研发能力。1993 年，联想在美国硅谷设立了研究中心。1998 年，联想和中科院计算所联合成立联想集团中央研究院。硅谷的研究中心负责新技术和商业情报的采集和分析。相关信息会被传送到香港的研究中心，然后再传给联想集团中央研究院：它将负责产品的设计和投产。在这方面，联想也与英特尔、微软、冠群电脑等展开合作，以便最大限度地吸收外国公司的技术。为了降低成本，联想也逐步将零部件供应商本地化。自 1996 年以来，联想的销量一直是中国市场上最大的。2004 年，它收购了 IBM 的笔记本电脑业务，并开始走向国际化。

海尔

总部设在青岛的海尔原来是一家国有小厂，它的发展经历与长虹、康佳、科龙、美的、TCL、春兰和海信等中国许多家电品制造商在 20 世纪 80 年代和 90 年代的经历大致相当。经过对本国客户的深入分析，海尔选择了一个新的业务领域。海尔没有利用新技术去创造更先进的产品，而是利用进口的技术来生产更加廉价的产品。它的研发过程可以被描述为"重组创新"：通过对国外现有技术的重组和改良，创造出新产品。海尔通过开发生产适应农村市场的大众化电冰箱和洗衣机激发起了市场需求：这些产品虽然档次不高，但是质量十分可靠，而且价格便宜。海尔曾有过销售廉价产品的经验，而且也十分熟悉中国农村极为复杂的分销渠道的运行情况。当它决定迈向国际市场时，面对竞争对手所拥有的市场规模，海尔在中国国内广阔市场上所取得的成功帮助它抵消了这方面的不足。在北美，海尔把自己的目标市场定位为酒店和学生公寓的小型冰箱——美国的竞争对手都认为这个市场的利润过低。针对大学生这一目标客户群，海尔专门设计了一款拥有一个小台面的小冰箱，这就是小巧的电脑桌冰箱。它还开发了许多与办公设施和旅馆房间十分配套的小冰箱。

比亚迪汽车

1995 年在深圳成立的比亚迪汽车，曾经是电池的专业制造商。它的镍镉蓄电池产量占全球的 65%，手机用锂电池产量占全球的 30%。2003 年公司决定投资汽车生产，现在比亚迪已成为中国的第四大汽车品牌。意识到中国的潜在客户十分渴望获得价廉物美的产品——这个市场是被竞争对手所忽视的，比亚迪汽车于是把所有最贵的设备都换成人工操作，并采用一些本地产的工具。预见到中国城市对公共交通工具的巨大需求，公司决定开始制造电动公交车，并获得了许多城市的订单。

与这四大公司一样，中国许多企业最初都是以经营商或分销商，而不是创新者的身份进入市场的。即使在它们获得了发展之后，这些公司仍然保持着最初的商人精神。十年来，许多中国的新兴企业，如奇瑞汽车和波导（手机）相继宣布作出了重大创新，而实际上它们只是满足于获得外国的技术，并利用这些技术推出一些适合中国市场或其他欠发达市场的产品。

如今，中国企业已经如此适应市场的竞争与交易关系，以至于它们都不知道自己还可以与经济中的其他行为体保持其他不同的关系。因此，通过战略联盟来组织研发活动这种做法在世界其他地区虽然十分普遍，但中国产业界却很少有这样的例子。即使在创新网络存在的情况下，在网络各成员之间的关系中，竞争的成分一定会多于合作和交流。但是，这种局面也有好的地方，因为中国经济拥有各种不同性质的组织，它们都在不同的地方、不同的层级运行着：中国拥有各类十分完备的高校和科研院所；有各类不同的中介组织、科技园区和全新的企业孵化器；还有许多资金雄厚的国有企业及其研发中心；研发基础设施领域大量的外国直接投资；中国一些新兴大企业在海外设立的研发中心；越来越多的私营企业加入地方政府所设立的地方科技中心等。要想使中国成为一台熊彼特式的创新机器，中国政府必须克服公共部门在创新领域的"家长作风"，找到一种代替机制，以纠正市场的缺陷在加强创新能力方面给企业带来的不利影响。中国政府显然已下定决心加大促进创新的力度。但是，中国式的创新制度仍然存在一个盲点：企业的对外关系还不够密切，还不足以保证使其在研发领域展开有效合作。

参考文献

QIU H., ZHAO W. *et al.*, 2012, *Guangdong Industrial Development Report (2011-2012)*, Industrial Upgrading and Transformation, Guangdong Provincial Government, Guangzhou.

REN L., ZENG D. et KRABBENDAM K., 2010, "Technological Innovation Progress in Central China: A Survey to 42 Firms", *Journal of Knowledge-based Innovation in China*, vol. 2, 2.

第十五章

唐克雷德 · 瓦蒂里耶（Tancrède Voituriez）
法国农业研究与发展国际合作中心（Cirad），法国可持续发展与
国际关系研究所

王鑫（Xin WANG）
法国可持续发展与国际关系研究所

先发优势在全球化时代还存在吗？

本章试图分析全球化以及现行贸易规则究竟会不会、会在多大程度上导致可持续发展转型的出现。本文将围绕着光伏技术这一问题，对过去五年来经合组织与中国的"光伏战"的经验教训进行总结。

除了减缓气候变化和减少大气污染这样一些环保目标之外，各国大力促进可再生能源还出于经济和社会方面的原因——尤其是要建立一个制造基地，既能生产出适当的装备，又能解决本地民众的就业问题。令人惊异的是，可再生能源政策由一系列既涉及供给，又涉及需求的措施所组成，而这些措施的商业影响又很可能导致纠纷的产生：事实上，它们已经部分，甚至全部断送了其他国家的预期收益。在一个与可再生能源有关的贸易协定中，关键的问题是每个国家都必须接受一套总体上平衡的权利和义务，这既可以使它们在创新计划实施以及新能源部署方面保持一定的灵活性，同时又不会扭曲竞争条款。

本章共分为四个部分。第一部分简要回顾绿色能源竞争（或"绿色竞赛"），以及最近五年来欧盟、美国和中国围绕可再生能源所出现的贸易纠纷的发生背景。第二部分简要介绍欧盟在对中国出口采取反倾销时所提出的相关指控，并指出欧盟这一立场存在的不足之处。第三部分提到了"基础商品假设"，并试图用此来解释 2009 年和 2010 年光伏产品价格的暴跌，而这也是欧盟和中国出现贸易战的导火索。第四部分，也就是最后一部分将介绍这场光伏战对欧洲所带来的挑战。相关的结论将在结语部分加以归纳。

欧盟、美国和中国之间的绿色竞赛

所有已知的可再生能源中，光伏业是过去 10 年间发展最为迅速的一个行业，它得到了欧盟和中国各种"推"和"拉"政策组合的支持。2000~2011 年，太阳能的产量增加了 9 倍以上，太阳能设备的装机容量很快将在所有类型的可再生能源中排名第一（国际能源机构，2012 年）。中国和欧盟是光伏设备生产和安装领域的两大巨头（见图 1）。欧盟，尤其是德国，在光伏设施"装机"方面居首位，而中国和其他亚洲国家则是光伏电池生产的龙头老大，2011 年的产量约占全球总产量的 77%。需要强调指出的是，在十年前，中国的光伏电池产量几乎为零。

2008 年秋，在美国出现金融和经济危机后，光伏板价格暴跌。一季度内价格下跌了四分之三，此后价格虽然波动很大，但总体上处于下降通道当中（图2）。在欧洲和美国，政客们都在高喊要采取措施防止价格暴跌对利润的侵蚀，以免本国的光伏产业受到重创。2009 年，美国人和欧洲人都就中国所谓的倾销问题展开调查，并提出了在世贸组织的框架内进行磋商的要求，同时下调了电力入网的回购价（即电网运营商收购可再生能源供应商电力的价格）。来自中国的光伏板进口的增加一定程度上导致了电力回购政策的调整：就法国而言，对太阳能的公共补

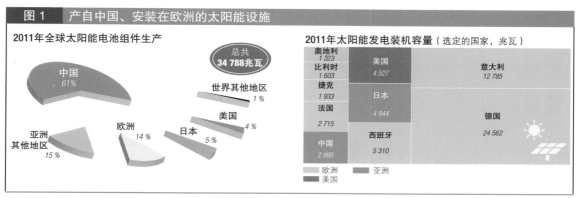

图 1　产自中国、安装在欧洲的太阳能设施

2011年全球太阳能电池组件生产

总共 34 788 兆瓦

中国 61%
世界其他地区 1%
美国 4%
日本 5%
欧洲 14%
亚洲其他地区 15%

2011年太阳能发电装机容量（选定的国家，兆瓦）

奥地利 1 323
比利时 1 603
捷克 1 933
法国 2 715
中国 2 995
美国 4 527
日本 4 944
西班牙 5 310
意大利 12 785
德国 24 562

欧洲　亚洲　美国

资料来源：（左）RE 数据手册（美国），根据 GTM 光伏新闻，2012 年 05 月。
（右）RE 数据手册（美国），根据 SEIA / GTM 光伏新闻；彭博新能源财经；拉里·舍伍德 / 国际可再生能源大会（IREC）。

贴于 2010 年 12 月到期。这一点从时任法国生态部长的娜塔莉·科修斯柯－莫里塞（Nathalie Kosciusko-Morizet）2011 年 10 月在法国南部出席圣夏尔（Saint-Charles）太阳能发电站奠基仪式时的讲话中得到了证实："我之所以同意来到这里，是因为它用的是法国的技术、德国的光伏板，并在卢森堡组装完成的。前些天，我拒绝了另一家使用中国光伏板的发电厂的奠基仪式。"从此，以中国产品充斥欧洲市场、导致了欧洲单晶硅光伏组件生产商倒闭为由来攻击中国成了法国领导人的老套路。她当时说："我们的投资是为了法国创造就业机会，而不是为了中国。"这种话就是今天的阿诺·蒙特布尔（Arnaud Montebourg）（曾分别担任法国工业振兴部长和经济部长。——译者注）也不会否认的。

其他欧洲一些光伏组件生产大国也表达了类似的看法，但表达的方式不如法国那样系统、一致。为了回应欧洲游说集团"欧盟支持太阳能组织"（EU ProSun）——它的牵头者是德国的"太阳能世界"（Solar World）公司，该公司晶体硅光伏组件及关键零部件（晶片和电池）的产量占了欧盟总产量的四分之一以上——提出的申诉，欧盟于 2012 年 9 月正式开始对中国光伏产业展开反倾销调查。该公司还向欧盟提起申诉，指控中国的光伏企业获得政府补贴，从而扭曲了竞争。该行业的其他一些行为体——如由 450 多欧洲相关公司组成的"欧洲平价太阳能联盟"（AFASE）——则对当时拟征收的惩罚性关税（47%）持反对意见，认为此举将对欧洲太阳能行业下游的安装商或进口商带来负面影响。

在与中国展开紧张谈判的同时，欧盟委员会决定自 2013 年 6 月 6 日起对华光伏产品征收临时反倾销税。欧盟对这一措施采取了两阶段执行的方式：将从 6 月 6 日至 8 月 6 日对产自中国的光伏产品征收 11.8% 的临时反倾销税，此后该税率将升至 47.6%。2013 年 7 月 27 日，欧盟委员会宣布，中欧双方就中国输欧光伏产品贸易争端达成价格承诺，中国光伏产品将在双方协商达成的贸易安排下继续对欧出口，并保持合理市场份额。接受欧盟委员会负责贸易的委员德古赫特和中国商务部部长高虎城达成协定的中国企业几乎包括了该行业的所有大企业，如英利、尚德能源、保利协鑫、晶澳太阳能、阿特斯太阳能、中电光伏、韩华新能源、海润光伏、晶科能源和昱辉阳光等。在出口量低于最高上限的情况下，这些企业在对

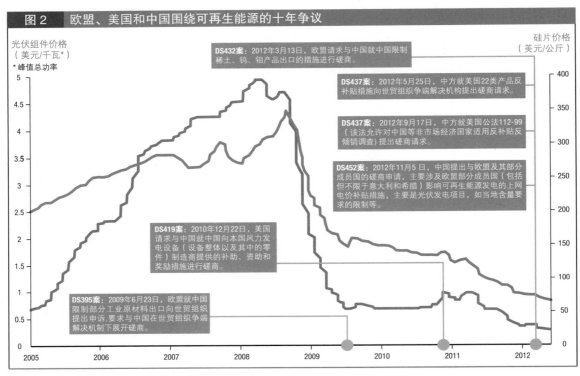

图 2　欧盟、美国和中国围绕可再生能源的十年争议

光伏组件价格
（美元/千瓦*）
* 峰值总功率

硅片价格
（美元/公斤）

DS432案：2012年3月13日，欧盟请求与中国就中国限制稀土、钨、钼产品出口的措施进行磋商。

DS437案：2012年5月25日，中方就美国22类产品反补贴措施向世贸组织争端解决机构提出磋商请求。

DS437案：2012年9月17日，中方就美国公法112-99（该法允许对中国等非市场经济国家适用反补贴反倾销调查）提出磋商请求。

DS452案：2012年11月5日，中国提出与欧盟及其部分成员国的磋商申请，主要涉及欧盟部分成员（包括但不限于意大利和希腊）影响可再生能源发电的上网电价补贴措施，主要是光伏发电项目，如当地含量要求的限制等。

DS419案：2010年12月22日，美国请求与中国就中国向本国风力发电设备（设备整体以及其中的零件）制造商提供的补助、资助和奖励措施进行磋商。

DS395案：2009年6月23日，欧盟就中国限制部分工业原材料出口向世贸组织提出申诉，要求与中国在世贸组织争端解决机制下展开磋商。

资料来源：《光伏洞察》。

欧出口时将不必支付欧盟的反倾销税。在撰写这篇文章（2013年9月）的时候，欧盟就中国的光伏产品展开的反倾销和反补贴调查仍在继续，因为欧盟对此作出反倾销终裁的时间定为2013年12月5日。除了这些调查外，在中国和欧盟以及美国之间围绕着新能源产品和设备还出现过许许多多的争端。

对进口自中国的光伏组件的批评

欧盟的立场

2009年9月6日，欧盟正式开始展开调查，以明确进口自中国的晶体硅光伏组件及相关设备是不是存在倾销，并明确这些产品有没有给欧洲的相关产业造成损害。欧盟委员会的反倾销调查公告强调，反倾销指控所基于的是被调查产品的"正常价值"与该产品出口到欧盟后的价格（出厂价）的对比（欧盟委员会，2012年）。欧盟认为，由于中华人民共和国没有市场经济地位，因此需要引用与中国经济发展水平大致相当的第三个市场经济国家（即印度）的成本数据（生产成本、销售费用、一般费用、行政费用和利润等）来计算所谓正常价值。

在发布了反倾销调查公告后，欧盟向以下各方发出了调查问卷：中国的生产商和出口商（它们的出口值约占中国此类产品对欧出口总值的80%）；部分欧盟生产商（它们代表着欧盟光伏组件总产量的18%~21%；光伏电池产量的17%~24%，晶片产量的28%~35%）；三家与它们没有关系的组件进口商和一家电池进口商；上游和下游的一些运营商及其专业协会。欧盟委员会搜集并验证了作出以下临时决定所需的一切必要信息：①倾销；②由此带来的损害；③欧盟的利益。相关的结论详述如下（欧盟委员会，2013 年）。

倾销

对这些被纳入抽样调查的公司而言，它们要做的事就是将每一种产品的加权平均名义价值（它是通过参照国的类似产品计算出来的）与该产品的加权平均出口价格相比较。在这一基础上，将这一加权平均价格差[①] 除以欧盟的到岸价格（包括成本、保险费、运费，但不包括关税）就得出了倾销幅度。这一幅度在 48.1%~112.6%。

损害

面对总体消费量上升的势头，欧盟的光伏电池和组件的总产量在调查期间（指 2011 年 7 月 1 日至 2012 年 6 月 30 日所进行的反倾销调查，下文中所有的"调查"均指这一调查）一直在增加。然而，尽管需求强劲，但是欧盟企业所拥有的市场份额却越来越小。欧盟委员会据此得出结论认为，来自中国的进口产品以及因中国产品的倾销价格低于欧盟企业而导致市场份额的增加，这一切对欧盟产业遭受实质性损害起到了决定性作用。这种损害体现在"财务状况不佳以及大多数指标（盈利能力、现金流、投资收益和融资能力等）的恶化上"（欧盟委员会，2013 年）。调查结果证实，全球市场存在产能过剩的问题，而其中的主要原因在中国。

欧盟的利益

在评估欧盟产业的利益方面，欧盟委员会得出的临时结论认为，没有任何令人信服的理由可以不对

来自中国的相关进口采取临时措施。欧盟委员会开始详细介绍反倾销措施所可能带来的积极影响，强调欧盟光伏产业的利润将因此增加，它不仅"能保住欧盟产业界现有 25000 人的就业，而且还有可能导致未来产量和就业的增加"（欧盟委员会，2013 年）。对于上游运营商（硅以及工业设备的生产商和出口商），欧盟委员会也承认这些举措可能导致它们对中国出口的萎缩，但这个缺点可以被对第三方出口的增加而抵消。

在设立反倾销税的同时，欧盟还表示，此次调查期间发表的有关光伏设施的预期需求表明，这方面的需求在 2013 年可能出现萎缩，而这"可能会对下游行业的就业产生负面影响"（欧盟委员会，2013 年）。因此，它得出结论认为，反倾销税短期内可能会对下游运营商带来一些负面影响，因为需要安装的光伏设施一定会比未设立反倾销税的情况下要少得多，因为这些税不可能被下游运营商所消化。

欧盟立场之存疑

在 2013 年 6 月 4 日的法规中，欧盟承认在调查期间，原产于或来自中国的光伏晶硅组件及其关键部件的销售价格低于生产成本，因而对欧盟光伏产业的盈利能力产生了影响（欧盟委员会，2013 年）。不过，欧盟委员会并没有解释清楚在其所拥有的众多捍卫贸易政策的措施中，它为什么会选择使用反倾销的措施而不是其他的特别保障措施。

防御工具的选择在政治上不可能是中立的。如果选择采取保障措施，就等于说一个国家承认了它已无力对市场上的价格波动加以管理——不管导致此类失衡的背后原因是什么。而如果采取了反倾销措施[②]，则

① "倾销价格差"是名义价值超过出口价的部分。

② 世贸组织的协定虽然对倾销提出了谴责，但并不禁止它的实施。

意味着其中的责任者是明确的。这两种情况下，本国的产业都能得到临时性保护。而且，随着这些措施的出台，那些违背竞争的行为将得到纠正。正如我们所看到的那样，中国的做法——比如说它的政策——几乎没有被列入调查的范围。至于 2013 年 7 月 27 日达成的友好解决方案——它在价格以及每年的进口限额方面作出了承诺——实际上并没有作出十分精确的规定。在这一安排公布后的一个月，相关销售价格或每年进口上限的额度仍未正式公布。在此期间，一些媒体公布了相关的数据，但并未能平息那些抱怨者的不满[1]。正如《光伏杂志》所指出的那样，一直在努力劝说欧盟对中国采取行动的"欧盟支持太阳能组织"(EU ProSun)——这是一个得到"太阳能世界"(Solar World)公司支持的欧洲生产商游说集团——对于这一结果并不满意。

欧盟立场的另一个弱点是市场参考价格的选择，即光伏组件的"正常价值"。尽管在一个计划经济体内，要想计算任何一个产品的实际生产成本异常困难，但欧盟调查的结果很难能让人作出这样的断言：欧盟委员会所估算的正常价值最符合中国的实际生产成本。对欧盟所公布的法规进行仔细阅读后可以发现，最初被选来当作替代国的参照方是美国——在对非市场经济国家采取反倾销措施时，大约有一半的情况是以美国为替代国的 [埃盖特 (Eggert)，2006 年[2]]。就像欧盟委员会自己所承认的那样，这种选择是值得商榷的，"主要是因为在调查期间，美国市场被许多针对中国进口商品的反倾销和反补贴措施所保护"。

除了我们下面将要提到的几个论据外，保护主义这一论据应该也适用于印度——因此，这个参考价格"与事实也有出入"。

就在欧盟发起调查之时，有媒体报道称，印度也正准备就本国的光伏组件进口展开反倾销调查。印度商务部表示，印度的太阳能电池板制造商曾要求征收 200% 的反倾销税[3]，因为尽管印度采取了相关贸易措施，但"面对产能过剩以及无力对抗国际价格竞争的背景，这些企业仍面临着生存之战"。例如，一种编码为 CN 8541 40 的光伏产品（太阳能电池，不管是否已被组装成组件），虽然它在印度的基础关税为零，但必须交纳落地费（1%）、额外反补贴税（CVD）（12%）、特殊额外反补贴税（4%）以及教育附加税，最后的实际税率达到了 17.24%。除了这些税费外，对于印度"国家太阳能计划"下辖的项目，还必须满足"自制率方面的要求"：该计划提出到 2022 年将印度光伏发电装机容量达到 20 吉瓦。

在印度太阳能制造商协会的要求下，印度商工部反倾销及联合税务总署（DGAD）于 2013 年 4 月 29 日对原产自或出口自马来西亚、中国、中国台北和美国的太阳能进口电池——涉案产品为晶体硅太阳能电池和薄膜太阳能电池及由其组成的模板、层压板、面板等——展开调查。此后，美国向世贸组织提出申请，以便能对此作出反应，并保护美国制造商的利益。印度政府试图驳回美国的要求，但没有成功。所以，当欧盟委员会决定选择印度光伏产业作为参照

---

① 在德古赫特发表声明的一个月后，欧盟仍然拒绝提供有关价格和数量的详细信息。据媒体报道，组件的最低价格为每瓦 0.56 欧元，每年的进口上限为 7 吉瓦；在光伏电池方面，价格为每瓦 0.29 欧元，每年的进口上限为 2.3 吉瓦，晶片为每片 0.66 欧元，每年进口上限为 1 吉瓦。详见以下网址：www.pv-magazine.com/news/details/beitrag/eu-china-deal-continues-to-irk-indu stry_100012444/#ixzz2gNOhfvqw。

② 对于欧盟所选择"类比法"的评论，请参阅孔庆江，2012 年。

③ www.pv-magazine.com/news/details/beitrag/indian-solar-manufacturers-ask-for-anti-dumping-duties-of-up-to-200_100008789/#ixzz2g6C6avi3.

市场时，这个市场也是受到保护的，而且说得更直截了当一些，这一市场正处于经济崩溃之中。

此外，它还存在两个严重的缺陷。在对印度的抽样调查中，只有一家公司完整地对欧盟的调查问卷作了回应。此外，与中国的涉案企业不同，这家企业并不生产太阳能硅片，这就使"正常价值"的确定变得更加复杂。第一个缺陷在于，这种局势可能是导致光伏组件成本的高估，因为它无法计算出规模化生产所导致的成本下降。第二个缺陷在于，由于无法用针对电池组件的计价方法来计算光伏电池的价格，因此就选用了韩国晶片在印度市场上的销售价格。结果，这就人为地拉高了印度光伏产品的价格，而倾销的预估幅度也因此而拉大。

基础商品的假设

光伏组件价格的持续下跌还可以用刻意倾销政策以外的原因来解释。事实上，经济理论已经界定出了多种可能导致价格下跌的因素，这些看跌的力量大致可以分成两大类［海沃德（Hayward）和格拉哈姆（Graham），2011 年］：

——经验曲线（或经验学习曲线）。它描述了一个企业的生产成本与经验积累之间的关系，它通常是用产量的累积来衡量的。它所基于的是一种"人类能通过实践来学习"的理论：这种理论认为，"一般的技术变化可能缘于经验，也就是说，在生产活动过程中，由于不断面临各种问题，最终会使人们去选择那些最适合的解决方法"［阿罗（Arrow），1962 年］。通过学习和经验，以及技术变革和规模经济等因素的作用，光伏组件生产和装机的规模越大，其生产成本就越会下降。

——市场的力量。它通过两种完全不同的，但彼此又有关联的形式出现：全球技术市场本身以及生产相关产品所需的原材料。供应方面的失衡会导致价格泡沫的一般成本曲线在顶部形成泡沫而且／或者当某些原因导致技术和原材料市场出现不景气时，价格就会在底部出现崩溃。

在光伏产品领域，这两种不同的动力似乎都在发挥着作用，该行业长期经验学习曲线的周期性上下波动就证明了这一点［见马修斯（Matthews）和瑾（Keun）所绘制的图表］。

对导致光伏产品价格下跌的各类因素进行经济计量评估，能反映经验学习曲线的不同因素所发挥的确切作用。内梅特（Nemet）（2005 年）认为，规模经济（工厂的规模）、技术的变化（效率的提高）和硅价的下跌导致了光伏产品早期价格泡沫（1975~2001 年间）的破裂[1]。然而，这一经验学习曲线的模型只能用来解释上述阶段所出现的 60% 的价格波动，这意味着还要考虑到与这一曲线没有关系的其他一些因素，才能更好地理解光伏产品的价格变化。

德拉图尔（De La Tour）、格拉尚（Glachant）和美尼埃尔（Ménière）（2013 年）确定了一种经验学习曲线的模型：这种模型最大限度地缩小了光伏组件的预期价格与它在 1990~2011 年间所出现的实际价格之间的差距。该模型预测，光伏组件的价格在 2011~2020 年间将下跌 67%。根据经验学习曲线所能带来的增值预计，作者们得出结论认为，到 2020 年底在那些阳光最充足的地区（每年的辐射量至少在 2000 千瓦时以上），如美国的加州、意大利和西班牙，太阳能发电的价格将接近传统电力的价

---

[1]　为了讨论经验学习曲线的作用，我们特别选用了价格这个词，而不是成本——这一点我们稍后再来分析。

表 1	2008~2011 年欧盟—中国贸易累计额（单位：百万欧元）			
	欧盟从中国进口	欧盟对中国出口	结　余	全年平均
晶体硅（SH280461）	62.299	1701.72	1639.421	409.855
晶片（SH381800）	1134.348	420.474	−713.875	−178.469
面板和光伏电池（SH854140）	40812.062	793.669	−40018.393	−10004.598
逆变器（SH850440）	787.553	163.041	−624.512	−156.128
总计（11−14）	42796.262	3078.904	−39717.358	−9929.340

资料来源：欧盟统计局。

格。这种学习曲线对光伏产品预期价格的影响似乎并没有充分考虑到全球十大光伏电力市场的价格正在与普通电网的价格出现一种迅速趋同的趋势——也就是说价格相同的情况很可能会在作者们所说的 2020 年之前出现。

如果说经验学习曲线只能对光伏产品的价格波动作出部分解释，而对导致其价格下跌的第二组动力——全球市场的失衡——进行深刻的分析或许能提供更令人满意的答案。这种失衡是大宗商品市场的典型特征：它会导致价格的持续上涨和下跌，甚至导致一个商品的价格短时间与其边际成本完全脱节。在制造业，它一般会被认为是一种例外情况，因为制造业的经营者会通过调整利润，用一种价格稳定的方式来维持下游需求。初级产品和制成品市场的这种区别——前者被认为是注定不稳定的，而后者则完全相反——整个 20 世纪始终存在。但它并没有考虑到这两类商品之间的界限可能被模糊，也没有考虑到其中的一类可以变成另一类——这种现象就被称为"无差异化"。无论是初级产品还是加工产品，"大宗商品"是一种完全没有差别的商品。当购买者不再关注一个产品的供应者时，这些产品的特性便消失，"无差异化"便由此出现。第一个体会到这种无差异化后果的是生产者，它会感觉到自己在价格上失去了行动余地：如果客户看不出两个产品之间的真正差异，他们就会买更便宜的。

正如彼得斯（Pietersz）所强调的那样[①]，"无差异化"是最令那些投身高成长市场的投资者失望的地方：虽然说销量会按照此前的预期那样稳步增长，然而当市场走向成熟后，价格和利润都会面临强大的下行压力。个人电脑和一些其他类型的硬件（如内存芯片）——其价格围绕着经验学习曲线而一路下跌——就是这方面一个很好的例子："当这个行业蓬勃发展的时候，各厂商都在销售拥有自己独立操作系统的电脑，每一种产品都是独一无二的。产品的制造商不同，它们所使用的软件也不同，功能也有所不同。当时，这个市场吸引了众多的投资者，因为那个时候对于这种新技术的需求也十分旺盛。随着市场走向成熟，两大变化随之出现：产品逐渐出现了标准

---

① 彼得斯（Pietersz），2013 年，《大宗产品化》（Commoditisation）。详见以下网址：http://moneyterms.co.uk/commoditisation/。

化,因此在很大程度上是无差异的;个人电脑的制造商大部分已不再是大型的软件公司:软件市场仍然是高度分化的,并因此而可以产生巨额利润"[1]。同样的情况很可能会在光伏组件行业出现:这项已经有了30年历史的老技术(晶体硅)最终会使下游制造业(组件和电池)出现"无差异化"[沙斯(Chase),2012年]。

暂时的供过于求导致价格暴跌,这种现象在光伏市场是完全可以想象的——这种情况在其他许多基础商品市场(电脑、内存芯片、可可豆、猪肉和金融资产等)十分普遍,更不用说还可能出现倾销或补贴之类的措施。套用保罗·萨缪尔森(Paul Samuelson)(1963年)的话来说,基础商品的价格会出现随机波动,而这种随机性会导致边际成本不可预见的下降。一些利益相关方在接受欧盟调查的过程中曾表示,光伏组件和设备已成为"一种个体生产者无法确定其价格的基础商品,它的价格将主要取决于全球层面的供需法则"。它们还强调,给欧盟的光伏产业带来危害的更多的是这种大趋势,而不是被列入倾销调查的进口(欧盟委员会,2013年)。这一调查并未能反驳这样一个事实——或者说假设——即光伏组件和设备已经成为一种基础商品,只是强调它并未在价格和贸易方面顾及不公平的做法。

当然,从一个大贸易伙伴决定提供出口补贴或征税之后,它们将加剧国际市场上的价格与市场自由竞争的平衡价格之间的临时脱节。但这一切都不能解释为什么欧盟要选择一种增值机会较少的商品——这是产品的无差异化所导致的——来与中国一较高下。至此,政治因素便出现了。

光伏战牵涉诸多利害
平衡贸易、保住制造业的就业

2012年,欧洲议会在就欧盟与中国的贸易关系发表的一份名为《不平等贸易?》的报告中强调:"欧盟与中国的贸易在过去三十年里持续快速增长(……)2010年双方贸易额达到了3950亿欧元,[但]双边贸易自1997年以来一直不平衡,欧盟对华贸易逆差由2000年的490亿欧元增加到了2010年的1688亿欧元。"报告还强调:"在扣除了从欧盟或其他方进口部件的价值后,中国出口产品的增加值实际上非常有限;[而且]在中国的组装产品所获得的出口额中,在中国的外资企业占了其中的近85%"(欧洲议会,2012年)。这两段引语或许能说明欧盟对中国采取反倾销行动,而不是保障措施的背后原因。为进一步探讨这一推理,我们将首先对前面提到过的所谓"不平等贸易"进行分析,而后再来分析中国出口产品的附加值问题。

毫无疑问,欧盟在光伏面板和光伏电池领域对华贸易赤字迅速扩大是导致欧盟委员会贸易总司主动采取反倾销行动的主要原因。2008~2011年间,欧盟在晶体硅、晶片、光伏面板、光伏电池和逆变器等领域对华贸易的逆差总计超过了100亿欧元,而此前5年,欧盟在上述领域的对华贸易呈顺差(见第226页表1)。局势恶化的程度,尤其加速下滑的速度很容易使人们回想起2005年1月在纺织和服装业所出现的情形:自《多种纤维协定》从这一时期生效以来,欧盟对华的贸易地位迅速恶化。

然而,其中存在两大差别:在光伏领域,欧盟对中国进口的突然增加不能用税率下调或配额的解除等原因来解释;对欧盟来说,光伏组件及其关键部件——正

---

① 彼得斯(Pietersz),2013年,《大宗产品化》(Commoditisation)。详见以下网址:http://moneyterms.co.uk/commoditisation/。

如欧盟委员会主席若泽·曼努埃尔·巴罗佐所强调指出的那样，它们是属于"第三次工业革命"的高科技产品[①]——象征意义显然要高于不受时间影响的女性内衣。光伏的象征性还体现在欧盟把创造"绿色"就业的期待也寄托在了它的身上，并希望以此来扭转欧盟制造业就业人数不断下降的趋势——这是一个令法国特别苦恼的事，尽管光伏业得到国家的支持并不多。

光伏产品高价格（要高于那些被认为存在倾销的产品）对于欧洲的影响并不容易破译。一方面，虽然说反倾销措施预计能使欧盟在光伏行业保住一定数量的就业机会，但是另一方面，也不能排除某些岗位消失的可能性，比如上游行业的一些经营者因为对华出口的减少以及行业下游的一些安装商都可能会因此而裁员。

面对这样一个经验主义的问题，欧盟委员会（欧盟委员会，2013年）援引了瑞士独立研究所Prognos的一份研究报告认为，征收惩罚性关税最严重情况下，欧盟光伏行业（包括生产商、进口商以及上下游的运营商）2011年总共26.5万就业人口中〔这

是欧洲光伏产业协会（EPIA）提供的数字〕，未来三年的时间里将有24.2万人失业。Prognos认为，这些丧失的就业岗位主要集中在下游行业——2011年下游行业的从业人员约22万。

欧盟委员会在对欧洲光伏产业协会（EPIA）所做的技术检查时所收集到的信息显示，在对2011年欧洲光伏产业直接就业的计算方面，出错率可能在20%左右。此外，这些估算的数字还包括了非欧盟成员的欧洲国家所创造的就业岗位以及那些与薄膜产品有关的就业机会——而它并不在调查范围之列。因此，调查并没有证实上面所提到的情况，无论是在2011年调查进行期间还是在2012年，欧盟光伏行业的直接就业岗位实际上都要少得多。

保住先发优势

现在让我们来看一看欧洲议会报告的第二部分内容，以及这样一种观点："在扣除了从欧盟或其他方进口部件的价值后，中国出口产品的增加值实际上非常有限；（而且）在中国的组装产品所获得的出口

背景资料：全球化收益递减

在2004年发表的一篇引起不少争议的文章中，诺贝尔经济学奖获得者保罗·萨缪尔森概括地谈到中国在一个美国原本存在比较优势的领域实现赶超所可能带来的后果。萨缪尔森（2004年）提出了这样一个假设，即这种赶超是技术创新（"通过模仿或依靠他们自己的天才"）和业务外包的结果。"在业务外包对美国的长期真实影响方面，相关计算数据究竟告诉了我们什么？新的

（……）生产率水平意味着这种外国的发明赋予了中国一部分以前只有美国拥有的比较优势，而这必然会导致美国人均实际收入的下降。"

对欧盟、中国和美国在清洁能源技术领域未来的投资以及可再生能源领域预计的装机容量的分析，可以为这一综合征作进一步说明：如果中国继续在绿色技术领域实现追赶，并在整个供应链中获得更多

的附加值，那么它一定会对该行业的实际工资产生影响，并可能导致国内生产总值的下降。我们在这里遇到的问题并不是说可再生能源技术对那些希望加入绿色竞争的企业或国家来说具有一些特别的特性，而是说中国和印度等国已经掌握了这些行业或某些的专业技能，而历史上，加拿大、欧盟、日本和美国四方曾在这些领域的贸易关系中拥有无可争议的比较优势。

资料来源：瓦蒂里耶（Voituriez）和巴尔默（Balmer），2012年。

[①] 佩纳宫能源会议，2007年10月1日，《欧洲的能源政策与第三次工业革命》，马德里。详见以下网址：http://europa.eu/rapid/press-release_SPEECH-07-580_en.htm。

额中，在中国的外资企业占了其中的近 85%"（欧洲议会，2012 年）。这种乐观的看法如今已站不住脚，而这进一步助长了人们对于中国赶超的担忧：人们担心中国正在接近供应链的最前端。

这个问题还可以用下面的方式提出来：全球市场力量仍像经济学教材所描述的那样是创新及其推广的动力吗？抑或是"萨缪尔森综合征"——它认为大量的技术转让/仿制进入中国这个绿色技术的后发国家后，将会导致美国或欧盟等国（这些国家曾经是这方面的先发国家，创新也是在这里出现的）的实际收入下降——真的正在出现[萨缪尔森（2004 年），见背景资料]？如果真是这样的话，那么中国总理所倡导的国际分工——即"欧洲设计"遇上"中国制造"，"欧洲技术"遇上"中国市场"——就没有产生"美妙的效应"[①]，因为"欧洲设计"在第一线显然缺乏吸引力。

2013 年欧盟委员会的法规或欧盟领导人的各类讲话

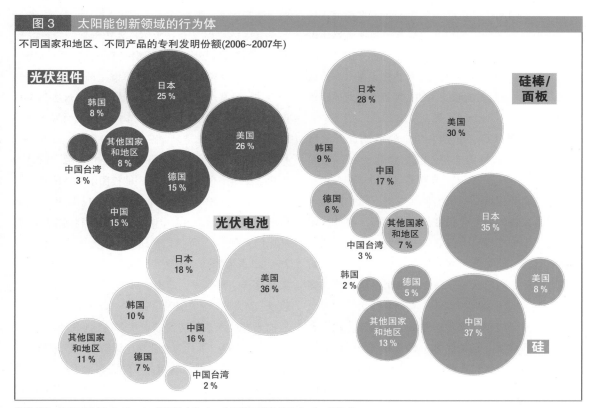

图 3　太阳能创新领域的行为体

不同国家和地区、不同产品的专利发明份额(2006~2007年)

资料来源：德拉图尔（De La Tour）、格拉尚（Glachant）和美尼埃尔（Ménière），2010 年。

说　明：中国已成为太阳能创新领域一个不可或缺的行为体：在四个产品中，它在其中的三个领域排名第三。

---

① 李克强，2012 年 5 月 1 日，《"中国对欧洲充满期待"》，《金融时报》。详见以下网址：www.ft.com/intl/cms/s/0/f6911db2-92aa-11e1 的，b6e2-00144feab49a.html ＃ axzz2fLPcVcj5。

虽然没有明确提到萨缪尔森综合征及其对欧盟生产率和经济增长所可能产生的长期有害影响，但当欧盟领导人提及惩罚性反倾销税时，他们心里一定是在想着这一切。

萨缪尔森十年前所设想的情形今天在多大程度上实现了？经合组织成员国与中国之间的确出现了大规模的技术转移，其中的主要渠道是中间产品贸易。在过去的七年中，中国已经获得了相关生产技术，通过交钥匙的方式从德国、美国和日本手里获得生产线，发展起了十分先进的太阳能产业。而按照德拉图尔（De La Tour）、格拉尚（Glachant）和美尼埃尔（Ménière）（2011 年）的说法，招募优秀的海外华人管理人才也一直是中国发展光伏业战略的一部分。因此，中国现在已经能够制造自己的生产设备——而这一领域过去一直是美国和德国的公司拥有绝对的比较优势［格拉尚（Glachant）等，2013 年］。

有关中国只是"世界工厂"的想法也无法再得到最新专利数据的支持。根据全球专利数据库（PATSTAT）——它是欧洲专利局（EPO）建立起来的一个专利数据库——所提供的数据，格拉尚等人对不同国家在气候变化领域的专利进行了统计。相关的数据十分明确：中国是唯一进入"十强"的新兴经济体。其他主要新兴经济体或转型国家——如印度、俄罗斯和巴西——在全球创新中所占的比例不到 1%。作者们指出，其他一些对于绿色化学和废弃物管理的研究也证实了这些典型的事实。图 3 表明了在危机爆发之前的两年，即 2006 年和 2007 年世界主要专利大国和地区在不同光伏产品的专利方面所占的份额。中国的表现令人印象深刻，它在所有产品的总排名中位居第三。令人惊讶的是，它在

硅的生产方面拥有 37% 的全球专利，而它在这方面的市场份额却是最低的。中国在硅的生产以及硅棒及面板制造领域所申请的专利显然要高于它在这方面的实际产量（分别只占全球总产量的 2.5% 和 5%）。但在下游的情况则刚好相反：在这一领域，中国是世界第二大生产商，拥有 27% 的市场份额（2008 年以来成了第一大生产商，份额超过 35%），而中国在这方面的专利只占全球总量的大约 15%。那么，中国企业的策略是什么：它们想专注于利润更加丰厚的上游产业吗（图 4）？

其中的原因与专利所包含真正创新的内容以及专利申请流程以外的某些因素有着一定关系。通常，人们把在国外申请的专利数量作为评判创新程度的一个标准。只有那些有盈利前景的发明才会被送到国外申请专利——这显然是出于成本的原因，而那些发明含量不高的专利通常只会在国内提交申请。当然，这种评价方法很不完善，极容易引起争议，但人们仍可以把它当作一个粗略的指南。德拉图尔、格拉尚和美尼埃尔在对全球专利数据库（PATSTAT）的相关数据进行深入分析后认为，中国这方面的专利到国外申请的比例只有 1%，而德国的这一比例为 15%，美国为 7%，日本为 26%。在这些作者看来，这一比例"证实了这样一种假设，即中国人的发明专利往往价值较低"。为此，他们援引了这样一个证据，即中国企业的研发投入在其营业额中所占的比例很低，大致在 0.4%~0.8%，而西方企业这一比例在 1.4%~5%（同上）。他们得出结论认为，与外国企业相比，"中国企业更愿意申请发明专利——在创新率相同的情况下，它们申请专利的比例较高"[①]。但是，正如作者

---

① 德拉图尔、格拉尚和美尼埃尔（2011 年）曾在中国进行调研，而这些调研证实当地有许多企业通常会为一些很小的发明去申请专利。他们指出，它们的目标不是保护发明创造——其中最核心部分一般会被保密——而是做给政府看。事实上，掌握着公共补贴分配权的国家发展和改革委员会的决定对于专利数量的多少有着很大影响。

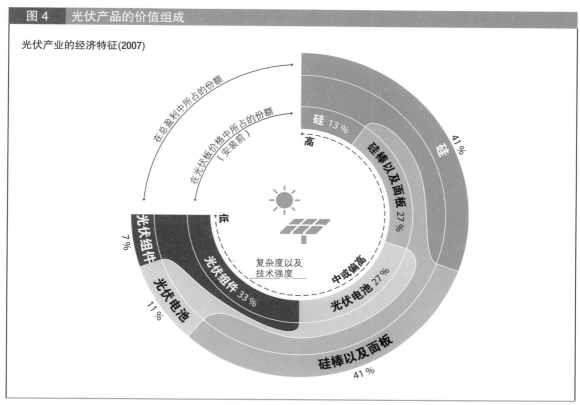

图 4　光伏产品的价值组成

光伏产业的经济特征(2007)

资料来源：德拉图尔、格拉尚和美尼埃尔根据鲁斯（Rousse）（2007 年）和中国可再生能源发展项目（2008 年）整理（2010 年）。

说　　明：并不是所有的光伏产品都创造同样的价值。掌握了硅、晶棒或面板的生产技术是高收入的保证。

们所承认的那样，据此就得出中国企业不创新的推断是十分危险的。他们在中国所进行的实地考察和所做的访谈表明，中国企业更注重流程的研究，而且这种研究通常不是出现在专门的研发部门，而是直接在生产线上——因此相关的研究人员更愿意将这些研究成果作为秘密留给自己而不愿去申请专利（同上）。因此，即使我们无法通过中国专利和非专利创新的详尽数据来证实萨缪尔森的假说，但我们也同样无法来否定它。

结论

我们能从欧盟与中国之间光伏产品的贸易战中获得什么样的教训？我们的论点大致基于以下三个方面。首先，欧盟委员会以及欧盟某些部长所谓的倾销说并不能令人完全信服。价格的持续下跌——在市场失衡的情况下，一个产品的价格可能有时会低于其生产成本——在基础产品市场是一个相当普遍的现象。无论是由欧盟所发起的调查还是本文作者进行的分析都无法否定光伏电池板的"无差别化"假说。这一点已经隐约在欧盟和中国之间达成的临时协议得到了证实：这一协议规定了最低价格和进口配额——这两种机制历来就是管理基础商品市场的重要手段。承认光伏板可以被归入基础商品当中，这会使反倾销调查的作用弱化，而且它将几乎不能为欧盟采取反倾销措施的决定提供多少支持：针对一种"无差异化"的商品采取反倾销措施是不合适的，因为无差异化本身就意味着利润的下降。

我们的第二个论点与中国总理的看法也相左：他认为，当"欧洲设计"遇上"中国制造"，"欧洲技术"遇上"中国市场"，就会产生"美妙的效应"[①]。我们认为，光伏产品供应链的分工正在经历深度的重组，中国企业加大了价值链中的垂直整合力度，并大幅增加了研发投入和专利的申请。虽然它们的总体水平仍比不上美国、欧盟和日本，但是中国的创新——不管是否属于原创——非但不会对欧洲的创新起促进作用，而且很可能会起到阻挠作用，尤其是在欧洲未能在气候和能源领域确定清晰的产业目标的情况下。

最后，我们要强调指出的是，欧盟想把欧洲晶体硅光伏组件制造业重新迁回欧洲的目标将对上下游产业带来溢出效应——虽然我们还没有搜集到能支持这一说法的实证数据。同样，重振欧洲这一产业是推动欧洲在该领域创新一个不可缺少的条件。然而，当前的晶体硅光伏板生产能对下一代光伏板产生多大的创新溢出效应，目前还很难作出评估。这场光伏战是中国在这一技术领域追赶了十多年的结果。对于那些绿色竞赛（也包括在减缓温室气体排放方面）的领跑者——如欧盟——来说，关键的问题并不在于知道中国是否在搞倾销，或者说此举会给产品的出口价格产生多大影响，而是在于知道技术边界能被拓宽到多大的程度，以及晶体硅光伏板的生产能在多大程度上从中受益。

---

① 李克强，2012 年 5 月 1 日，《"中国对欧洲充满期待"》，《金融时报》。详见以下网址：www.ft.com/intl/cms/s/0/f6911db2-92aa-11e1 的，b6e2-00144feab49a.html # axzz2fLPcVcj5。

参考文献

Agence internationale de l'énergie (AIE), 2012, *World Energy Outlook*, Paris, Éditions OCDE.

Arrow K., 1962, "The Economic Implications of Learning by Doing", *The Review of Economic Studies*, 29: 155-173.

Chase J., 2012, "Breakthroughs in Solar Power, It's not just About Technology Anymore", présentation PowerPoint, Bloomberg New Energy Finance.

Commission européenne, 6 septembre 2012, « Avis d'ouverture d'une procédure *antidumping* concernant les importations de modules photovoltaïques en silicium cristallin et leurs composants essentiels (cellules et wafers) originaires de la République populaire de Chine », *Journal officiel de l'Union européenne*, 269/04.

Commission européenne, 2013, « Règlement (UE) n° 513/2013 de la Commission du 4 juin 2013 instituant un droit *antidumping* provisoire sur les importations de modules photovoltaïques en silicium cristallin et leurs composants essentiels (cellules et wafers) originaires ou en provenance de la République populaire de Chine et modifiant le règlement (UE) n° 182/2013 soumettant à enregistrement ces importations originaires ou en provenance de la République populaire de Chine. » Disponible sur : http://eur-lex.europa.eu/LexUriServ/LexUriServ.do?uri=OJ:L:2013:152:0005:0047:FR:PDF

De La Tour A. et Glachant M., avril 2013, "How Do Solar Photovoltaic Feed-in-Tariffs Interact with Solar Panel and Silicon Prices? An Empirical Study", *Working Paper 13-ME-04*, Institut interdisciplinaire de l'innovation.

De La Tour A., Glachant M. et Ménière Y., 2011, "Innovation and International Technology Transfer: the Case of the Chinese Photovoltaic Industry", *Energy Policy*, 39(2):761-770.

De La Tour A., Glachant M. et Ménière Y., 2013, "What Cost for Photovoltaic Modules in 2020? Lessons from Experience Curve Models", *Working Paper 13-ME-03*, Institut interdisciplinaire de l'innovation.

Eggert J., 11 juillet 2006, *Observations on the Anti-Dumping Regulation. FTA Position for the Expert Meeting*, Bruxelles, Ronéo. Disponible sur : http://trade.ec.europa.eu/doclib/docs/2006/september/tradoc_129812.pdf

EPIA, 2012, *EPIA-Market-Report-2011*, Bruxelles. Disponible sur : www.epia.org/

Glachant M., Dussaux D., Ménière Y. et Dechezleprêtre A., 2013, "Greening Global Value Chains. Innovation and the International Diffusion of Technologies and Knowledge", *World Bank Policy Research Working Paper 6467*, Washington, Banque mondiale.

Hayward J. et Graham P., 2011, *Developments in Technology Cost Drivers – Dynamics of Technological Change and Market Forces*, Australie, CSIRO Energy Transformed Flagship, Commonwealth Scientific and Industrial Research Organisation.

Maycock P. D., 2001, "The World Photovoltaic Market 1975-2001", *PV Energy Systems*.

Nemet G. F., 2006, "Beyond the Learning Curve: Factors Influencing Cost Reductions in Photovoltaics", *Energy Policy*, 34: 3218-3232.

OCDE, 2013, *Économies interconnectées : comment tirer parti des chaînes de valeur mondiales*, Paris, Éditions OCDE.

Parlement européen, 20 avril 2012, *Rapport sur l'UE et la Chine : l'échange inégal ?*, Strasbourg, document de séance.

PVNews, Prometheus Institute et Greentech Media, de 2005 à 2010.

Qingjiang K., 2012, *China-EU Trade Disputes and Their Management*, Singapour, World Scientific Publishing Co Ltd.

REDP (China Renewable Energy Development Project), 2008, *Report on the Development of the Photovoltaic Industry in China*.

Ruoss D., 2007, "Global Photovoltaics Business and PV in Malaysia", *Envision Report*.

Samuelson P., été 2004, "Where Ricardo and Mill Rebut and Confirm Arguments of Mainstream Economists Supporting Globalization", *The Journal of Economic Perspectives*, vol. 18, 3: 135-146.

Voituriez T. et Balmer B., mars 2012, "The Muddle over Green Race", *IDDRI Studies*, 01/12.

绿色发展、创新与知识产权

约翰·马修斯（John MATHEWS）
麦考瑞大学，澳大利亚；罗马国际社会科学自由大学，意大利

李瑾（Keun LEE）
首尔国立大学，韩国

如今，发展中国家正面临着两种看似矛盾的需求。一方面，它们渴望分享工业化创造财富的潜力，摆脱贫困，进入全球化、工业化和城市化的现代经济。对它们来说，要做到这一点，最快捷、最显而易见的方法就是建立一个以煤、石油和天然气为基础的高碳强度型能源系统——这正是今天的工业化国家以前的做法。另一方面，当世界其他地区通过开发清洁和绿色产业——首先是可再生能源产业——而向前发展的时候，它们也不希望再去发展那些肮脏、有毒的产业。它们怎样才能解决这一难题呢？

如同在其他许多方面一样，中国在这方面也堪称典范。首先，中国正在加速发展依赖煤炭和石油的能源体系，而与此同时建成了世界上最大的制造业经济：过去 30 年间，这一行业的年平均增长率将近 10%。这就是中国的"黑色"经济——中国的碳排放量是全球第一，这使得中国城市的空气变得令人窒息。与此同时，中国也在大力发展可再生能源，其能源效率的提高比世界上任何一个国家都要快——首先发展起来的项目包括太阳能光伏产业（PV）、风能以及通过反射镜和聚光镜进行的"聚光太阳能发电"（CSP）或 LED（发光二极管）照明灯的生产等。中国在清洁和绿色产业的发展速度方面是史无前例的；以 LED 照明灯为例，根据中国政府的计划，到 2015 年传统的白炽灯将有三分之一被换成 LED 灯，此举所节约的总电量将相当于 1.5 个三峡大坝的发电量。

因此，中国似乎正在解决这个难题：一方面，它在迅速发展新的清洁和绿色产业，另一方面它又在同步发展以化石燃料为基础的"黑色"电力系统——而且随着物流产业的巨大发展以及清洁和绿色产业成本的下降，这个绿色体系必将逐步取代黑色体系。当然与此同时，中国还发展起了一些先进的新兴产业，使之成为钢铁和汽车以外的"支柱产业"——它们还将成为未来的出口平台。

在本文中，我们将分析中国的战略可以被如何推广，它又如何能成为发展中国家和工业化国家的榜样的。撇开中国经验的特殊性不谈，我们从中看到了一个后发国家以追赶他人为目的的工业化战略，而其中的主要引擎是技术能力的提高。这种模式并不是中国发明的。它最早于 20 世纪下半叶在远东地区首先出现：首先是日本，之后是韩国、我国台湾地区和新加坡，最后传播到了东南亚各地。到了 21 世纪的今天，这一模式在中国、印度和巴西等工业巨头身上已获得了巨大的成功——这些国家按照"绿色和黑色"的路线实现了工业化，数亿人开始摆脱贫困，并为可持续的工业体系奠定了基础。

目前，相关的基础已经打下，但是整个体系尚

未建成。黑色工业化模式在碳排放方面的后果仍可能会压垮年轻的绿色产业，并使未来的世界始终无法摆脱这样一些噩梦：气候变化及其所带来的一些不堪设想的后果（水灾、旱灾、火灾以及飓风等），更不用说战争和恐怖主义了。未来已开始显现，但一切都未被确定。

后发国家的工业化模式及技术跃进法

那些工业化刚刚起步的国家，以及这些国家的落后企业在寻求工业化过程中都会碰到一些大障碍（李和马修斯，2013 年）。它们缺乏启动资金，尤其是技术以及熟练的技术工人和工程师。它们会发现进入发达国家市场时会遇到许多困难。如果它们想打入这些市场，它们就会面临来自成熟公司——通常是那些刚刚实现工业化国家的公司——的竞争。但是，正如格申克龙（Gerschenkron）和阿姆斯登（Amsden）等学者所说的那样，后发国家也拥有一些优势——前提是它们能制定出聪明的战略来利用这些优势。它们通常会在一定的时期内拥有更低的成本（特别是劳动力成本），并且可以获得大量已被开发出来的技术。通过使用资源优化策略［哈梅尔（Hamel）和普拉哈拉德（Prahalad），1992 年］，它们可以获得这些技术（例如，通过兴建合资企业或授权），然后用这些技术来兴建一些成本低于其他竞争对手的生产体系。这一进程已经运行了数十年。正如格申克龙（1962年）所描述的那样，欧洲的一些后发国家，如德国，在 19 世纪通过充分利用潜在的好处、弥补自身缺陷——如通过设立一个新的产业银行（德意志银行）弥补了没有商业银行的不足，从而引导储蓄转化为新兴产业（如染料和化学品）的投资——等方式迅速赶上了当时的领袖——大英帝国。正如阿姆斯登和约翰逊（Johnson）所描述的那样，远东的后发国家在 20 世纪都通过非凡的体制创新弥补了自身

的差距，它们因此而被称作"发展型国家"（约翰逊，1982 年）或被阿姆斯登称为"相互控制机制"（2001年）。例如，韩国就属于这种情况：它会将某些行业定为国家要追赶的目标，并为那些愿在这些行业投资的企业提供资助，但在出口市场上则通过全球竞争来加以管理。

这些战略如今在中国、印度和巴西等将在 21 世纪实现工业化的国家中得到实施，而且实施过程都考虑到了各自不同的制度背景。但是这一回的不同之处在于：在发展以基于化石燃料的黑色战略的同时，还存在另外一条绿色战略。

这些国家的企业还可以从后发战略的策略中获得灵感，实现技术跨越——这种后发战略已经在那些前期实现工业化国家得到了成功实施（马修斯，2013年）。那些成功迎头赶上的企业将走上创新之路，并会根据自己在新兴产业所学到的技术能力作出技术改进（李，2013 年）。然而，这些正走在工业化之路上的国家的企业也面临着其他一些障碍，包括世贸组织在新型产业保护方面更加严格的限制，以及更严格的专利保护和知识产权保护——如世贸组织《与贸易有关的知识产权协议》（TRIPs）以及《技术性贸易壁垒协议》（TBT）等。

对能源行业两大新产业——太阳能光伏产业和LED 照明技术——的各类机遇和新障碍的出现方式进行研究将是一件很有意义的事。这些产业使用的是一些类似的技术，而且对发展中国家来说是非常有前途的：它体现在减少能源贫困以及能为新的清洁产业提供巨大发展和出口潜力等各个方面。

太阳能光伏业和 LED 照明产业

在太阳能光伏发电和 LED 照明等新兴产业方面，发展中国家将通过跳跃式发展获得巨大的收益。这是两个相互补充的行业：光伏产业将光转换成电能，

而 LED 把电能转化成光。它们所使用的基础技术十分类似，半导体晶片沉积技术。太阳能光伏技术把硅作为基本原料（它主要从沙子中提取，而沙子是地球上最常见的原材料之一），而 LED 行业正在取得技术突破，也有望用硅来制作基板。但它们的主要特点是：这两者都能使发展中国家在迈向低碳未来方面取得关键突破。那些生活在距现有电网很远的人们，可以用太阳能光伏技术来发电，从而可以为村民或本地社群供应很廉价的电。同样，LED 技术可以使家庭和集体能以很低的价格用上照明设施，从而使穷人家庭在黑夜也有光明（这对教育也是有利的）。除了消除贫困的功能外，这两种产业还可能成为发展和出口

的主要来源，尤其是对那些愿意在创新领域投资——比如投资设立国家研发中心，对所使用的技术作适应性调整——的后发国家而言（马修斯，2007 年）。中国已经确定把太阳能光伏和 LED 作为未来的"战略产业"——它们可以获得低息贷款和其他形式的帮助，以便提升太阳能电池和 LED 照明设备的各类部件及终端产品的价值链。中国企业的全球扩张及其在创新链中的快速增长普遍令研究人员和观察员们感到惊讶 [勒马（Lema）等，2012 年；刘易斯（Lewis），2012 年]。除了技术的杠杆效应外，这些新企业的成功还与一项重大的制度创新有关，即中国国家开发银行所提供的贷款额度 [桑德森（Sanderson）和福赛

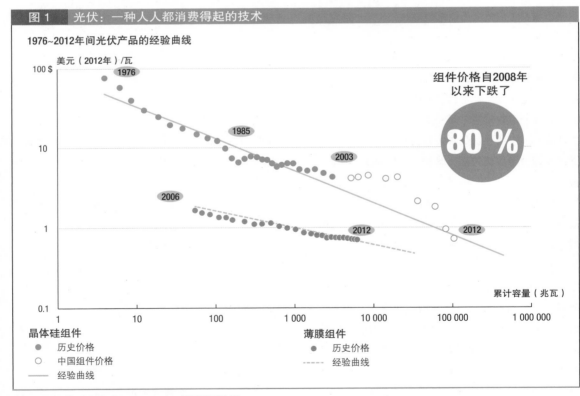

图 1　光伏：一种人人都消费得起的技术

1976~2012年间光伏产品的经验曲线

组件价格自2008年以来下跌了

80 %

晶体硅组件
- 历史价格
- 中国组件价格
— 经验曲线

薄膜组件
- 历史价格
-- 经验曲线

资料来源：保罗·梅科克（Paul Maycock），彭博新能源财经。

说　　明：各类太阳能技术成本的普遍下降，为发展中国家今天发展有竞争力的光伏产业提供了可能。

斯（Forsythe），2013年]。

这些产业的主要特征体现在成本的迅速下降上，这将使后发国家在获取这些技术时变得更加容易。就太阳能光伏领域而言，相关的成本近年来以每年45%的幅度递减[巴齐利恩（Bazilian）等，2013年]，而LED的成本每年下降12%（见图1）。这两个产业价格的下跌对于它们能被发展中国家获取至关重要，这些国家与现有的一些企业相比将变得具有竞争力。

太阳能光伏

据麦肯锡公司2012年发表的一份名为《太阳能：黎明前的黑暗》的报告显示，全球光伏组件市场的增长是如此迅速、成本下跌是如此之快，以至于这一行业的前景对每个人——尤其是那些后发国家——来说都出现了变化。如今，光伏产品的成本跌到了（或接近）每瓦1美元——这已经与传统电价的成本相当，而光伏产业的装机容量在2011年达到了65吉瓦，到2020年则有望达到1000吉瓦[即1太瓦（TW）]——尽管其间存在的许多障碍会使这一数字有可能降为600吉瓦（这也已经是十分可观了）。中国的产能正在以一种前所未有的速度提高，而这是导致成本迅速下降的主要因素[邓福德（Dunford）等，2012年；傅和张，2011年]。

LED

麦肯锡公司一分名为《照亮路途》(Lighting the Way)（2012修订版）的研究报告显示，LED照明行业正在统领全球照明市场，2020年的市场价值估计将达到1000亿美元。麦肯锡公司认为，LED照明灯的发展是如此迅速，到2016年它们将占领全部市场

份额的45%，2020年达到70%——对于正在经历工业化的各个国家的后发企业来说，这将是一个充满新机遇的巨大市场。正如麦肯锡公司所说：“[照明]市场由传统的照明技术向LED技术转型已十分明确。”

麦肯锡公司认为，这种转型的驱动力一是想提高能源的利用率，二是想打开迄今被排除在外的、数以百万计（甚至是数十亿计）的人们的照明市场。中国已经投入大量资源用于LED整个产业链的开发，尤其是通过禁用白炽灯的法律来对其提供支持。据估计，在税收减免、补贴以及低价建厂用地等措施的吸引下，中国已有将近4000家企业投入LED产业当中，当然其中将有一大批会倒闭。这项政策被列入了第十二个五年规划纲要当中：它关注这一行业是因为能源效率以及在减少能源消耗方面所具有的潜力。中国科技部预计，中国LED产业规模到2015年将达到5000亿元，LED照明产品将占通用照明的30%[1]。

知识产权及其影响

除了在获取受专利保护的技术（尤其是那些拥有专利证书的技术）方面存在的困难外，后发国家还面临着由于高技术的“专利壁垒”带来的其他一些新困难[肖（Xiao）等，2013年；李（Lee）等，2013年]。

当那些占主导地位的企业搞所谓“战略性专利”时——它是指在不同企业共同持有某一技术体系的一部分（而不是全部）专利权的情况下，企业会收取高于行业通行标准的（实际上的）转让费——这些壁垒将变得更加严重。斯坦福大学的法学教授马

---

[1] 见路透社2013年2月7日的新闻分析，《Failing Firms Cloud China's LED Lighting Vision》，详见以下网址：www.reuters.com/article/2013/02/08/us-china-led-idUSBRE91701H20130208。

克·莱姆利（Mark Lemley）用"专利挟持"（hold-up de brevet）与"累计收费"（cumul des redevances）等词语来描述这种做法；在形容这些做法方面，还能列举的说法包括"专利伏击"（patent ambush）、"单方拒绝许可"和"不承认公平合理、非歧视性的合同"等［莱姆利（Lemley），2002 年；莱姆利和夏皮罗（Shapiro），2007 年］。在这种情况下，那些占主导地位的企业通常占有优势；在《与贸易有关的知识产权协议》（TRIPs）以及《技术性贸易壁垒协议》（TBT）等框架下，那些想提抗议的国家几乎没有追索权。

在 LED 以及太阳能电池这两个我们分析过的行业，有许多例子能说明那些与专利有关的难题。太阳能光伏技术已经有了一定的历史，主导技术——如晶体硅——方面的许多专利现在已经过期，从而意味着这些技术可以被免费使用；然而，第二代和第三代的太阳能光伏技术的情况则完全不是如此，如铜铟镓硒薄膜太阳能光伏电池（CIGS）和有机光伏电池（第三代）[1]。在铜铟镓硒薄膜技术方面已经出现了许多专利壁垒，但它们被中国的汉能集团以一种意想不到的方式绕开了：它迅速收购了一些开发了铜铟镓硒薄膜技术的高科技公司，并通过知识产权对这一技术加以保护，但是随着后来晶体硅成本的持续降低，一些企业的价格远远低于使用铜铟镓硒薄膜技术的企业所能承受的价格时，公司遇到了前所未有的困难。汉能先后收购了德国 Q.Cells 旗下专门生产 CIGS 薄膜太阳能电池的子公司 Solibro、

美国清洁能源企业 Miasole 以及美国的"全球太阳能"（Global Solar Energy），并通过这些企业获得了大量的专利权[2]。我们知道，三星公司已经建立了一个由各类 CIGS 技术专利所组成的"战争基金"，随时准备进军这一行业，但直到本文进入编辑时，该公司仍未投入生产。在台湾，工业技术研究院已经申请了 CIGS 技术方面的一些专利，并把它们组成一个"专利池"，以供那些想进入第二代光伏技术领域的台湾后发企业使用（马修斯等，2011 年）。对那些后发企业来说，这些专利共同体是一种很有意思的制度创新，就像当年发达国家所建立专利池一样：例如，MPEG-2 专利池不仅使美国无法实施反垄断制裁，而且即使在原始的专利保护到期之后还能有所收益[3]。

在 LED 领域，一个由七家公司组成的卡特尔形成了一个封闭的专利群体（包括交叉许可交易），涵盖了 LED 照明的各个领域，如芯片、荧光粉和基板。这些公司分别是日亚化学、科锐（Cree）、三星、LG、欧司朗、夏普和飞利浦。例如，夏普（日本）和欧司朗（德国）2013 年 8 月宣布了一个交叉许可协议，涵盖了 LED 芯片（发光二极管芯片）、激光二极管芯片的相关专利。台湾的亿光电子成功地进入了这个封闭的专利小圈子，但代价是一些严重的侵权行动已对公司造成了很大的损害。该公司的境遇以及其他许多情况都表明，当前的专利体制需要进行彻底改变，它应当帮助创新的推广而不只是为它们提供保护。

---

① CIGS 是由铜、铟、镓和硒等化合物所构成的替代型半导体薄膜层。

② 见埃里克·韦索夫（Eric Wesoff）2013 年 7 月 24 日发表的文章，《Hanergy Acquires Global Solar Energy，Its Third CIGS PV Buy》。详见以下网址：www.greentech-media.com/articles/read/hanergy-acquires-global-solar-energy-its-third-cigs-pv-buy。

③ 见布雷特·斯旺森（Brett Swanson）2013 年 4 月 30 日在《福布斯》杂志发表的文章，《MPEG-LA Shows the Need to Rebuild IP Foundation》，详见以下网址：www.forbes.com/sites/bretswanson/2013/04/30/mpeg-la-shows-need-to-rebuild-ip-founda-tions/。

其他障碍

那些想站到绿色技术前沿的后发国家还面临着一系列其他障碍，包括成本障碍和贸易壁垒等。大多数最有前途的可再生能源系统——例如聚光太阳能发电（CSP）（它是指利用巨大的反射镜和聚光镜阵列将太阳光的能量聚集在一起，并通过熔盐体系将这些能源存储起来）——的成本都要高于那些利用煤或石油来提供能源的肮脏、不可靠的方式。这方面的成本正在迅速下降（太阳能光伏行业就属这一情况），而且随着中国加入聚光太阳能发电领域，相关的成本一定还会往下走。然而，一些聪明的金融工具，如绿色债券/气候债券可以通过将各类项目集体打包、引入债券市场等方式帮助降低融资成本，从而达到克服此类障碍的目的。韩国进出口银行（KEXIM）2013年3月发行5亿美元的债券这个例子已经向各国展示了如何利用这种创新来为绿色发展服务。韩国进出口银行的债券专门针对机构投资者发行，最终获得了超额认购，这充分说明了人们对此类投资的青睐[①]。

绿色发展向前飞跃所面临的最后一个障碍是国际贸易体系，它对原产于发展中国家的绿色产品出口的偏见（如巴西通过甘蔗生产出来的可持续乙醇）以及发达国家一些与绿色能源相关的设备在出口时所遇到的贸易壁垒。人们已经为消除这些贸易壁垒提出了一些建议，比如通过签订《绿色产品自由贸易协定》来促进全球环保和绿色产品的贸易，就像当年计算机设备领域一个类似协议（它非常不起眼）在过去20年曾推动信息与通信技术在全球获得巨大发展那样。

在2012年的符拉迪沃斯托克峰会上，包括美国和中国在内的亚太经合组织（APEC）成员达成一个协议，同意对一长串"环保"产品（主要是绿色产品）降低关税。相关方面正在举行谈判，以期将这一协议推广到二十国集团，最终甚至想让世贸组织内通过该协议。在促进全世界对气候变化的关注度方面，这一协议的影响可能会超过人们迄今在《京都议定书》框架下所做的工作[②]。

最终结论

绿色发展战略将为人们开辟新的境界：它不仅对保护和改善地球环境具有决定性的重要意义，同时还可以通过可持续的工业化让数以亿计的人走出贫困。如果我们不做任何改变，继续沿着那条依靠煤炭、石油和天然气的老路走下去，上述目标就不可能兼得。但是，当中国——一定程度上也包括印度、巴西和其他一些工业化国家都采用了新的绿色模式，并通过一条能创造就业、财富和出口的产业化战略对其作出改变，那么地球的前景也将发生改变。然而，各类不平衡贸易协定以及专利和知识产权问题都是一些潜在的障碍，需要人们从全球的角度进行制度创新。在目前的情况下，这种创新可以以全球环保产品自由贸易协议的形式出现：它将鼓励技术转让和市场的开放，从而达到降低成本、使人人都能获取绿色技术的目的。此外，在专利领域的一些行动，如由国家级研发机构创立的专利共同体将有助于克服那些潜在的专利之墙。那些希望实现全面工业化的国家对此颇为期待。

---

① 请参阅有关气候债券计划的相关报告。详见以下网址：www.climatebonds.net/2013/02/kexim-green-bond/。

② 见马修斯2012年6月20日为The Conversation网站所撰写的文章，详见以下网址：http://theconversation.com/want-a-big-idea-lets-lead-the-world-and-free-up-clean-tech-trade-15196。

参考文献

Dunford M., Lee K. H., Liu W. et Yeung G., 2012, "Geographical Interdependence, International Trade and Economic Dynamics: The Chinese and German Solar Energy Industries", *European Urban and Regional Studies*, 20: 14-36.

Hamel G. et Prahalad C. K., mars-avril 1992, "Strategy As Stretch and Leverage", *Harvard Business Review*, 75-84.

Johnson C., 1982, *MITI and the Japanese Miracle: The Growth of Industrial Policy, 1925-1975*, Stanford, CA, Stanford University Press.

Lee K., 2013, *Schumpeterian Analysis of Economic Catch-up: Knowledge, Path-Creation and the Middle-Income Trap*, Cambridge, Cambridge University Press.

Lee K. et Mathews J. A., 2013, "Science, Technology and Innovation for Sustainable Development", *CDP Background paper #16*, Committee for Development Policy, Organisation des Nations unies.

Lee K., Kim J. Y., Oh J. Y. et Park K. H., 2013, "Economics of Intellectual Property in the Context of a Shifting Innovation Paradigm: A Review from the Perspective of Developing Countries", *Global Economic Review*, 42(1): 29-42.

Lema R., Berger A. et Schmitz H., 2012, "China's Impact on the Global Wind Power Industry", *Discussion paper #16*, Bonn, German Development Institute.

Lemley M. A., 2002, "Intellectual Property Rights and Standard-Setting Organizations", *California Law Review*, 90: 1889-1981.

Lemley M. A. et Shapiro C., 2007, "Patent Hold-Up and Royalty Stacking", *Texas Law Review*, 85: 1991-2041.

Lewis J. I., 2012, *Green Innovation in China: China's Wind Power Industry and the Global Transition to a Low-Carbon Economy*, New York, Columbia University Press.

Mathews J. A., 2007, "Latecomer strategies for catching-up: The cases of renewable energies and the LED programme", *International Journal of Technological Learning, Innovation and Development*, 1(1): 34-42.

Mathews J. A., 2013, "Greening of Development Strategies", *Seoul Journal of Economics*, 26(2): 147-172.

Mathews J. A. et Tan H., 2013, "The Transformation of the Electric Power Sector in China", *Energy Policy*, 52: 170-180.

Mathews J. A., Hu M.C. et Wu C.Y., 2011, "Fast Follower Industrial Dynamics: The Case of Taiwan's Emergent Photovoltaic Industry", *Industry and Innovation*, 18(2): 177-202.

McKinsey & Co, 2012a, "Lighting the way: Perspectives on the global lighting market". Disponible sur : www.mckinsey.com

McKinsey & Co, 2012b, "Solar power: Darkest before dawn". Disponible sur : www.mckinsey.com/client_service/sustainability/latest_thinking/solar_powers_next_shining

Xiao Y., Tylecote A. et Liu J., 2013, "Why not Greater Catch-Up by Chinese Firms? The Impact of IPR, Corporate Governance and Technology Intensity on Late-Comer Strategies", *Research Policy*, 42: 749-764.

图书在版编目（CIP）数据

创新与可持续发展 /（法）格罗斯克劳德（Grosclaude，J.Y.），（法）帕乔里（Pachauri，R.K.），（法）图比娅娜（Tubiana，L.）主编；潘革平译 . —北京：社会科学文献出版社，2015.6

（看地球；5）

ISBN 978-7-5097-6864-8

Ⅰ . ①创… Ⅱ . ①格… ②帕… ③图… ④潘… Ⅲ . ①可持续性发展－文集 Ⅳ . ① X22-53

中国版本图书馆 CIP 数据核字（2014）第 280062 号

创新与可持续发展（看地球Ⅴ）

主　　编 / 让-艾·格罗斯克劳德　拉金德拉·K.帕乔里　劳伦斯·图比娅娜
副 主 编 / 达米恩·迪迈依　拉菲尔·若赞　桑基维·桑德尔
译　　者 / 潘革平

出 版 人 / 谢寿光
项目统筹 / 祝得彬
责任编辑 / 刘　娟

出　　版 / 社会科学文献出版社·全球与地区问题出版中心（010）59367004
　　　　　　地址：北京市北三环中路甲29号院华龙大厦　邮编：100029
　　　　　　网址：www.ssap.com.cn
发　　行 / 市场营销中心（010）59367081　59367090
　　　　　　读者服务中心（010）59367028
印　　装 / 三河市东方印刷有限公司

规　　格 / 开　本：787mm×1092mm　1/16
　　　　　　印　张：15.25　字　数：380千字
版　　次 / 2015年6月第1版　2015年6月第1次印刷
书　　号 / ISBN 978-7-5097-6864-8
著作权合同
登 记 号 / 图字01－2014－8100号
定　　价 / 79.00元